新编高等院校公共基础课系列规划教材

线性代数与概率统计（第3版）

Xianxing Daishu Yu Gailü Tongji

主　编　林　益　阮曙芬
副主编　王济华　何　涛　龙　松

華中科技大學出版社
http://www.hustp.com
中国·武汉

内容简介

本书内容分为3篇，分别是线性代数、概率论与数理统计、积分变换. 第1篇包括行列式、矩阵及其运算、矩阵的初等变换与线性方程组等内容；第2篇包括概率论的基本概念、随机变量及其分布、随机变量的数字特征、样本及抽样分布、参数估计和假设检验等内容；第3篇包括拉普拉斯变换和傅里叶变换. 带“*”的章节，供不同专业选学. 大部分节后配有习题，章后配有综合练习并在书后附有习题参考答案.

图书在版编目(CIP)数据

线性代数与概率统计/林益，阮曙芬主编. —3版. —武汉：华中科技大学出版社，2014.1(2024.7重印)

ISBN 978-7-5609-9848-0

Ⅰ.①线… Ⅱ.①林… ②阮… Ⅲ.①线性代数-高等学校-教材 ②概率论-高等学校-教材 ③数理统计-高等学校-教材 Ⅳ.①O151.2 ②O21

中国版本图书馆CIP数据核字(2014)第017495号

线性代数与概率统计(第3版) 林 益 阮曙芬 主编

策划编辑：张 毅
责任编辑：史永霞
封面设计：龙文装帧
责任校对：张 琳
责任监印：张正林
出版发行：华中科技大学出版社(中国·武汉) 电话：(027)81321913
武汉市东湖新技术开发区华工科技园 邮编：430223
录 排：华中科技大学惠友文印中心
印 刷：武汉邮科印务有限公司
开 本：787mm×960mm 1/16
印 张：12.5
字 数：266千字
版 次：2024年7月第3版第9次印刷
定 价：32.00元

前　言

“线性代数”“概率论与数理统计”等课程是高等院校理工、经管等各类专业的必备专业基础课.作为后续专业课程和现代科学技术的重要理论基础,它们在自然科学和工程技术等领域中都有着广泛的应用.

针对理工、经管等专业学生的教学要求与实际情况,编者精心地将“线性代数”“概率论与数理统计”课程的最基本、最常用的知识合并成一门课程——“线性代数与概率统计”,并编写了本教材,供理工、经管类学生使用.本教材具有以下特点.

(1)起点低,跨度大.本教材的内容均建立在微积分知识基础上,只要学过微积分的读者均可使用本教材.教材中的内容覆盖了“线性代数”“概率论与数理统计”课程中理工、经管类学生“必需、够用”的主要内容.

(2)实用性强,结构合理.本教材以实用性为原则,在内容取舍上力求联系理工、经管类专业的实际需要,书中的大量例题很多都来源于实际,这些例题本身就给学生提供了解决实际问题的方法,有助于提高学生分析问题和解决问题的能力.

(3)通俗易懂,深入浅出,便于自学.本教材力求语言准确生动,简洁而清晰,精练而富有逻辑,通过通俗、生动的语言叙述,帮助学生建立起基本概念;通过大量例题,帮助学生掌握解决问题的基本方法.本教材对定理等理论问题一般不予证明,只作必要叙述,而着力提供有关的实际背景,阐述运用理论解决实际问题的方法.

(4)根据机电类学生的教学要求,本教材第3篇介绍了“积分变换”的内容.与传统教材不同的是,学生学习时不必先修“复变函数”课程.

本教材由林益、阮曙芬担任主编,王济华、何涛、龙松担任副主编.梁幼鸣教授认真审阅教材原稿,并提出了许多宝贵意见.

由于编者水平有限,成书时间仓促,书中难免有不妥或错误之处,恳请读者批评指正.

编　者

目　　录

第1篇　线性代数

第2篇　概率论与数理统计

第3篇 积分变换

第 1 篇　线性代数

线性代数是从线性方程组论、行列式论和矩阵论中产生并形成的一门数学分支，是学习现代科学技术的重要理论基础，在自然科学和工程技术等领域中有着广泛的应用．在计算机技术飞速发展的今天，线性代数在理论和应用上的重要性愈显突出．本篇将介绍线性代数中最基本的内容：行列式、矩阵和线性方程组．

第1章 行 列 式

行列式是由研究线性方程组而产生的,它是线性代数中的一个基本工具,在讨论许多问题时都要用到它.本章主要介绍行列式的概念、性质及计算方法,此外还要介绍利用克莱姆法则求解线性方程组.

1.1 行列式的概念

1.1.1 二阶行列式

用消元法解二元线性方程组

$$\begin{cases} a_{11}x_1 + a_{12}x_2 = b_1, \\ a_{21}x_1 + a_{22}x_2 = b_2. \end{cases} \tag{1-1}$$

为消去未知数 x_2,用 a_{22} 与 a_{12} 分别乘上列两方程的两端,然后两个方程相减,得

$$(a_{11}a_{22} - a_{12}a_{21})x_1 = b_1a_{22} - a_{12}b_2;$$

类似地,消去 x_1,得

$$(a_{11}a_{22} - a_{12}a_{21})x_2 = a_{11}b_2 - b_1a_{21}.$$

当 $a_{11}a_{22}-a_{12}a_{21}\neq 0$ 时,求得方程组(1-1)的解为

$$x_1 = \frac{b_1a_{22} - a_{12}b_2}{a_{11}a_{22} - a_{12}a_{21}}, \quad x_2 = \frac{a_{11}b_2 - b_1a_{21}}{a_{11}a_{22} - a_{12}a_{21}}. \tag{1-2}$$

式(1-2)中的分子、分母都是四个数分两对相乘再相减而得到的.其中分母 $a_{11}a_{22}-a_{12}a_{21}$ 是由方程组(1-1)的四个系数确定的,把这四个数按它们在方程组(1-1)中的位置,排成二行二列(横排称**行**,竖排称**列**)的数表

$$\begin{matrix} a_{11} & a_{12} \\ a_{21} & a_{22} \end{matrix} \tag{1-3}$$

表达式 $a_{11}a_{22}-a_{12}a_{21}$ 称为数表(1-3)所确定的**二阶行列式**,并记作

$$\begin{vmatrix} a_{11} & a_{12} \\ a_{21} & a_{22} \end{vmatrix}. \tag{1-4}$$

数 $a_{ij}(i=1,2;j=1,2)$ 称为行列式(1-4)的**元素**.元素 a_{ij} 的第一个下标 i 称为**行标**,表明该元素位于第 i 行,第二个下标 j 称为列标,表明该元素位于第 j 列.

上述二阶行列式的定义,可用**对角线法则**来记忆.如图1-1所示,把 a_{11} 到 a_{22} 的实连线称为**主对角线**,a_{12} 到 a_{21} 的虚连线称为**副对角线**,于是二阶行列式便是主对角线上的两

元素之积减去副对角线上两元素之积所得的差.

利用二阶行列式的概念，式(1-2)中 x_1、x_2 的分子也可写成二阶行列式，即

$$b_1a_{22}-a_{12}b_2=\begin{vmatrix} b_1 & a_{12} \\ b_2 & a_{22} \end{vmatrix},\quad a_{11}b_2-b_1a_{21}=\begin{vmatrix} a_{11} & b_1 \\ a_{21} & b_2 \end{vmatrix}.$$

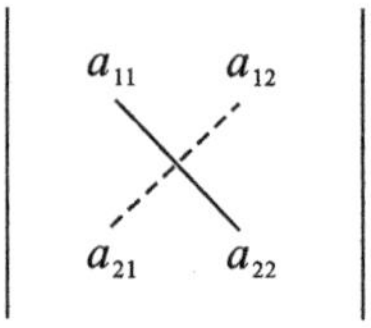

图 1-1

若记

$$D=\begin{vmatrix} a_{11} & a_{12} \\ a_{21} & a_{22} \end{vmatrix},\quad D_1=\begin{vmatrix} b_1 & a_{12} \\ b_2 & a_{22} \end{vmatrix},\quad D_2=\begin{vmatrix} a_{11} & b_1 \\ a_{21} & b_2 \end{vmatrix},$$

那么，式(1-2)可写成

$$x_1=\frac{D_1}{D}=\frac{\begin{vmatrix} b_1 & a_{12} \\ b_2 & a_{22} \end{vmatrix}}{\begin{vmatrix} a_{11} & a_{12} \\ a_{21} & a_{22} \end{vmatrix}},\quad x_2=\frac{D_2}{D}=\frac{\begin{vmatrix} a_{11} & b_1 \\ a_{21} & b_2 \end{vmatrix}}{\begin{vmatrix} a_{11} & a_{12} \\ a_{21} & a_{22} \end{vmatrix}}.$$

注意 这里的分母 D 是由方程组(1-1)的系数所确定的二阶行列式(称系数行列式)，x_1 的分子 D_1 是用常数项 b_1、b_2 替换 D 中 x_1 的系数 a_{11}、a_{21}所得的二阶行列式，x_2 的分子 D_2 是用常数项 b_1、b_2 替换 D 中 x_2 的系数 a_{12}、a_{22}所得的二阶行列式.

例 1 求解二元线性方程组

$$\begin{cases} 3x_1-2x_2=12, \\ 2x_1+x_2=1. \end{cases}$$

解 由于

$$D=\begin{vmatrix} 3 & -2 \\ 2 & 1 \end{vmatrix}=3-(-4)=7\neq 0,$$

$$D_1=\begin{vmatrix} 12 & -2 \\ 1 & 1 \end{vmatrix}=12-(-2)=14,$$

$$D_2=\begin{vmatrix} 3 & 12 \\ 2 & 1 \end{vmatrix}=3-24=-21,$$

因此

$$x_1=\frac{D_1}{D}=\frac{14}{7}=2,\quad x_2=\frac{D_2}{D}=\frac{-21}{7}=-3.$$

1.1.2 三阶行列式

定义 设有 9 个数排成 3 行 3 列的数表

$$\begin{matrix} a_{11} & a_{12} & a_{13} \\ a_{21} & a_{22} & a_{23} \\ a_{31} & a_{32} & a_{33} \end{matrix} \qquad (1\text{-}5)$$

记

$$\begin{vmatrix} a_{11} & a_{12} & a_{13} \\ a_{21} & a_{22} & a_{23} \\ a_{31} & a_{32} & a_{33} \end{vmatrix} = a_{11}a_{22}a_{33} + a_{12}a_{23}a_{31} + a_{13}a_{21}a_{32}$$

$$- a_{11}a_{23}a_{32} - a_{12}a_{21}a_{33} - a_{13}a_{22}a_{31}, \qquad (1\text{-}6)$$

式(1-6)称为数表(1-5)所确定的三阶行列式.

上述定义表明:三阶行列式含 6 项,每项均为不同行不同列的三个元素的乘积冠以正负号而成.其规律遵循图 1-2 所示的对角线法则:图中的三条实线看做是平行于主对角线的连线,三条虚线看做是平行于副对角线的连线,实线上三元素的乘积冠以正号,虚线上三元素的乘积冠以负号.

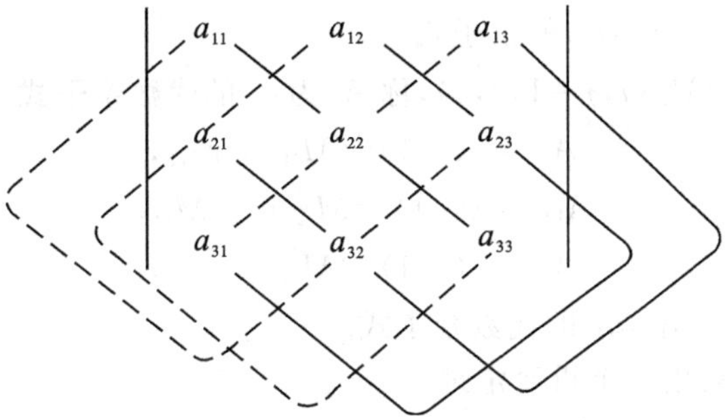

图 1-2

例 2 计算三阶行列式

$$D = \begin{vmatrix} 1 & 2 & -4 \\ -2 & 2 & 1 \\ -3 & 4 & -2 \end{vmatrix}.$$

解 按对角线法则,有

$$\begin{aligned} D &= 1\times 2\times(-2) + 2\times 1\times(-3) + (-4)\times(-2)\times 4 - 1\times 1\times 4 \\ &\quad - 2\times(-2)\times(-2) - (-4)\times 2\times(-3) \\ &= -4 - 6 + 32 - 4 - 8 - 24 \\ &= -14. \end{aligned}$$

例 3 求解方程

$$\begin{vmatrix} 1 & 1 & 1 \\ 2 & 3 & x \\ 4 & 9 & x^2 \end{vmatrix} = 0.$$

解 方程左端的三阶行列式

$$\begin{aligned} D &= 3x^2 + 4x + 18 - 9x - 2x^2 - 12 \\ &= x^2 - 5x + 6, \end{aligned}$$

由 $x^2-5x+6=0$ 解得

$$x=2 \quad 或 \quad x=3.$$

对角线法则只适用于二阶与三阶行列式，为研究四阶及更高阶行列式，下面先介绍**代数余子式**的知识，然后引出 n 阶行列式的概念.

1.1.3 余子式、代数余子式

在三阶行列式中，划去 a_{ij} 所在的行和列的元素，余下的元素按原顺序构成的一个二阶行列式，称为 a_{ij} 的**余式子**，记为 M_{ij}.

例如， $M_{11}=\begin{vmatrix} a_{22} & a_{23} \\ a_{32} & a_{33} \end{vmatrix}$， $M_{12}=\begin{vmatrix} a_{21} & a_{23} \\ a_{31} & a_{33} \end{vmatrix}$， $M_{13}=\begin{vmatrix} a_{21} & a_{22} \\ a_{31} & a_{32} \end{vmatrix}$，

M_{11}, M_{12}, M_{13} 分别为 a_{11}, a_{12}, a_{13} 的余子式.

令 $A_{ij}=(-1)^{i+j}M_{ij}(i,j=1,2,3)$，称 A_{ij} 为 a_{ij} 的**代数余子式**. 如：

$$A_{11}=(-1)^{1+1}M_{11}=M_{11},$$
$$A_{12}=(-1)^{1+2}M_{12}=-M_{12},$$
$$A_{13}=(-1)^{1+3}M_{13}=M_{13},$$

A_{11}, A_{12}, A_{13} 分别为 a_{11}, a_{12}, a_{13} 的代数余子式.

下面不加证明地给出一个重要定理.

定理 1 行列式等于它的任一行（列）的各元素与其对应的代数余子式的乘积之和.

这个定理叫做行列式按行（列）展开法则.

于是，三阶行列式也可定义为

$$D=\begin{vmatrix} a_{11} & a_{12} & a_{13} \\ a_{21} & a_{22} & a_{23} \\ a_{31} & a_{32} & a_{33} \end{vmatrix}=a_{i1}A_{i1}+a_{i2}A_{i2}+a_{i3}A_{i3}\,(i=1,2,3)$$

或
$$D=a_{1j}A_{1j}+a_{2j}A_{2j}+a_{3j}A_{3j}\,(j=1,2,3).$$

例如，$D=\begin{vmatrix} 2 & 1 & 3 \\ 4 & -1 & 2 \\ 1 & 2 & -1 \end{vmatrix}$ 按第 2 行展开，有

$$A_{21}=(-1)^{2+1}\begin{vmatrix} 1 & 3 \\ 2 & -1 \end{vmatrix}=-\begin{vmatrix} 1 & 3 \\ 2 & -1 \end{vmatrix}=7,$$

$$A_{22}=(-1)^{2+2}\begin{vmatrix} 2 & 3 \\ 1 & -1 \end{vmatrix}=\begin{vmatrix} 2 & 3 \\ 1 & -1 \end{vmatrix}=-5,$$

$$A_{23}=(-1)^{2+3}\begin{vmatrix} 2 & 1 \\ 1 & 2 \end{vmatrix}=-\begin{vmatrix} 2 & 1 \\ 1 & 2 \end{vmatrix}=-3,$$

故

$$D=a_{21}A_{21}+a_{22}A_{22}+a_{23}A_{23}=4\times 7+(-1)\times(-5)+2\times(-3)=27.$$

1.1.4　n 阶行列式

定义 1　设有 n^2 个数，排成 n 行 n 列的数表

$$\begin{matrix} a_{11} & a_{12} & \cdots & a_{1n} \\ a_{21} & a_{22} & \cdots & a_{2n} \\ \vdots & \vdots & & \vdots \\ a_{n1} & a_{n2} & \cdots & a_{nn} \end{matrix} \tag{1-7}$$

记

$$\begin{vmatrix} a_{11} & a_{12} & \cdots & a_{1n} \\ a_{21} & a_{22} & \cdots & a_{2n} \\ \vdots & \vdots & & \vdots \\ a_{n1} & a_{n2} & \cdots & a_{nn} \end{vmatrix} = a_{i1}A_{i1} + a_{i2}A_{i2} + \cdots + a_{in}A_{in}, \tag{1-8}$$

其中，A_{ij} 为 a_{ij} 的代数余子式($j=1,2,\cdots,n$)，式(1-8)称为数表(1-7)所确定的 **n 阶行列式**.

注意　(1)定义式(1-8)也称为按任一行($i=1,2,\cdots,n$)展开的行列式定义，仿其也可给出按任一列($j=1,2,\cdots,n$)展开的行列式定义，并可证明，两者所定义的行列式有相同的值.

(2)行列式还有其他的定义方法，读者可阅读其他相关资料.

例 4　用定义计算行列式 $\begin{vmatrix} 4 & 0 & 2 \\ 3 & 1 & -1 \\ 2 & 2 & 3 \end{vmatrix}$.

解　由三阶行列式的定义，按第 1 行展开，得

$$\begin{vmatrix} 4 & 0 & 2 \\ 3 & 1 & -1 \\ 2 & 2 & 3 \end{vmatrix} = 4\begin{vmatrix} 1 & -1 \\ 2 & 3 \end{vmatrix} - 0\begin{vmatrix} 3 & -1 \\ 2 & 3 \end{vmatrix} + 2\begin{vmatrix} 3 & 1 \\ 2 & 2 \end{vmatrix} = 28.$$

习　题 1.1

1. 计算下列行列式：

(1) $\begin{vmatrix} \cos x & \sin x \\ -\sin x & \cos x \end{vmatrix}$；　　(2) $\begin{vmatrix} x-1 & 1 \\ 3x & 2x-2 \end{vmatrix}$；

(3) $\begin{vmatrix} 1 & 2 & 3 \\ 3 & 1 & 2 \\ 2 & 3 & 1 \end{vmatrix}$；　　(4) $\begin{vmatrix} a & 1 & a \\ -1 & a & 1 \\ a & -1 & a \end{vmatrix}$.

2. 求行列式 $\begin{vmatrix} -3 & 0 & 4 \\ 5 & 0 & 3 \\ 2 & -2 & 1 \end{vmatrix}$ 中元素 2 的余子式和代数余子式.

3. 设 $D=\begin{vmatrix} 6 & 0 & 8 & 0 \\ 5 & -1 & 3 & -2 \\ 0 & 2 & 0 & 0 \\ 1 & 0 & 4 & -3 \end{vmatrix}$，写出 D 按第 3 行的展开式，并求 D 的值.

4. 已知四阶行列式 D 中第 3 列元素依次为 $-1,2,0,1$，它们对应的余子式依次为 $5,3,-7,4$，求 D.

1.2 行列式的性质

按照定义，计算 n 阶行列式需要计算 n 个 $(n-1)$ 阶行列式，对高阶的行列式计算量较大、较麻烦. 为了简化行列式的计算，下面不加证明地给出行列式的基本性质，利用这些性质可以达到简化计算的目的.

设

$$D=\begin{vmatrix} a_{11} & a_{12} & \cdots & a_{1n} \\ a_{21} & a_{22} & \cdots & a_{2n} \\ \vdots & \vdots & & \vdots \\ a_{n1} & a_{n2} & \cdots & a_{nn} \end{vmatrix},$$

把 D 的行与列互换，得到新的行列式，记为

$$D^{\mathrm{T}}=\begin{vmatrix} a_{11} & a_{21} & \cdots & a_{n1} \\ a_{12} & a_{22} & \cdots & a_{n2} \\ \vdots & \vdots & & \vdots \\ a_{1n} & a_{2n} & \cdots & a_{nn} \end{vmatrix},$$

称 D^{T} 为 D 的**转置行列式**. 显然 $(D^{\mathrm{T}})^{\mathrm{T}}=D$.

性质 1 行列式与它的转置行列式相等，即

$$D^{\mathrm{T}}=D.$$

例如，
$$\begin{vmatrix} a_{11} & a_{12} \\ a_{21} & a_{22} \end{vmatrix}=\begin{vmatrix} a_{11} & a_{21} \\ a_{12} & a_{22} \end{vmatrix}.$$

性质 1 说明行列式的行和列具有同等地位，因而凡是对行具有的性质，对列也一样具有，反之亦然.

性质 2 若行列式的第 i 行(列)的每一个元素都可表示为两数之和，即

$$a_{ij}=b_{ij}+c_{ij} \quad (j=1,2,\cdots,n),$$

则行列式可表示成两个行列式之和：

$$\begin{vmatrix} a_{11} & a_{12} & \cdots & a_{1n} \\ \vdots & \vdots & & \vdots \\ b_{i1}+c_{i1} & b_{i2}+c_{i2} & \cdots & b_{in}+c_{in} \\ \vdots & \vdots & & \vdots \\ a_{n1} & a_{n2} & \cdots & a_{nn} \end{vmatrix} = \begin{vmatrix} a_{11} & \cdots & a_{1n} \\ \vdots & & \vdots \\ b_{i1} & \cdots & b_{in} \\ \vdots & & \vdots \\ a_{n1} & \cdots & a_{nn} \end{vmatrix} + \begin{vmatrix} a_{11} & \cdots & a_{1n} \\ \vdots & & \vdots \\ c_{i1} & \cdots & c_{in} \\ \vdots & & \vdots \\ a_{n1} & \cdots & a_{nn} \end{vmatrix}.$$

或者说：若两个行列式中除第 i 行之外，其余 $n-1$ 行对应相同，则两个行列式之和只对第 i 行对应元素相加，其余保持不变.

例如，

$$D=\begin{vmatrix} a_{11} & a_{12} & a_{13} \\ a_{21}+b_{21} & a_{22}+b_{22} & a_{23}+b_{23} \\ a_{31} & a_{32} & a_{33} \end{vmatrix} = \begin{vmatrix} a_{11} & a_{12} & a_{13} \\ a_{21} & a_{22} & a_{23} \\ a_{31} & a_{32} & a_{33} \end{vmatrix} + \begin{vmatrix} a_{11} & a_{12} & a_{13} \\ b_{21} & b_{22} & b_{23} \\ a_{31} & a_{32} & a_{33} \end{vmatrix}.$$

性质 3 用一个数 k 乘行列式，等于将行列式的某一行(列)元素都乘以 k，即

$$k\begin{vmatrix} a_{11} & a_{12} & \cdots & a_{1n} \\ \vdots & \vdots & & \vdots \\ a_{i1} & a_{i2} & \cdots & a_{in} \\ \vdots & \vdots & & \vdots \\ a_{n1} & a_{n2} & \cdots & a_{nn} \end{vmatrix} = \begin{vmatrix} a_{11} & a_{12} & \cdots & a_{1n} \\ \vdots & \vdots & & \vdots \\ ka_{i1} & ka_{i2} & \cdots & ka_{in} \\ \vdots & \vdots & & \vdots \\ a_{n1} & a_{n2} & \cdots & a_{nn} \end{vmatrix}.$$

也可以叙述为：若行列式某行(列)有公因子 k，则可把它提到行列式外面.

性质 4 若互换行列式的任意两行(列)，则行列式变号，即

$$D=\begin{vmatrix} a_{11} & a_{12} & \cdots & a_{1n} \\ \vdots & \vdots & & \vdots \\ a_{i1} & a_{i2} & \cdots & a_{in} \\ \vdots & \vdots & & \vdots \\ a_{j1} & a_{j2} & \cdots & a_{jn} \\ \vdots & \vdots & & \vdots \\ a_{n1} & a_{n2} & \cdots & a_{nn} \end{vmatrix}, \quad D_1=\begin{vmatrix} a_{11} & a_{12} & \cdots & a_{1n} \\ \vdots & \vdots & & \vdots \\ a_{j1} & a_{j2} & \cdots & a_{jn} \\ \vdots & \vdots & & \vdots \\ a_{i1} & a_{i2} & \cdots & a_{in} \\ \vdots & \vdots & & \vdots \\ a_{n1} & a_{n2} & \cdots & a_{nn} \end{vmatrix} \begin{matrix} \\ \\ i\text{行} \\ \\ j\text{行} \\ \\ \\ \end{matrix},$$

$$D=-D_1.$$

例如，

$$\begin{vmatrix} a_{11} & a_{12} \\ a_{21} & a_{22} \end{vmatrix} = -\begin{vmatrix} a_{21} & a_{22} \\ a_{11} & a_{12} \end{vmatrix}.$$

以 r_i 表示行列式的第 i 行，以 c_i 表示第 i 列，交换 i,j 两行记作 $r_i \leftrightarrow r_j$，交换 i,j 两列记作 $c_i \leftrightarrow c_j$.

推论 1 若行列式的两行(列)完全相同，则此行列式等于零.

推论 2 若行列式的两行(列)元素成比例，则此行列式等于零.

性质 5 把行列式的第 j 行(列)元素的 k 倍加到第 i 行(列)的对应元素上，行列式的值不变，即

$$D=\begin{vmatrix} a_{11} & a_{12} & \cdots & a_{1n} \\ \vdots & \vdots & & \vdots \\ ka_{j1}+a_{i1} & ka_{j2}+a_{i2} & \cdots & ka_{jn}+a_{in} \\ \vdots & \vdots & & \vdots \\ a_{j1} & a_{j2} & \cdots & a_{jn} \\ \vdots & \vdots & & \vdots \\ a_{n1} & a_{n2} & \cdots & a_{nn} \end{vmatrix}\begin{matrix} \\ \\ i\text{行} \\ \\ j\text{行} \\ \\ \\ \end{matrix}.$$

例如，

$$\begin{vmatrix} a_{11} & a_{12} \\ ka_{11}+a_{21} & ka_{12}+a_{22} \end{vmatrix}=\begin{vmatrix} a_{11} & a_{12} \\ a_{21} & a_{22} \end{vmatrix}.$$

例 1 计算行列式 D_1 和行列式 D_2，其中 D_1 称为**下三角行列式**，D_2 称为**上三角行列式**：

$$D_1=\begin{vmatrix} a_{11} & 0 & \cdots & 0 \\ a_{21} & a_{22} & \cdots & 0 \\ \vdots & \vdots & & \vdots \\ a_{n1} & a_{n2} & \cdots & a_{nn} \end{vmatrix} \quad (a_{ij}\text{ 满足 } i<j \text{ 时}, a_{ij}=0);$$

$$D_2=\begin{vmatrix} a_{11} & a_{12} & \cdots & a_{1n} \\ 0 & a_{22} & \cdots & a_{2n} \\ \vdots & \vdots & & \vdots \\ 0 & 0 & \cdots & a_{nn} \end{vmatrix} \quad (a_{ij}\text{ 满足 } i>j \text{ 时}, a_{ij}=0).$$

解 对 D_1 按第 1 行展开得

$$D_1=a_{11}\begin{vmatrix} a_{22} & 0 & \cdots & 0 \\ a_{32} & a_{33} & \cdots & 0 \\ \vdots & \vdots & & \vdots \\ a_{n2} & a_{n3} & \cdots & a_{nn} \end{vmatrix}=a_{11}a_{22}\begin{vmatrix} a_{33} & 0 & \cdots & 0 \\ a_{43} & a_{44} & \cdots & 0 \\ \vdots & \vdots & & \vdots \\ a_{n3} & a_{n4} & \cdots & a_{nn} \end{vmatrix}$$

$$=\cdots=a_{11}a_{22}\cdots a_{nn},$$

$$D_2=D_2^{\mathrm{T}}=a_{11}a_{22}\cdots a_{nn}.$$

特别地，**对角行列式**

$$\begin{vmatrix} \lambda_1 & & 0 \\ & \ddots & \\ 0 & & \lambda_n \end{vmatrix}=\lambda_1\cdots\lambda_n.$$

例 2 计算行列式 $D=\begin{vmatrix}4&1&1&1\\1&4&1&1\\1&1&4&1\\1&1&1&4\end{vmatrix}$.

解 将第 2、3、4 行同时加到第 1 行,得

$$D=\begin{vmatrix}7&7&7&7\\1&4&1&1\\1&1&4&1\\1&1&1&4\end{vmatrix}=7\begin{vmatrix}1&1&1&1\\1&4&1&1\\1&1&4&1\\1&1&1&4\end{vmatrix}$$

$$\xlongequal{\text{各行减去第 1 行}}7\begin{vmatrix}1&1&1&1\\0&3&0&0\\0&0&3&0\\0&0&0&3\end{vmatrix}=7\times1\times3\times3\times3=189.$$

例 3 计算行列式 $D=\begin{vmatrix}a&b&b&b\\b&a&b&b\\b&b&a&b\\b&b&b&a\end{vmatrix}\quad(a\neq b)$.

解 $D\xlongequal[\text{加到第 1 列}]{\text{第 2、3、4 列}}\begin{vmatrix}a+3b&b&b&b\\a+3b&a&b&b\\a+3b&b&a&b\\a+3b&b&b&a\end{vmatrix}=(a+3b)\begin{vmatrix}1&b&b&b\\1&a&b&b\\1&b&a&b\\1&b&b&a\end{vmatrix}$

$$\xlongequal[\text{减第 1 行}]{\text{第 2、3、4 行}}(a+3b)\begin{vmatrix}1&b&b&b\\0&a-b&0&0\\0&0&a-b&0\\0&0&0&a-b\end{vmatrix}=(a+3b)(a-b)^3.$$

例 4 计算行列式 $D=\begin{vmatrix}1&2&4\\101&199&302\\1&2&3\end{vmatrix}$.

解 $D=\begin{vmatrix}1&2&4\\100+1&200-1&300+2\\1&2&3\end{vmatrix}=\begin{vmatrix}1&2&4\\100&200&300\\1&2&3\end{vmatrix}+\begin{vmatrix}1&2&4\\1&-1&2\\1&2&3\end{vmatrix}$

$$=100\begin{vmatrix}1&2&4\\1&2&3\\1&2&3\end{vmatrix}+\begin{vmatrix}1&2&4\\1&-1&2\\1&2&3\end{vmatrix}=0+\begin{vmatrix}1&2&4\\0&-3&-2\\0&0&-1\end{vmatrix}=3.$$

例 5 计算

$$D=\begin{vmatrix}3&1&-1&2\\-5&1&3&-4\\2&0&1&-1\\1&-5&3&-3\end{vmatrix}.$$

解法 1

$$D\xlongequal{c_1\leftrightarrow c_2}-\begin{vmatrix}1&3&-1&2\\1&-5&3&-4\\0&2&1&-1\\-5&1&3&-3\end{vmatrix}\xlongequal[r_4+5r_1]{r_2-r_1}-\begin{vmatrix}1&3&-1&2\\0&-8&4&-6\\0&2&1&-1\\0&16&-2&7\end{vmatrix}$$

$$\xlongequal{r_2\leftrightarrow r_3}\begin{vmatrix}1&3&-1&2\\0&2&1&-1\\0&-8&4&-6\\0&16&-2&7\end{vmatrix}\xlongequal[r_4-8r_2]{r_3+4r_2}\begin{vmatrix}1&3&-1&2\\0&2&1&-1\\0&0&8&-10\\0&0&-10&15\end{vmatrix}$$

$$\xlongequal{r_4+\frac{5}{4}r_3}\begin{vmatrix}1&3&-1&2\\0&2&1&-1\\0&0&8&-10\\0&0&0&\frac{5}{2}\end{vmatrix}=40.$$

上述解法中，先用了运算 $c_1\leftrightarrow c_2$，其目的是把 a_{11} 换成 1，从而利用运算 $r_i-a_{i1}r_1$，即可把 $a_{i1}(i=2,3,4)$ 变为 0. 如果不先作 $c_1\leftrightarrow c_2$，则由于原式中 $a_{11}=3$，需用运算 $r_i-\frac{a_{i1}}{3}r_1$ 把 a_{i1} 变为 0，这样计算时就比较麻烦. 第二步把 r_2-r_1 和 r_4+5r_1 写在一起，这是两次运算，并把第一次运算结果的书写省略了.

解法 2 保留 a_{33}，把第 3 行其余元素变为 0，然后按第 3 行展开：

$$D\xlongequal[c_4+c_3]{c_1-2c_3}\begin{vmatrix}5&1&-1&1\\-11&1&3&-1\\0&0&1&0\\-5&-5&3&0\end{vmatrix}$$

$$=(-1)^{3+3}\begin{vmatrix}5&1&1\\-11&1&-1\\-5&-5&0\end{vmatrix}\xlongequal{r_2+r_1}\begin{vmatrix}5&1&1\\-6&2&0\\-5&-5&0\end{vmatrix}$$

$$=(-1)^{1+3}\begin{vmatrix}-6&2\\-5&-5\end{vmatrix}\xlongequal{c_1-c_2}\begin{vmatrix}-8&2\\0&-5\end{vmatrix}=40.$$

习 题 1.2

1. 用行列式性质计算下列行列式：

(1) $\begin{vmatrix} 10 & 8 & 2 \\ 15 & 12 & 3 \\ 20 & 32 & 12 \end{vmatrix}$； (2) $\begin{vmatrix} a & b+c & 1 \\ b & c+a & 1 \\ c & a+b & 1 \end{vmatrix}$；

(3) $\begin{vmatrix} 1 & 2 & 3 & 4 \\ 2 & 3 & 4 & 1 \\ 3 & 4 & 1 & 2 \\ 4 & 1 & 2 & 3 \end{vmatrix}$； (4) $\begin{vmatrix} 1 & 2 & -3 & -4 \\ -1 & -2 & 5 & -8 \\ 0 & -1 & 2 & -1 \\ 1 & 3 & -5 & 10 \end{vmatrix}$.

2. 将下列行列式化为三角形行列式，并计算其值：

(1) $\begin{vmatrix} 0 & 0 & 1 & 0 \\ 0 & 2 & 0 & 0 \\ 3 & 0 & 5 & 0 \\ 7 & 6 & 10 & 4 \end{vmatrix}$； (2) $\begin{vmatrix} 3 & 1 & 1 & 1 \\ 1 & 3 & 1 & 1 \\ 1 & 1 & 3 & 1 \\ 1 & 1 & 1 & 3 \end{vmatrix}$； (3) $\begin{vmatrix} -3 & 1 & 2 & 5 \\ 0 & 5 & 3 & 2 \\ 5 & -3 & 2 & 4 \\ 1 & -1 & 0 & 4 \end{vmatrix}$.

3. 计算行列式 $\begin{vmatrix} 0 & 1 & 2 & 3 \\ 1 & 0 & 1 & 2 \\ 2 & 1 & 0 & 1 \\ 3 & 2 & 1 & 0 \end{vmatrix}$.

4. 解方程 $\begin{vmatrix} 1 & 1 & 1 \\ 1 & 1-x & 1 \\ 1 & 1 & 2-x \end{vmatrix}=0$.

1.3 克莱姆法则

含有 n 个未知数 $x_1,x_2,\cdots,x_n$ 的 n 个线性方程的方程组

$$\begin{cases} a_{11}x_1+a_{12}x_2+\cdots+a_{1n}x_n=b_1, \\ a_{21}x_1+a_{22}x_2+\cdots+a_{2n}x_n=b_2, \\ \qquad\qquad\vdots \\ a_{n1}x_1+a_{n2}x_2+\cdots+a_{nn}x_n=b_n, \end{cases} \tag{1-9}$$

与二、三元线性方程组相类似，它的解可以用 n 阶行列式表示，即有如下法则.

克莱姆法则 如果线性方程组(1-9)的系数行列式不等于零，即

$$D=\begin{vmatrix} a_{11} & \cdots & a_{1n} \\ \vdots & & \vdots \\ a_{n1} & \cdots & a_{nn} \end{vmatrix} \neq 0,$$

那么，方程组(1-9)有唯一解

$$x_1=\frac{D_1}{D},\quad x_2=\frac{D_2}{D},\quad \cdots,\quad x_n=\frac{D_n}{D}, \tag{1-10}$$

其中 $D_j(j=1,2,\cdots,n)$ 是把系数行列式 D 中第 j 列的元素用方程组右端的常数项代替后所得到的 n 阶行列式，即

$$D_j=\begin{vmatrix} a_{11} & \cdots & a_{1,j-1} & b_1 & a_{1,j+1} & \cdots & a_{1n} \\ \vdots & & \vdots & \vdots & \vdots & & \vdots \\ a_{n1} & \cdots & a_{n,j-1} & b_n & a_{n,j+1} & \cdots & a_{nn} \end{vmatrix}.$$

例 1 解线性方程组

$$\begin{cases} 2x_1+x_2-5x_3+x_4=8, \\ x_1-3x_2-6x_4=9, \\ 2x_2-x_3+2x_4=-5, \\ x_1+4x_2-7x_3+6x_4=0. \end{cases}$$

解

$$D=\begin{vmatrix} 2 & 1 & -5 & 1 \\ 1 & -3 & 0 & -6 \\ 0 & 2 & -1 & 2 \\ 1 & 4 & -7 & 6 \end{vmatrix} \xlongequal[r_4-r_2]{r_1-2r_2} \begin{vmatrix} 0 & 7 & -5 & 13 \\ 1 & -3 & 0 & -6 \\ 0 & 2 & -1 & 2 \\ 0 & 6 & -7 & 12 \end{vmatrix}$$

$$=-\begin{vmatrix} 7 & -5 & 13 \\ 2 & -1 & 2 \\ 7 & -7 & 12 \end{vmatrix} \xlongequal[c_3+2c_2]{c_1+2c_2} -\begin{vmatrix} -3 & -5 & 3 \\ 0 & -1 & 0 \\ -7 & -7 & -2 \end{vmatrix}$$

$$=\begin{vmatrix} -3 & 3 \\ -7 & -2 \end{vmatrix}=27,$$

$$D_1=\begin{vmatrix} 8 & 1 & -5 & 1 \\ 9 & -3 & 0 & -6 \\ -5 & 2 & -1 & 2 \\ 0 & 4 & -7 & 6 \end{vmatrix}=81,$$

$$D_2=\begin{vmatrix} 2 & 8 & -5 & 1 \\ 1 & 9 & 0 & -6 \\ 0 & -5 & -1 & 2 \\ 1 & 0 & -7 & 6 \end{vmatrix}=-108,$$

$$D_3=\begin{vmatrix}2&1&8&1\\1&-3&9&-6\\0&2&-5&2\\1&4&0&6\end{vmatrix}=-27,$$

$$D_4=\begin{vmatrix}2&1&-5&8\\1&-3&0&9\\0&2&-1&-5\\1&4&-7&0\end{vmatrix}=27,$$

于是得 $$x_1=3,\quad x_2=-4,\quad x_3=-1,\quad x_4=1.$$

撇开求解公式(1-10)，克莱姆法则可叙述为下面的重要定理.

定理1　如果线性方程组(1-9)的系数行列式 $D\neq 0$，则(1-9)一定有解，且解是唯一的.

定理1的逆否定理为：

定理1′　如果线性方程组(1-9)无解或有两个不同的解，则它的系数行列式必为零.

线性方程组(1-9)右端的常数项 $b_1,b_2,\cdots,b_n$ 不全为零时，线性方程组(1-9)称为**非齐次线性方程组**；当 $b_1,b_2,\cdots,b_n$ 全为零时，线性方程组(1-9)称为**齐次线性方程组**.

对于齐次线性方程组

$$\begin{cases}a_{11}x_1+a_{12}x_2+\cdots+a_{1n}x_n=0,\\a_{21}x_1+a_{22}x_2+\cdots+a_{2n}x_n=0,\\\qquad\qquad\vdots\\a_{n1}x_1+a_{n2}x_2+\cdots+a_{nn}x_n=0,\end{cases}\tag{1-11}$$

$x_1=x_2=\cdots=x_n=0$ 一定是它的解，这个解称为齐次线性方程组(1-11)的**零解**. 如果一组不全为零的数是方程组(1-11)的解，则它称为齐次线性方程组(1-11)的**非零解**. 齐次线性方程组(1-11)一定有零解，但不一定有非零解.

把定理1应用于齐次线性方程组(1-11)，可得如下定理.

定理2　如果齐次线性方程组(1-11)的系数行列式 $D\neq 0$，则齐次线性方程组(1-11)没有非零解.

定理2′　如果齐次线性方程组(1-11)有非零解，则它的系数行列式必为零.

定理2(或定理2′)说明系数行列式 $D=0$ 是齐次线性方程组有非零解的必要条件.

从后面的第3章可知，系数行列式 $D=0$ 也是齐次线性方程组有非零解的充分条件，从而，$D=0\Leftrightarrow$齐次线性方程组(1-11)有非零解.

例2　问 λ 取何值时，齐次线性方程组

$$\begin{cases}(5-\lambda)x+2y+2z=0,\\2x+(6-\lambda)y=0,\\2x+(4-\lambda)z=0\end{cases}\tag{1-12}$$

有非零解？

解　由定理2′可知，若齐次线性方程组(1-12)有非零解，则方程组(1-12)的系数行

列式$D=0$. 而

$$D=\begin{vmatrix}5-\lambda & 2 & 2\\ 2 & 6-\lambda & 0\\ 2 & 0 & 4-\lambda\end{vmatrix}$$
$$=(5-\lambda)(6-\lambda)(4-\lambda)-4(4-\lambda)-4(6-\lambda)$$
$$=(5-\lambda)(2-\lambda)(8-\lambda),$$

由 $D=0$,得 $\lambda=2$、$\lambda=5$ 或 $\lambda=8$.

不难验证,当 $\lambda=2$、5 或 8 时,齐次线性方程组(1-12)确有非零解.

最后,请读者注意:克莱姆法则不仅指出了解的存在性,而且还具体给出了解的表达式;但用克莱姆法则解线性方程组时有两个前提条件,一是方程个数与未知数个数相等,二是系数行列式不等于零,这使得克莱姆法则在运用时有很大的局限性. 我们将在后面进一步研究线性方程组的理论和解法.

习 题 1.3

1. 用克莱姆法则解下列线性方程组:

(1)$\begin{cases}2x+5y=1,\\ 3x+7y=2;\end{cases}$

(2)$\begin{cases}x_1+x_2-2x_3=-3,\\ x_1-2x_2+7x_3=22,\\ 2x_1-5x_2+4x_3=4.\end{cases}$

2. k 取何值时,齐次线性方程组$\begin{cases}kx_1+x_2+x_3=0,\\ x_1+kx_2-x_3=0,\\ 2x_1-x_2+x_3=0\end{cases}$有非零解?

3. k 取何值时,齐次线性方程组$\begin{cases}kx_1+x_2-x_3=0,\\ x_1+kx_2-x_3=0,\\ 2x_1-x_2+x_3=0\end{cases}$只有零解?

综合练习一

1. 填空题.

(1)设 n 阶行列式 D 中每一行的元素之和为零,则 $D=$________.

(2)当 $k=$______时，$\begin{vmatrix} k & 3 & 4 \\ -1 & k & 0 \\ 0 & k & 1 \end{vmatrix}=0$.

(3)当 $k=$______时，$\begin{vmatrix} 3 & 1 & k \\ 4 & k & 0 \\ 1 & 0 & k \end{vmatrix}\neq 0$.

(4)行列式 $\begin{vmatrix} a_1 & a_2 \\ a_3 & a_4 \end{vmatrix}$ 中元素 a_3 的余子式为__________.

2. 计算题.

(1) $\begin{vmatrix} 2 & 0 & 1 \\ 1 & -4 & -1 \\ -1 & 8 & 3 \end{vmatrix}$.　　(2) $\begin{vmatrix} a & b & c \\ b & c & a \\ c & a & b \end{vmatrix}$.

(3) $\begin{vmatrix} 3 & 1 & 1 & 1 \\ 1 & 3 & 1 & 1 \\ 1 & 1 & 3 & 1 \\ 1 & 1 & 1 & 3 \end{vmatrix}$.　　(4) $\begin{vmatrix} 2 & 1 & 4 & 1 \\ 3 & -1 & 2 & 1 \\ 1 & 2 & 3 & 2 \\ 5 & 0 & 6 & 2 \end{vmatrix}$.

3. 用克莱姆法则解线性方程组

$$\begin{cases} x_1+x_2+x_3+x_4=5, \\ x_1+2x_2-x_3+4x_4=-2, \\ 2x_1-3x_2-x_3-5x_4=-2, \\ 3x_1+x_2+2x_3+11x_4=0. \end{cases}$$

4. λ,μ 取何值时，齐次线性方程组 $\begin{cases} \lambda x_1+x_2+x_3=0, \\ x_1+\mu x_2+x_3=0, \\ x_1+2\mu x_2+x_3=0 \end{cases}$ 有非零解？

第 2 章　矩阵及其运算

矩阵是线性代数的主要研究对象，是求解线性方程组的一个有力工具，在自然科学和工程技术等各个领域中都有广泛的应用.本章讨论矩阵的加法、减法、数与矩阵的相乘、矩阵与矩阵相乘及矩阵的转置.

2.1　矩阵的概念

2.1.1　引例

例 1　考察某商店存有电视机的数量.设商店电视机的现货有海尔、长虹、康佳、TCL四种品牌，规格为 21 寸、25 寸、29 寸.通常可以用一个矩形数表来完整地描述存货的数量，如：

$$\begin{array}{c} \\ 海尔 \\ 长虹 \\ 康佳 \\ \text{TCL} \end{array}\begin{array}{c} \begin{array}{ccc} 21寸 & 25寸 & 29寸 \end{array} \\ \begin{bmatrix} 0 & 15 & 12 \\ 10 & 10 & 8 \\ 0 & 0 & 6 \\ 15 & 0 & 16 \end{bmatrix} \end{array}.$$

通过这个数表，我们不仅了解了某一品牌不同规格电视机的数量，也了解了电视机的总台数.

例 2　某中学高二某班 40 名学生第一学期期末考试，五门主科成绩按学号排序可列成表 2-1：

表 2-1

学　号	语　文	数　学	英　语	物　理	化　学
1	72	90	92	86	82
2	80	88	95	83	78
3	84	91	70	77	75
4	61	74	78	60	70
⋮	⋮	⋮	⋮	⋮	⋮
40	77	81	84	87	73

在日常生活中，如登记表表格、日历等都可以用矩形数表的形式表示.

2.1.2 矩阵的概念

定义 1 由 $m\times n$ 个数 $a_{ij}(i=1,2,\cdots,m;j=1,2,\cdots,n)$ 排成的 m 行 n 列的数表，记为

$$A=\begin{bmatrix} a_{11} & a_{12} & \cdots & a_{1n} \\ a_{21} & a_{22} & \cdots & a_{2n} \\ \vdots & \vdots & & \vdots \\ a_{m1} & a_{m2} & \cdots & a_{mn} \end{bmatrix},$$

称为 **m 行 n 列矩阵**，简称为 **$m\times n$ 矩阵**，数 a_{ij} 称为 A 的第 i 行第 j 列**元素**. 矩阵通常用大写字母 $A,B,C,\cdots$ 表示. 例如上述矩阵可记作 $A_{m\times n}$，也可记作 $[a_{ij}]_{m\times n}$.

如果两个矩阵的行数、列数都相等，则称这两个矩阵是**同型矩阵**.

注意 (1)一个 $m\times n$ 矩阵不仅由组成这个矩阵的 $m\times n$ 个元素决定，而且与这些元素的位置有关. 如：

$$\begin{bmatrix} 1 & 2 \\ 3 & 4 \end{bmatrix} \text{ 与 } \begin{bmatrix} 2 & 1 \\ 4 & 3 \end{bmatrix},$$

都是 2×2 的矩阵，都由 1,2,3,4 四个元素组成，但由于位置不同，它们是不同的矩阵.

(2)设 $A=[a_{ij}]_{m\times n}$，$B=[b_{ij}]_{m\times n}$ 是同型矩阵，并且 $a_{ij}=b_{ij}(i=1,2,\cdots,m;j=1,2,\cdots,n)$，则称 A 与 B 是**相等**的，记作 $A=B$.

只有一行的矩阵 $A=[a_1,a_2,\cdots,a_n]$ 称作**行矩阵**，记作 $A_{1\times n}$；只有一列的矩阵

$$B=\begin{bmatrix} b_1 \\ b_2 \\ \vdots \\ b_m \end{bmatrix}$$

称为**列矩阵**，记作 $B_{m\times 1}$.

元素全为零的矩阵称为**零矩阵**，用 $O_{m\times n}$ 表示.

注意 ①$O_{m\times n}\neq 0$($m=n=1$ 时除外).

②不同型的零矩阵不相等.

在矩阵 $A=[a_{ij}]$ 所有元素的前面都加上负号所得的矩阵，称为 A 的**负矩阵**，记作 $-A$，即

$$-A=[-a_{ij}].$$

如果矩阵 $A=[a_{ij}]$ 的行数和列数都等于 n，则称 A 为 **n 阶方阵**. 方阵在矩阵中有着特殊的地位，在以后还要讨论. 在方阵中，连接左上角到右下角的直线称为**主对角线**，显然主对角线上的元素可表示为 $a_{ii}(i=1,2,\cdots,n)$；连接左下角到右上角的直线称为**副对角线**，副对角线上的元素可表示为 $a_{i(n-i+1)}$. 如果主对角线以外的元素全为零，这种方阵称为**对**

角阵. 如

$$\begin{bmatrix}3&0&0\\0&1&0\\0&0&2\end{bmatrix}$$

是 3 阶对角阵. n 阶对角阵常表示为 $\mathrm{diag}(a_{11},a_{22},\cdots,a_{nn})$. 特别地，如果对角阵中 $a_{ii}=1$ $(i=1,2,\cdots,n)$，这个对角阵称为**单位矩阵**，记作 $\boldsymbol{E}$ 或 $\boldsymbol{I}$，即

$$\boldsymbol{E}=\boldsymbol{I}=\begin{bmatrix}1&0&\cdots&0\\0&1&\cdots&0\\\vdots&\vdots&&\vdots\\0&0&\cdots&1\end{bmatrix}.$$

设变量 y_1,y_2,y_3 能用变量 x_1,x_2,x_3 **线性表示**，即

$$\begin{cases}y_1=a_{11}x_1+a_{12}x_2+a_{13}x_3,\\y_2=a_{21}x_1+a_{22}x_2+a_{23}x_3,\\y_3=a_{31}x_1+a_{32}x_2+a_{33}x_3,\end{cases}$$

则称矩阵 $\boldsymbol{A}=\begin{bmatrix}a_{11}&a_{12}&a_{13}\\a_{21}&a_{22}&a_{23}\\a_{31}&a_{32}&a_{33}\end{bmatrix}$ 为从变量组 (x_1,x_2,x_3) 到变量组 (y_1,y_2,y_3) 的**坐标变换矩阵**.

例 3　旋转变换 $\begin{cases}x'=x\cos\theta+y\sin\theta,\\y'=-x\sin\theta+y\cos\theta.\end{cases}$

矩阵 $\begin{bmatrix}\cos\theta&\sin\theta\\-\sin\theta&\cos\theta\end{bmatrix}$ 为从 (x,y) 到 (x',y') 的旋转变换矩阵.

例 4　有两个儿童 A 与 B 在一起玩“石头-剪子-布”的游戏，每个人的出法只能在{石头，剪子，布}中选择一种. 当 A、B 各自选定了一个出法，就确定了一个“局势”，也就可以确定出各自的输赢. 如果规定胜者得 1 分，负者得 −1 分，平手时各得 0 分，则对应各种“局势”下 A 的得分可以用如下矩阵表示：

		B 的策略		
		石头	剪子	布
A 的策略	石头	0	1	−1
	剪子	−1	0	1
	布	1	−1	0

这个矩阵称为**赢得矩阵**（或支付矩阵）. 在游戏中，A、B 都想选取适当的“策略”以取得胜利. 将这个问题一般化，便可以引出“对策论”中的一类基本模型：矩阵对策的理论与方法.

习 题 2.1

1. 设 $\boldsymbol{A}=\boldsymbol{B}$，其中

$$\boldsymbol{A}=\begin{bmatrix}1 & -1 & 2 & 3\\ -3 & a & 0 & 1\end{bmatrix},\quad \boldsymbol{B}=\begin{bmatrix}b & -1 & 2 & 3\\ c & 0 & d & 1\end{bmatrix},$$

求元素 a,b,c,d 的值.

2. 矩阵 $\boldsymbol{S}$ 给出了本周沙发、椅子、咖啡桌和大桌的订货量，从生产车间运到售货商店的家具组合有三种款式：古式的、普通式的和现代式的. 矩阵 $\boldsymbol{T}$ 给出了仓库中家具数量的清单.

$$\boldsymbol{S}=\begin{array}{c}\\ \text{沙}\\ \text{椅}\\ \text{咖}\\ \text{桌}\end{array}\begin{array}{c}\begin{array}{ccc}\text{古} & \text{普} & \text{现}\end{array}\\ \begin{bmatrix}2 & 0 & 1\\ 10 & 2 & 3\\ 2 & 4 & 3\\ 6 & 8 & 2\end{bmatrix}\end{array},\quad \boldsymbol{T}=\begin{array}{c}\\ \text{沙}\\ \text{椅}\\ \text{咖}\\ \text{桌}\end{array}\begin{array}{c}\begin{array}{ccc}\text{古} & \text{普} & \text{现}\end{array}\\ \begin{bmatrix}12 & 10 & 15\\ 40 & 15 & 17\\ 17 & 42 & 18\\ 24 & 24 & 24\end{bmatrix}\end{array},$$

问：(1)矩阵 $\boldsymbol{S}$ 中的 10 是什么意思？

(2)$\boldsymbol{S},\boldsymbol{T}$ 是否为同型矩阵？

2.2 矩阵的运算

矩阵的意义不仅在于将一组数按一定次序排成矩形数表给处理问题带来的方便，更在于对它规定了有理论意义和实际意义的运算.

2.2.1 矩阵的加法与减法

定义 1 设 $\boldsymbol{A}=[a_{ij}]$，$\boldsymbol{B}=[b_{ij}]$ 都是 $m\times n$ 矩阵，则称 $m\times n$ 矩阵 $[a_{ij}+b_{ij}]$$(i=1,2,\cdots,m;j=1,2,\cdots,n)$ 为 **A 与 B 的和**，记作

$$\boldsymbol{A}+\boldsymbol{B}=[a_{ij}+b_{ij}]_{m\times n}.$$

由定义可知，矩阵加法是在同型矩阵中进行的，并且是对应位置上的元素相加.

例 1 某企业有三种产品和四个销售地区，累计销售量（不包括本月数）与本月销售量如表 2-2 所示：

表 2-2

		地区 1	地区 2	地区 3	地区 4
累计销售量	产品甲	30	65	53	47
	产品乙	21	71	84	51
	产品丙	89	85	81	69

续表

		地区 1	地区 2	地区 3	地区 4
本月销售量	产品甲	10	12	11	6
	产品乙	3	8	6	9
	产品丙	10	4	7	9

累计销售量和本月销售量可简单地表示为两个矩阵：

$$\boldsymbol{A}=\begin{bmatrix}30&65&53&47\\21&71&84&51\\89&85&81&69\end{bmatrix},\quad \boldsymbol{B}=\begin{bmatrix}10&12&11&6\\3&8&6&9\\10&4&7&9\end{bmatrix}.$$

于是包括本月在内的累计销售量为

$$\boldsymbol{A}+\boldsymbol{B}=\begin{bmatrix}30+10&65+12&53+11&47+6\\21+3&71+8&84+6&51+9\\89+10&85+4&81+7&69+9\end{bmatrix}=\begin{bmatrix}40&77&64&53\\24&79&90&60\\99&89&88&78\end{bmatrix}.$$

由矩阵加法及负矩阵的定义，规定矩阵的**减法**如下：

$$\boldsymbol{A}-\boldsymbol{B}=\boldsymbol{A}+(-\boldsymbol{B}).$$

它也是在同型矩阵中进行运算的，并且是对应位置上的元素相减.

在矩阵可以相加的前提下，容易验证矩阵加法满足以下**运算规律**：

(1)$\boldsymbol{A}+\boldsymbol{B}=\boldsymbol{B}+\boldsymbol{A}$(**交换律**)，

(2)$\boldsymbol{A}+(\boldsymbol{B}+\boldsymbol{C})=(\boldsymbol{A}+\boldsymbol{B})+\boldsymbol{C}$(**结合律**)，

(3)$\boldsymbol{A}+\boldsymbol{O}=\boldsymbol{O}+\boldsymbol{A}=\boldsymbol{A}$，

(4)$\boldsymbol{A}+(-\boldsymbol{A})=\boldsymbol{A}-\boldsymbol{A}=\boldsymbol{O}$.

2.2.2 数与矩阵相乘

定义 2 以数 k 乘以矩阵 $\boldsymbol{A}=[a_{ij}]_{m\times n}$ 的每一元素所得的矩阵 $[ka_{ij}]_{m\times n}$ 称为 k 与 $\boldsymbol{A}$ 的积，以 $k\boldsymbol{A}$ 表示，即

$$k\boldsymbol{A}=k[a_{ij}]_{m\times n}=[ka_{ij}]_{m\times n}.$$

例 2 设在物资调运中，某产品由三个产地运往四个销地，产地与销地的里程(单位：km)可用矩阵表示如下：

$$\begin{array}{cc} & \text{销地} \\ & \begin{array}{cccc}\text{Ⅰ}&\text{Ⅱ}&\text{Ⅲ}&\text{Ⅳ}\end{array} \\ \boldsymbol{A}=\text{产地}\begin{array}{c}\text{Ⅰ}\\\text{Ⅱ}\\\text{Ⅲ}\end{array} & \begin{bmatrix}100&120&200&180\\90&130&150&180\\150&180&140&120\end{bmatrix}.\end{array}$$

如果每吨公里运价为 2 元，那么从产地运往销地每吨运价(单位:元/吨)为

$$2\boldsymbol{A}=\begin{bmatrix}2\times100 & 2\times120 & 2\times200 & 2\times180\\ 2\times90 & 2\times130 & 2\times150 & 2\times180\\ 2\times150 & 2\times180 & 2\times140 & 2\times120\end{bmatrix}=\begin{bmatrix}200 & 240 & 400 & 360\\ 180 & 260 & 300 & 360\\ 300 & 360 & 280 & 240\end{bmatrix}.$$

由定义可知，当矩阵每一元素都有公因子 k 时，可将公因子 k 提出矩阵之外.

容易验证数乘矩阵满足以下**运算规律**：

(1)$k(\boldsymbol{A}+\boldsymbol{B})=k\boldsymbol{A}+k\boldsymbol{B}$(**数对矩阵的分配律**)，

(2)$(k_1+k_2)\boldsymbol{A}=k_1\boldsymbol{A}+k_2\boldsymbol{A}$(**矩阵对数的分配律**)，

(3)$(k_1\cdot k_2)\boldsymbol{A}=k_1(k_2\boldsymbol{A})$(**结合律**)，

(4)$1\cdot\boldsymbol{A}=\boldsymbol{A},(-1)\boldsymbol{A}=-\boldsymbol{A}$，

其中 $\boldsymbol{A},\boldsymbol{B}$ 为 $m\times n$ 矩阵，k,k_1,k_2 为任意数.

2.2.3 矩阵与矩阵相乘

为了说明矩阵的乘法，我们来看一个简单的例子. 假设一投资者拥有三个公司的股份，其股份数量以及分红情况如表 2-3 所示：

表 2-3

公　　司	股　　份	1992 年每股红利/元	1993 年每股红利/元
甲	1 000	15	16.5
乙	2 000	20	21.5
丙	3 000	12	13.5

如果投资者要计算每年所得红利总额 S_1 与 S_2，则计算方法如下.

1992 年：$S_1=1\ 000\times15$ 元$+2\ 000\times20$ 元$+3\ 000\times12$ 元$=91\ 000$ 元.

1993 年：$S_2=1\ 000\times16.5$ 元$+2\ 000\times21.5$ 元$+3\ 000\times13.5$ 元$=100\ 000$ 元.

如果将表中数据以及红利总额分别用矩阵表示，则有

$$\boldsymbol{A}=[1\ 000,2\ 000,3\ 000],$$

$$\boldsymbol{B}=\begin{bmatrix}15 & 16.5\\ 20 & 21.5\\ 12 & 13.5\end{bmatrix},$$

$$\boldsymbol{C}=[91\ 000,100\ 000].$$

从而上面的运算可以写成：

$$\boldsymbol{C}=\boldsymbol{AB}=[1\ 000,2\ 000,3\ 000]\begin{bmatrix}15 & 16.5\\ 20 & 21.5\\ 12 & 13.5\end{bmatrix}$$

$$=[1\ 000\times15+2\ 000\times20+3\ 000\times12,1\ 000\times16.5+2\ 000\times21.5+3\ 000\times13.5]$$

$$=[91\,000,100\,000].$$

容易看出：$\boldsymbol{AB}$ 的元素是 $\boldsymbol{A}$ 的行上的元素与 $\boldsymbol{B}$ 的列上的对应元素分别相乘再相加，且该元素所在行与 $\boldsymbol{A}$ 的元素的行相同，所在列与 $\boldsymbol{B}$ 的元素的列相同.

一般的，有如下定义.

定义3 设 $\boldsymbol{A}=[a_{ij}]_{m\times s}$，$\boldsymbol{B}=[b_{ij}]_{s\times n}$，则 $\boldsymbol{A}$ 与 $\boldsymbol{B}$ 的**乘积** $\boldsymbol{AB}$ 是一个 $m\times n$ 矩阵，用 $\boldsymbol{C}$ 表示，即

$$\boldsymbol{C}=\boldsymbol{AB}=\begin{bmatrix} c_{11} & c_{12} & \cdots & c_{1n} \\ c_{21} & c_{22} & \cdots & c_{2n} \\ \vdots & \vdots & & \vdots \\ c_{m1} & c_{m2} & \cdots & c_{mn} \end{bmatrix},$$

其中 c_{ij} 是 $\boldsymbol{A}$ 的第 i 行元素乘以 $\boldsymbol{B}$ 的第 j 列对应元素之和，即

$$c_{ij}=a_{i1}b_{1j}+a_{i2}b_{2j}+\cdots+a_{is}b_{sj}\quad(i=1,2,\cdots,m;j=1,2,\cdots,n).$$

例3 设 $\boldsymbol{A}=\begin{bmatrix} 2 & 3 & 1 \\ 1 & 5 & 7 \end{bmatrix}_{2\times 3}$，$\boldsymbol{B}=\begin{bmatrix} 2 & 0 \\ 3 & 1 \\ 1 & 0 \end{bmatrix}_{3\times 2}$，求 $\boldsymbol{AB}$，$\boldsymbol{BA}$.

解

$$\boldsymbol{AB}=\begin{bmatrix} 2 & 3 & 1 \\ 1 & 5 & 7 \end{bmatrix}\begin{bmatrix} 2 & 0 \\ 3 & 1 \\ 1 & 0 \end{bmatrix}=\begin{bmatrix} 2\times2+3\times3+1\times1 & 2\times0+3\times1+1\times0 \\ 1\times2+5\times3+7\times1 & 1\times0+5\times1+7\times0 \end{bmatrix}$$

$$=\begin{bmatrix} 14 & 3 \\ 24 & 5 \end{bmatrix};$$

$$\boldsymbol{BA}=\begin{bmatrix} 2 & 0 \\ 3 & 1 \\ 1 & 0 \end{bmatrix}\begin{bmatrix} 2 & 3 & 1 \\ 1 & 5 & 7 \end{bmatrix}=\begin{bmatrix} 2\times2+0\times1 & 2\times3+0\times5 & 2\times1+0\times7 \\ 3\times2+1\times1 & 3\times3+1\times5 & 3\times1+1\times7 \\ 1\times2+0\times1 & 1\times3+0\times5 & 1\times1+0\times7 \end{bmatrix}$$

$$=\begin{bmatrix} 4 & 6 & 2 \\ 7 & 14 & 10 \\ 2 & 3 & 1 \end{bmatrix}.$$

例4 设 $\boldsymbol{A}=\begin{bmatrix} 6 & 2 \\ 3 & 1 \end{bmatrix}$，$\boldsymbol{B}=\begin{bmatrix} 1 & -2 \\ -2 & 4 \end{bmatrix}$，求 $\boldsymbol{AB}$，$\boldsymbol{BA}$.

解

$$\boldsymbol{AB}=\begin{bmatrix} 6 & 2 \\ 3 & 1 \end{bmatrix}\begin{bmatrix} 1 & -2 \\ -2 & 4 \end{bmatrix}=\begin{bmatrix} 2 & -4 \\ 1 & -2 \end{bmatrix},$$

$$\boldsymbol{BA}=\begin{bmatrix} 1 & -2 \\ -2 & 4 \end{bmatrix}\begin{bmatrix} 6 & 2 \\ 3 & 1 \end{bmatrix}=\begin{bmatrix} 0 & 0 \\ 0 & 0 \end{bmatrix}.$$

例5 设 $\boldsymbol{A}=\begin{bmatrix} 2 & 1 \\ 8 & 3 \end{bmatrix}$，$\boldsymbol{B}=\begin{bmatrix} -4 & 1 \\ 5 & 3 \end{bmatrix}$，$\boldsymbol{C}=\begin{bmatrix} 0 & 0 \\ 2 & 3 \end{bmatrix}$，试证明：$\boldsymbol{AC}=\boldsymbol{BC}$.

证
$$AC=\begin{bmatrix}2 & 1\\8 & 3\end{bmatrix}\begin{bmatrix}0 & 0\\2 & 3\end{bmatrix}=\begin{bmatrix}2 & 3\\6 & 9\end{bmatrix},$$
$$BC=\begin{bmatrix}-4 & 1\\5 & 3\end{bmatrix}\begin{bmatrix}0 & 0\\2 & 3\end{bmatrix}=\begin{bmatrix}2 & 3\\6 & 9\end{bmatrix},$$
所以
$$AC=BC.$$

注意 (1)只有当左边的矩阵 A 的列数与右边矩阵 B 的行数相同时,乘积 AB 才有意义,并且 AB 的行数与 A 的行数相同,而 AB 的列数与 B 的列数相同.

(2)矩阵的乘法一般不满足交换律,即 $AB\neq BA$.

如果 $AB=BA$,则称 A 与 B 为**可交换矩阵**. 特别地,$E_mA_{m\times n}=A_{m\times n}E_n=A_{m\times n}$,其中 E 为单位矩阵.

(3)两个非零矩阵之积可能为 O,因此由 $AB=O$ 不能推出 $A=O$ 或 $B=O$.

(4)矩阵乘法一般不满足消去律,即 $AC=BC$ 且 $C\neq O$,不能推出 $A=B$.

矩阵乘法不满足交换律和消去律,是矩阵乘法区别于数的乘法的两个重要特点.

(5)对于 n 阶方阵,$A^k=\overbrace{A\cdot A\cdot\cdots\cdot A}^{k个}$称为方阵 A 的 k 次幂,其中 k 为正整数.

矩阵乘法满足以下**运算规律**:

(1)$(AB)C=A(BC)$(**结合律**),

(2)$A(B+C)=AB+AC$(**左分配律**),

(3)$(B+C)A=BA+CA$(**右分配律**),

(4)$k(AB)=(kA)B=A(kB)$,**其中 k 为任意数**,

(5)**若 A 为方阵,有** $A^{k_1}A^{k_2}=A^{k_1+k_2}$,$(A^{k_1})^{k_2}=A^{k_1k_2}$,**其中** k_1,k_2 **为任意常数**.

例 6 求矩阵 $A=\begin{bmatrix}1 & 2\\0 & 1\end{bmatrix}$与 $B=\begin{bmatrix}1 & -2\\0 & 1\end{bmatrix}$的乘积 AB 与 BA.

解
$$AB=\begin{bmatrix}1 & 2\\0 & 1\end{bmatrix}\begin{bmatrix}1 & -2\\0 & 1\end{bmatrix}=\begin{bmatrix}1 & 0\\0 & 1\end{bmatrix}=E,$$
$$BA=\begin{bmatrix}1 & -2\\0 & 1\end{bmatrix}\begin{bmatrix}1 & 2\\0 & 1\end{bmatrix}=\begin{bmatrix}1 & 0\\0 & 1\end{bmatrix}=E.$$

例 7 设 $A=\begin{bmatrix}1 & 0\\1 & 1\end{bmatrix}$,试求出与 A 可交换的矩阵.

解 设与 A 可交换的矩阵 $X=\begin{bmatrix}x_1 & x_2\\x_3 & x_4\end{bmatrix}$,且 $AX=XA$.

因为
$$AX=\begin{bmatrix}1 & 0\\1 & 1\end{bmatrix}\begin{bmatrix}x_1 & x_2\\x_3 & x_4\end{bmatrix}=\begin{bmatrix}x_1 & x_2\\x_1+x_3 & x_2+x_4\end{bmatrix},$$

$$\boldsymbol{XA}=\begin{bmatrix}x_1 & x_2\\x_3 & x_4\end{bmatrix}\begin{bmatrix}1 & 0\\1 & 1\end{bmatrix}=\begin{bmatrix}x_1+x_2 & x_2\\x_3+x_4 & x_4\end{bmatrix},$$

由 $\boldsymbol{AX}=\boldsymbol{XA}$，得

$$\begin{cases}x_1=x_1+x_2,\\x_2=x_2,\\x_1+x_3=x_3+x_4,\\x_2+x_4=x_4.\end{cases}$$

解上述方程组得 $x_2=0, x_1=x_4$.

取 $x_1=x_4=a, x_3=b$，则与 $\boldsymbol{A}$ 可交换的矩阵为 $\begin{bmatrix}a & 0\\b & a\end{bmatrix}$，其中 a,b 为任意数.

例 8 线性方程组的矩阵表示.

解 设线性方程组为

$$\begin{cases}a_{11}x_1+a_{12}x_2+\cdots+a_{1n}x_n=b_1,\\a_{21}x_1+a_{22}x_2+\cdots+a_{2n}x_n=b_2,\\\qquad\qquad\vdots\\a_{m1}x_1+a_{m2}x_2+\cdots+a_{mn}x_n=b_m.\end{cases}$$

若令

$$\boldsymbol{A}=\begin{bmatrix}a_{11} & a_{12} & \cdots & a_{1n}\\a_{21} & a_{22} & \cdots & a_{2n}\\\vdots & \vdots & & \vdots\\a_{m1} & a_{m2} & \cdots & a_{mn}\end{bmatrix},\quad \boldsymbol{X}=\begin{bmatrix}x_1\\x_2\\\vdots\\x_n\end{bmatrix},\quad \boldsymbol{B}=\begin{bmatrix}b_1\\b_2\\\vdots\\b_m\end{bmatrix},$$

则由矩阵乘法定义，可将方程组表示为

$$\boldsymbol{AX}=\boldsymbol{B}.$$

将线性方程组表示为矩阵方程的形式，不仅使方程组更加简洁，而且有助于研究方程组系数间的关系及解的情况.

例 9 求矩阵

$$\boldsymbol{A}=\begin{bmatrix}1 & 0 & 3 & -1\\2 & 1 & 0 & 2\end{bmatrix} \quad 与 \quad \boldsymbol{B}=\begin{bmatrix}4 & 1 & 0\\-1 & 1 & 3\\2 & 0 & 1\\1 & 3 & 4\end{bmatrix}$$

的乘积 $\boldsymbol{AB}$.

解 因为 $\boldsymbol{A}$ 是 2×4 矩阵，$\boldsymbol{B}$ 是 4×3 矩阵，$\boldsymbol{A}$ 的列数等于 $\boldsymbol{B}$ 的行数，所以矩阵 $\boldsymbol{A}$ 与 $\boldsymbol{B}$ 可以相乘，其乘积 $\boldsymbol{AB}=\boldsymbol{C}$ 是一个 2×3 矩阵.

$$C=AB=\begin{bmatrix}1&0&3&-1\\2&1&0&2\end{bmatrix}\begin{bmatrix}4&1&0\\-1&1&3\\2&0&1\\1&3&4\end{bmatrix}$$

$$=\begin{bmatrix}1\times4+0\times(-1)+3\times2+(-1)\times1 & 1\times1+0\times1+3\times0+(-1)\times3 & 1\times0+0\times3+3\times1+(-1)\times4\\ 2\times4+1\times(-1)+0\times2+2\times1 & 2\times1+1\times1+0\times0+2\times3 & 2\times0+1\times3+0\times1+2\times4\end{bmatrix}$$

$$=\begin{bmatrix}9&-2&-1\\9&9&11\end{bmatrix}.$$

2.2.4　矩阵的转置

定义 4　设 $A=[a_{ij}]_{m\times n}$，将 A 中的行与列对调，所得的 $n\times m$ 矩阵称为 A 的**转置矩阵**，记为 A^{T}.

如 $A=\begin{bmatrix}1&2&1\\0&-1&2\end{bmatrix}$，则 $A^{T}=\begin{bmatrix}1&0\\2&-1\\1&2\end{bmatrix}$.

因为 A^{T} 是由矩阵 A 经过行列互换得到的，因此 A^{T} 中第 i 行第 j 列位置上的元素就是 A 中第 j 列第 i 行位置上的元素.

矩阵的转置也是一种运算，它满足以下的**运算规律**：

(1) $(A^{T})^{T}=A$，

(2) $(A\pm B)^{T}=A^{T}\pm B^{T}$，

(3) $(kA)^{T}=kA^{T}$，**其中 k 为常数**，

(4) $(AB)^{T}=B^{T}A^{T}$.

例 10　设 $A=\begin{bmatrix}1&0\\2&3\\4&5\end{bmatrix}$，$B=\begin{bmatrix}2&1\\4&3\end{bmatrix}$，验证 $(AB)^{T}=B^{T}A^{T}$.

证　因

$$AB=\begin{bmatrix}1&0\\2&3\\4&5\end{bmatrix}\begin{bmatrix}2&1\\4&3\end{bmatrix}=\begin{bmatrix}2&1\\16&11\\28&19\end{bmatrix},$$

于是

$$(AB)^{T}=\begin{bmatrix}2&16&28\\1&11&19\end{bmatrix}.$$

而
$$B^{T}A^{T}=\begin{bmatrix}2&4\\1&3\end{bmatrix}\begin{bmatrix}1&2&4\\0&3&5\end{bmatrix}=\begin{bmatrix}2&16&28\\1&11&19\end{bmatrix},$$
所以
$$(AB)^{T}=B^{T}A^{T}.$$

例 11 已知
$$A=\begin{bmatrix}2&0&-1\\1&3&2\end{bmatrix},\quad B=\begin{bmatrix}1&7&-1\\4&2&3\\2&0&1\end{bmatrix},$$
求 $(AB)^{T}$.

解法 1 因为
$$AB=\begin{bmatrix}2&0&-1\\1&3&2\end{bmatrix}\begin{bmatrix}1&7&-1\\4&2&3\\2&0&1\end{bmatrix}=\begin{bmatrix}0&14&-3\\17&13&10\end{bmatrix},$$
所以
$$(AB)^{T}=\begin{bmatrix}0&17\\14&13\\-3&10\end{bmatrix}.$$

解法 2
$$(AB)^{T}=B^{T}A^{T}=\begin{bmatrix}1&4&2\\7&2&0\\-1&3&1\end{bmatrix}\begin{bmatrix}2&1\\0&3\\-1&2\end{bmatrix}=\begin{bmatrix}0&17\\14&13\\-3&10\end{bmatrix}.$$

定义 5 设 A 为 n 阶方阵，如果满足 $A^{T}=A$，即
$$a_{ij}=a_{ji}\quad(i,j=1,2,\cdots,n),$$
那么，A 称为**对称矩阵**.

对称矩阵的特点是：它的元素以主对角线为对称轴对应相等.

如 $\begin{bmatrix}1&2&-3\\2&0&5\\-3&5&-1\end{bmatrix}$ 是三阶对称矩阵.

例 12 设 $A=[a_{ij}]_{m\times n}$，证明 AA^{T} 与 $A^{T}A$ 都是对称矩阵.

证 显然，AA^{T} 与 $A^{T}A$ 分别是 $m\times m$ 与 $n\times n$ 方阵，因为
$$(AA^{T})^{T}=(A^{T})^{T}\cdot A^{T}=AA^{T},$$
$$(A^{T}A)^{T}=A^{T}\cdot(A^{T})^{T}=A^{T}A,$$
因此，AA^{T} 与 $A^{T}A$ 都为对称矩阵.

2.2.5 方阵的行列式

定义 6 由 n 阶方阵 A 的元素所构成的行列式（各元素的位置不变），称为**方阵 A 的**

行列式,记作$|\boldsymbol{A}|$或 $\det\boldsymbol{A}$.

应该注意,方阵与行列式是两个不同的概念,n 阶方阵是 n^2 个数按一定方式排成的数表,而 n 阶行列式则是这些数(也就是数表 $\boldsymbol{A}$)按一定的运算法则所确定的一个数.

由 $\boldsymbol{A}$ 确定$|\boldsymbol{A}|$的这个运算满足下述**运算规律**(设 $\boldsymbol{A},\boldsymbol{B}$ 为 n 阶方阵,λ 为数):

(1)$|\boldsymbol{A}^{\mathrm{T}}|=|\boldsymbol{A}|$(**行列式性质 1**),

(2)$|\lambda\boldsymbol{A}|=\lambda^n|\boldsymbol{A}|$,

(3)$|\boldsymbol{A}\boldsymbol{B}|=|\boldsymbol{A}||\boldsymbol{B}|$.

例 13 设两个 n 阶方阵 $\boldsymbol{A},\boldsymbol{B}$ 的行列式$|\boldsymbol{A}|=1$,$|\boldsymbol{B}|=2$,计算$|-(\boldsymbol{A}\boldsymbol{B})^4\boldsymbol{B}^{\mathrm{T}}|$的值.

解
$$\begin{aligned}|-(\boldsymbol{A}\boldsymbol{B})^4\boldsymbol{B}^{\mathrm{T}}|&=(-1)^n|\boldsymbol{A}\boldsymbol{B}|^4|\boldsymbol{B}^{\mathrm{T}}|=(-1)^n|\boldsymbol{A}|^4|\boldsymbol{B}|^4|\boldsymbol{B}|\\&=(-1)^n\times1^4\times2^5=(-1)^n2^5.\end{aligned}$$

习 题 2.2

1. 设 $\boldsymbol{A}=\begin{bmatrix}0&1&2&3\\1&3&1&4\\2&0&3&1\end{bmatrix}$,$\boldsymbol{B}=\begin{bmatrix}3&2&1&0\\2&-1&-1&1\\0&-1&3&2\end{bmatrix}$,$\boldsymbol{C}=\begin{bmatrix}-1&2&3&4\\0&2&0&-1\\-1&1&3&1\end{bmatrix}$,

求:(1)$\boldsymbol{A}+2\boldsymbol{B}$;(2)$\boldsymbol{A}+\boldsymbol{B}-\boldsymbol{C}$;(3)$\boldsymbol{A}^{\mathrm{T}}\boldsymbol{B}$.

2. 设 $\boldsymbol{A}=\begin{bmatrix}3&-1&2&0\\1&5&7&9\\2&4&6&8\end{bmatrix}$,$\boldsymbol{B}=\begin{bmatrix}7&5&-2&4\\5&1&9&7\\3&2&-1&6\end{bmatrix}$,且 $\boldsymbol{A}+2\boldsymbol{X}=\boldsymbol{B}$,求 $\boldsymbol{X}$.

3. 计算:

(1)$\begin{bmatrix}1&2\\3&4\end{bmatrix}\begin{bmatrix}1&-1\\1&2\end{bmatrix}$;

(2)$\begin{bmatrix}7&-1\\-2&5\\3&-4\end{bmatrix}\begin{bmatrix}1\\4\end{bmatrix}$;

(3)$\begin{bmatrix}-1&3&2&5\end{bmatrix}\begin{bmatrix}4\\0\\7\\-3\end{bmatrix}$;

(4)$\begin{bmatrix}1&3&5\\2&1&1\\3&0&-1\end{bmatrix}^2$;

(5)$\begin{bmatrix}4\\0\\7\\-3\end{bmatrix}[-1,3,2,5]$;

(6)$\begin{bmatrix}x_1&x_2&x_3\end{bmatrix}\begin{bmatrix}a_{11}&a_{12}&a_{13}\\a_{21}&a_{22}&a_{23}\\a_{31}&a_{32}&a_{33}\end{bmatrix}\begin{bmatrix}x_1\\x_2\\x_3\end{bmatrix}$.

4. 设(1)$\boldsymbol{A}=\begin{bmatrix}1&0\\1&1\end{bmatrix}$,(2)$\boldsymbol{A}=\begin{bmatrix}1&1&0\\0&1&1\\0&0&1\end{bmatrix}$,求所有与 $\boldsymbol{A}$ 可交换的矩阵.

5. 对习题 2.1 的第 2 题：

(1)计算 $\boldsymbol{T}-\boldsymbol{S}$，并给出它的实际意义；

(2)由于销售季节早到，预计下周每种家具的销售量比本周高 50%，用矩阵 $\boldsymbol{S},\boldsymbol{T}$ 来表示下周末仓库中存货的清单.

6. 设 $\boldsymbol{A}$ 为 n 阶方阵，$\boldsymbol{A}=\dfrac{1}{2}(\boldsymbol{B}+\boldsymbol{E})$ 且 $\boldsymbol{A}^2=\boldsymbol{A}$，求 $\boldsymbol{B}^2$.

7. 判断题.

(1)$\boldsymbol{A}$ 为 n 阶矩阵，则 $|-\boldsymbol{A}|=-|\boldsymbol{A}|$.

(2)$|\boldsymbol{A}+\boldsymbol{B}\boldsymbol{A}|=0$，则 $|\boldsymbol{A}|=0$ 或 $|\boldsymbol{I}+\boldsymbol{B}|=0$.

(3)$\boldsymbol{A},\boldsymbol{B}$ 为 n 阶方阵，则 $|\boldsymbol{A}^{\mathrm{T}}+\boldsymbol{B}^{\mathrm{T}}|=|\boldsymbol{A}+\boldsymbol{B}|$.

(4)$\boldsymbol{A},\boldsymbol{B}$ 为 n 阶方阵，则 $|\boldsymbol{A}^{\mathrm{T}}+\boldsymbol{B}^{\mathrm{T}}|=|\boldsymbol{A}|+|\boldsymbol{B}|$.

综合练习二

1. 判断题.

(1)$\boldsymbol{A},\boldsymbol{B}$ 为 n 阶方阵，$\boldsymbol{AB}=\boldsymbol{O}$，则 $\boldsymbol{A}=\boldsymbol{O},\boldsymbol{B}=\boldsymbol{O}$.

(2)$\boldsymbol{A},\boldsymbol{B},\boldsymbol{C}$ 为 n 阶方阵，$\boldsymbol{A}\neq\boldsymbol{O},\boldsymbol{AB}=\boldsymbol{AC}$，则 $\boldsymbol{B}=\boldsymbol{C}$.

(3)$\boldsymbol{A}^2=\boldsymbol{E}$，则 $\boldsymbol{A}=\boldsymbol{E}$ 或 $\boldsymbol{A}=-\boldsymbol{E}$.

2. 填空题.

(1)$\boldsymbol{A}=\begin{bmatrix}1 & 3\\ 2 & -1\end{bmatrix},\boldsymbol{B}=\begin{bmatrix}3 & 0\\ 1 & 2\end{bmatrix}$，则 $2\boldsymbol{A}-3\boldsymbol{B}=$ ________，$\boldsymbol{AB}=$ ________.

(2)$\begin{bmatrix}a & b & c\end{bmatrix}\begin{bmatrix}a\\ b\\ c\end{bmatrix}=$ ________.

(3)$\boldsymbol{A}$ 为三阶方阵，$|\boldsymbol{A}|=2$，则 $|-2\boldsymbol{A}|=$ ________.

(4)$\boldsymbol{A},\boldsymbol{B}$ 为三阶方阵，$|\boldsymbol{A}|=1$，$|\boldsymbol{B}|=2$，则 $|2\boldsymbol{A}\boldsymbol{B}^{\mathrm{T}}|=$ ________.

3. 计算题.

(1) $\begin{bmatrix}4 & 3 & 1\\ 1 & -2 & 3\\ 5 & 7 & 0\end{bmatrix}\begin{bmatrix}7\\ 2\\ 1\end{bmatrix}$.

(2) $\begin{bmatrix}2 & 1 & 4 & 0\\ 1 & -1 & 3 & 4\end{bmatrix}\begin{bmatrix}1 & 3 & 1\\ 0 & -1 & 2\\ 1 & -3 & 1\\ 4 & 0 & -2\end{bmatrix}$.

(3) $\begin{bmatrix}0&0&1\\0&1&0\\1&0&0\end{bmatrix}\begin{bmatrix}0&0&1\\0&1&0\\1&0&0\end{bmatrix}$.

4. 解矩阵方程

$$\begin{bmatrix}3&-1&1\\-2&0&2\end{bmatrix}-3\boldsymbol{X}+\begin{bmatrix}-2&-1&1\\3&1&-1\end{bmatrix}=\begin{bmatrix}0&0&0\\0&0&0\end{bmatrix}.$$

5. $\boldsymbol{A}=\begin{bmatrix}1&2\\0&1\end{bmatrix}$,$\boldsymbol{B}=\begin{bmatrix}0&1\\1&2\end{bmatrix}$,求$|2\boldsymbol{A}^{\mathrm{T}}-5\boldsymbol{B}|$.

6. $\boldsymbol{A}$ 为 n 阶方阵,$|\boldsymbol{A}|=2$,求$|\boldsymbol{A}^2(2\boldsymbol{A})^{\mathrm{T}}|$.

第 3 章　矩阵的初等变换与线性方程组

本章先引进矩阵的初等变换，建立矩阵的秩和逆矩阵的概念，然后利用矩阵的秩讨论线性方程组解的情况，并介绍用初等变换求矩阵的秩、逆矩阵和解线性方程组的方法.

3.1　矩阵的初等变换

3.1.1　引例

初等变换是从解线性方程组的消元法得到启发的，先看一个具体例子.

例 1　求解线性方程组

$$\begin{cases} x_1 + 2x_2 + x_3 = 3, \\ 3x_1 - x_2 - 3x_3 = -1, \\ 2x_1 + 3x_2 + x_3 = 4. \end{cases}$$

解　为了消去第一列中的 $3x_1$，$2x_1$，将第一个方程的 -3 倍加于第二个方程，第一个方程的 -2 倍加于第三个方程，得

$$\begin{cases} x_1 + 2x_2 + x_3 = 3, \\ -7x_2 - 6x_3 = -10, \\ -x_2 - x_3 = -2; \end{cases}$$

将第三个方程乘以 -1，再与第二个方程交换，得

$$\begin{cases} x_1 + 2x_2 + x_3 = 3, \\ x_2 + x_3 = 2, \\ -7x_2 - 6x_3 = -10; \end{cases}$$

将第二个方程的 7 倍加到第三个方程上，得

$$\begin{cases} x_1 + 2x_2 + x_3 = 3, \\ x_2 + x_3 = 2, \\ x_3 = 4. \end{cases}$$

这是一个三角方程组的形式，由回代法，解得

$$x_1 = 3,\quad x_2 = -2,\quad x_3 = 4.$$

例 1 的解法可以推广到任意线性方程组上. 从解的过程可以看出，对线性方程组实施了下述三种运算进行化简：

(1)互换两个方程的位置；

(2)用一个非零的数乘一个方程；

(3)用数 k 乘一方程加到另一方程上.

称这三种运算为线性方程组的初等变换. 可以证明，经初等变换得到的新的方程组与原方程组同解. 利用初等变换把原方程组逐步化简为三角方程组，再用回代方法解出 x_1，x_2，…，x_n.

稍加注意便可发现，对例 1 的线性方程组实施初等变换的过程中，未知量、加号及等号并没有直接参与运算，因而可以把它们抽出去，把系数与常数列写成矩阵形式

$$\bar{\mathbf{A}}=\left[\begin{array}{ccc:c}1&2&1&3\\3&-1&-3&-1\\2&3&1&4\end{array}\right],$$

称此矩阵为该方程组的**增广矩阵**. 这样，例 1 的方程组可以用增广矩阵来刻画. 求解线性方程组就可转化为对 $\bar{\mathbf{A}}$ 的行进行相应的变换，通常称为对矩阵的**初等行变换**. 例 1 的各个方程组对应于矩阵的行变换为

$$\bar{\mathbf{A}}=\left[\begin{array}{ccc:c}1&2&1&3\\3&-1&-3&-1\\2&3&1&4\end{array}\right]\Rightarrow\left[\begin{array}{ccc:c}1&2&1&3\\0&-7&-6&-10\\0&-1&-1&-2\end{array}\right]$$

$$\Rightarrow\left[\begin{array}{ccc:c}1&2&1&3\\0&1&1&2\\0&-7&-6&-10\end{array}\right]\Rightarrow\left[\begin{array}{ccc:c}1&2&1&3\\0&1&1&2\\0&0&1&4\end{array}\right].$$

3.1.2　初等变换

定义 1　矩阵的初等行变换是指下列三种变换：

(1)**对换变换**　互换矩阵第 i 行与第 j 行的位置，记为 $r_i\leftrightarrow r_j$；

(2)**数乘变换**　用一个非零常数 k 乘矩阵的第 i 行，记为 kr_i；

(3)**倍加变换**　将矩阵的第 j 行元素的 k 倍加到第 i 行上，记为 r_i+kr_j.

若把定义 1 中的行换成列，就成为矩阵的三种**初等列变换**，相应记为 $c_i\leftrightarrow c_j$，kc_i 和 c_i+kc_j. 矩阵的初等行变换和初等列变换统称为**矩阵的初等变换**.

利用初等变换把矩阵 $\mathbf{A}$ 化为形状简单的矩阵 $\mathbf{B}$，通过 $\mathbf{B}$ 探讨或解决与 $\mathbf{A}$ 有关的问题和性质，例如求矩阵的逆和矩阵的秩，解线性方程组等问题. 初等变换是线性代数运算中最常用的方法.

下面研究用初等行变换将矩阵化为较简单的矩阵的两种形式：行阶梯形矩阵和行最简形矩阵. 下面两个形如阶梯形状的矩阵都称为**行阶梯形矩阵**，其特点是：可画出一条阶梯线，线下方的元素全为 0；每个台阶只有一行，台阶数即是非零行的行数，阶梯线的竖线

（每段竖线的长度为一行）后面的第一个元素为非零元，也就是非零行的第一个非零元.

$$B_1=\begin{bmatrix}1&3&2&1\\0&2&1&4\\0&0&0&1\\0&0&0&0\end{bmatrix},\quad B_2=\begin{bmatrix}1&0&-1&0&4\\0&1&-1&0&3\\0&0&0&1&-3\\0&0&0&0&0\end{bmatrix}$$

行阶梯形矩阵 B_2 还称为**行最简形矩阵**，其特点是：非零行的第一个非零元为 1，且这些非零元所在的列的其他元素都为 0.

用归纳法不难证明（这里不予证明），对于任何矩阵 $A_{m\times n}$，总可经过有限次初等行变换把它变为行阶梯形矩阵和行最简形矩阵.

例 2 用初等行变换化下面矩阵为行阶梯形矩阵.

$$A=\begin{bmatrix}2&-1&8&1\\1&2&-1&3\\1&1&1&2\end{bmatrix}.$$

解 先将 A 的第 1，3 行对换，然后再用倍加变换变第 1 列的两元素为 0，

$$A\xrightarrow{r_1\leftrightarrow r_3}\begin{bmatrix}1&1&1&2\\1&2&-1&3\\2&-1&8&1\end{bmatrix}\xrightarrow[r_3+(-2)r_1]{r_2+(-1)r_1}\begin{bmatrix}1&1&1&2\\0&1&-2&1\\0&-3&6&-3\end{bmatrix}$$

$$\xrightarrow{r_3+3r_2}\begin{bmatrix}1&1&1&2\\0&1&-2&1\\0&0&0&0\end{bmatrix}.$$

例 3 利用初等行变换把矩阵 $A=\begin{bmatrix}1&-1&-1&1&0\\0&1&2&-4&1\\2&-2&-4&6&-1\\3&-3&-5&7&-1\end{bmatrix}$ 化为行阶梯形矩阵.

解 $$A=\begin{bmatrix}1&-1&-1&1&0\\0&1&2&-4&1\\2&-2&-4&6&-1\\3&-3&-5&7&-1\end{bmatrix}\xrightarrow[r_4+(-3)\times r_1]{r_3+(-2)\times r_1}\begin{bmatrix}1&-1&-1&1&0\\0&1&2&-4&1\\0&0&-2&4&-1\\0&0&-2&4&-1\end{bmatrix}$$

$$\xrightarrow{r_4+(-1)\times r_3}\begin{bmatrix}1&-1&-1&1&0\\0&1&2&-4&1\\0&0&-2&4&-1\\0&0&0&0&0\end{bmatrix}=B,$$

B 是行阶梯形矩阵.

例 4 用初等行变换把下面矩阵化为行最简形矩阵.

$$A=\begin{bmatrix}1&-1&-1&1&0\\0&1&2&-4&1\\2&-2&-4&6&-1\\3&-3&-5&7&-1\end{bmatrix}.$$

解 $A=\begin{bmatrix}1&-1&-1&1&0\\0&1&2&-4&1\\2&-2&-4&6&-1\\3&-3&-5&7&-1\end{bmatrix}$

$$\xrightarrow[r_4-3r_1]{r_3-2r_1}\begin{bmatrix}1&-1&-1&1&0\\0&1&2&-4&1\\0&0&-2&4&-1\\0&0&-2&4&-1\end{bmatrix}\xrightarrow[r_4-r_3]{r_2+r_3}\begin{bmatrix}1&-1&-1&1&0\\0&1&0&0&0\\0&0&-2&4&-1\\0&0&0&0&0\end{bmatrix}$$

$$\xrightarrow[r_1+r_3]{(-\frac{1}{2})r_3}\begin{bmatrix}1&-1&0&-1&\frac{1}{2}\\0&1&0&0&0\\0&0&1&-2&\frac{1}{2}\\0&0&0&0&0\end{bmatrix}\xrightarrow{r_1+r_2}\begin{bmatrix}1&0&0&-1&\frac{1}{2}\\0&1&0&0&0\\0&0&1&-2&\frac{1}{2}\\0&0&0&0&0\end{bmatrix}.$$

此即行最简形矩阵.

定义 2 若对矩阵 A 实施若干次初等变换得到矩阵 B,则称矩阵 A 与 B 是等价的,记为 $A\sim B$.

显然,任何一个矩阵都等价于一个行阶梯形矩阵.

注意 (1)与矩阵等价的行阶梯形矩阵不唯一,因为它与使用哪一种初等变换的先后有关;

(2)可以证明任何一个矩阵都等价于唯一的行最简形矩阵;

(3)单位矩阵是行最简形矩阵.

习　题 3.1

1. 判断题.

(1)初等变换不改变行列式的值;

(2)初等行变换必可把矩阵化为行阶梯形矩阵.

2. 把下列矩阵化为行阶梯形矩阵与行最简形矩阵：

(1)$\boldsymbol{A}=\begin{bmatrix}1&1&2&1\\2&-1&2&4\\1&-1&0&3\\4&1&4&2\end{bmatrix}$；　　(2)$\boldsymbol{A}=\begin{bmatrix}1&-2&3&-4&4\\0&1&-1&1&-3\\1&3&0&-3&1\\0&-7&3&1&-3\end{bmatrix}$；

(3)$\boldsymbol{A}=\begin{bmatrix}1&2&-7&1\\4&-7&2&-11\\7&-4&-1&25\end{bmatrix}$；　　(4)$\boldsymbol{A}=\begin{bmatrix}1&2&0&-1\\2&1&3&0\\1&-1&3&1\end{bmatrix}$.

3.2 矩阵的秩

3.2.1 矩阵的秩的概念

矩阵的秩是线性代数中的一个重要概念，它是描述矩阵的一个数值特征. 要讲清楚矩阵的秩，需先引入 k 阶子式的概念.

定义 1 设 $\boldsymbol{A}$ 为 $m\times n$ 矩阵，在 $\boldsymbol{A}$ 中选取 k 行 $(i_1<i_2<\cdots<i_k)$，k 列 $(j_1<j_2<\cdots<j_k)$，位于这些行和列相交处的元素构成的 k 阶行列式

$$\begin{vmatrix}a_{i1j1}&a_{i1j2}&\cdots&a_{i1jk}\\a_{i2j1}&a_{i2j2}&\cdots&a_{i2jk}\\\vdots&\vdots&&\vdots\\a_{ikj1}&a_{ikj2}&\cdots&a_{ikjk}\end{vmatrix}$$

叫做 $\boldsymbol{A}$ 一个 k **阶子式**. 例如

$$\boldsymbol{A}=\begin{bmatrix}3&1&2&0\\1&0&0&-1\\5&4&0&1\end{bmatrix},$$

取第 1、3 行和第 2、4 列的二阶子式为

$$\begin{vmatrix}1&0\\4&1\end{vmatrix}=1,$$

取第 2、3 行和第 2、3 列的二阶子式为

$$\begin{vmatrix}0&0\\4&0\end{vmatrix}=0.$$

显然一个 $m\times n$ 矩阵共有 $\mathrm{C}_m^k\cdot\mathrm{C}_n^k$ 个 k 阶子式.

定义 2 矩阵 $\boldsymbol{A}$ 中不等于零的子式的最高阶数，称为矩阵 $\boldsymbol{A}$ 的**秩**，记为 $r(\boldsymbol{A})$ 或秩$(\boldsymbol{A})$. 规定零矩阵的秩为 0.

用定义 2 求 $\boldsymbol{A}$ 的秩，首先看一看，若 $\boldsymbol{A}\neq\boldsymbol{O}$，则有一阶子式不为零，然后考察二阶子式，若找到一个非零二阶子式，就继续考察 $\boldsymbol{A}$ 的三阶子式，如此进行，总能找到一个阶数最高的非零子式，从而求出 $\boldsymbol{A}$ 的秩.

例 1 求下列矩阵的秩：

$$(1)\boldsymbol{A}=\begin{bmatrix}1&2&3&7&4\\0&1&8&1&6\\0&0&0&2&3\\0&0&0&0&0\end{bmatrix},\qquad(2)\boldsymbol{B}=\begin{bmatrix}1&3&-9&3\\0&1&-3&4\\-2&-3&9&6\end{bmatrix}.$$

解 (1)$\boldsymbol{A}$ 是一个阶梯形矩阵，显然二阶子式 $\begin{vmatrix}1&2\\0&1\end{vmatrix}\neq0$，$r(\boldsymbol{A})\geqslant2$，再取第 1、2、3 行及第 1、2、4 列组成三阶子式

$$\begin{vmatrix}1&2&7\\0&1&1\\0&0&2\end{vmatrix}=2\neq0,$$

而所有四阶子式都含有零行，皆为零，$\boldsymbol{A}$ 的非零最高阶子式的阶数为 3，故 $r(\boldsymbol{A})=3$.

(2)$\boldsymbol{B}$ 中有二阶子式 $\begin{vmatrix}1&3\\0&1\end{vmatrix}\neq0$，故 $r(\boldsymbol{A})\geqslant2$. $\boldsymbol{B}$ 中最高阶子式为三阶，共有 4 个：

$$\begin{vmatrix}1&3&-9\\0&1&-3\\-2&-3&9\end{vmatrix}=0,\qquad\begin{vmatrix}1&3&3\\0&1&4\\-2&-3&6\end{vmatrix}=0,$$

$$\begin{vmatrix}1&-9&3\\0&-3&4\\-2&9&6\end{vmatrix}=0,\qquad\begin{vmatrix}3&-9&3\\1&-3&4\\-3&9&6\end{vmatrix}=0,$$

故 $r(\boldsymbol{B})=2$.

从本例可见，用定义求一般矩阵的秩并非易事，但若矩阵是阶梯形的，则求矩阵的秩就轻而易举了.

从矩阵的秩的定义可以看出以下几点.

(1)若 $\boldsymbol{A}$ 为 $m\times n$ 矩阵，则 $\boldsymbol{A}$ 的秩不会大于矩阵的行数或列数，即

$$r(\boldsymbol{A})\leqslant\min\{m,n\}.$$

(2)$r(\boldsymbol{A}^{\mathrm{T}})=r(\boldsymbol{A})$，$r(k\boldsymbol{A})=r(\boldsymbol{A})$，$k$ 为非零数.

(3)对于 n 阶方阵 $\boldsymbol{A}$，若 $\boldsymbol{A}$ 不可逆，即 $|\boldsymbol{A}|=0$，则 $r(\boldsymbol{A})<n$；若 $\boldsymbol{A}$ 可逆，即 $|\boldsymbol{A}|\neq0$，则 $r(\boldsymbol{A})=n$.

(4)若矩阵 $\boldsymbol{A}$ 至少有一个 r 阶子式不为零而所有 $r+1$ 阶子式全为零，则 $r(\boldsymbol{A})=r$.

3.2.2 用初等变换求矩阵的秩

对于一般较高阶的矩阵，直接用定义求矩阵的秩，需要计算许多行列式，这种做法往

往是十分烦冗的.例1的矩阵 $\boldsymbol{A}$ 的求秩过程可以给出一种提示:若能找到一种简单的变换把矩阵化简(如阶梯形等),而这种变换又不改变矩阵的秩,则可由化简的矩阵易求得原矩阵的秩.自然地,想到了初等变换这个工具,因初等变换能把矩阵化为阶梯形或标准形,且由阶梯形易求出其秩.但是初等变换是否能保持矩阵的秩的不变性呢?回答是肯定的.

定理1 初等变换不改变矩阵的秩.

由该定理可知,对于任一个 $m\times n$ 矩阵 $\boldsymbol{A}$,总可以经过一系列的初等变换化为阶梯形.由于初等变换不改变矩阵的秩,所以 $\boldsymbol{A}$ 的秩就等于阶梯形中非零行的行数.

例2 用初等变换求下列矩阵的秩:

(1)$\boldsymbol{A}=\begin{bmatrix}1 & 3 & -9 & 3\\ 0 & 1 & -3 & 4\\ -2 & -3 & 9 & 6\end{bmatrix}$;

(2)$\boldsymbol{B}=\begin{bmatrix}1 & 0 & 2 & 1 & 0\\ 7 & 1 & 14 & 7 & 1\\ 0 & 5 & 1 & 4 & 6\\ 2 & 1 & 1 & -10 & -2\end{bmatrix}$.

解 (1)用初等变换将 $\boldsymbol{A}$ 化为行阶梯形矩阵,即

$$\boldsymbol{A}=\begin{bmatrix}1 & 3 & -9 & 3\\ 0 & 1 & -3 & 4\\ -2 & -3 & 9 & 6\end{bmatrix}\xrightarrow{r_3+2r_1}\begin{bmatrix}1 & 3 & -9 & 3\\ 0 & 1 & -3 & 4\\ 0 & 3 & -9 & 12\end{bmatrix}$$

$$\xrightarrow{r_3-3r_2}\begin{bmatrix}1 & 3 & -9 & 3\\ 0 & 1 & -3 & 4\\ 0 & 0 & 0 & 0\end{bmatrix}.$$

因行阶梯形矩阵中非零行的行数为2,故 $r(\boldsymbol{A})=2$.

(2)用初等变换将 $\boldsymbol{B}$ 化为行阶梯形矩阵,即

$$\boldsymbol{B}=\begin{bmatrix}1 & 0 & 2 & 1 & 0\\ 7 & 1 & 14 & 7 & 1\\ 0 & 5 & 1 & 4 & 6\\ 2 & 1 & 1 & -10 & -2\end{bmatrix}\xrightarrow[r_4-2r_1]{r_2-7r_1}\begin{bmatrix}1 & 0 & 2 & 1 & 0\\ 0 & 1 & 0 & 0 & 1\\ 0 & 5 & 1 & 4 & 6\\ 0 & 1 & -3 & -12 & -2\end{bmatrix}$$

$$\xrightarrow[r_4-r_2]{r_3-5r_2}\begin{bmatrix}1 & 0 & 2 & 1 & 0\\ 0 & 1 & 0 & 0 & 1\\ 0 & 0 & 1 & 4 & 1\\ 0 & 0 & -3 & -12 & -3\end{bmatrix}\Rightarrow\begin{bmatrix}1 & 0 & 2 & 1 & 0\\ 0 & 1 & 0 & 0 & 1\\ 0 & 0 & 1 & 4 & 1\\ 0 & 0 & 0 & 0 & 0\end{bmatrix},$$

故得 $r(\boldsymbol{B})=3$.

例3 求下列矩阵的秩:

(1)$\boldsymbol{A}=\begin{bmatrix}1 & -1 & 1 & 2\\ 2 & 3 & 3 & 2\\ 1 & 1 & 2 & 1\end{bmatrix}$; (2)$\boldsymbol{B}=\begin{bmatrix}1 & 0 & 2 & 1 & 0\\ 7 & 1 & 14 & 7 & 1\\ 0 & 5 & 1 & 4 & 6\\ 2 & 1 & 1 & -10 & -2\end{bmatrix}$.

解 (1)$\boldsymbol{A}=\begin{bmatrix}1&-1&1&2\\2&3&3&2\\1&1&2&1\end{bmatrix}\xrightarrow[r_3+(-1)\times r_1]{r_2+(-2)\times r_1}\begin{bmatrix}1&-1&1&2\\0&5&1&-2\\0&2&1&-1\end{bmatrix}$

$\xrightarrow{r_2+(-2)\times r_3}\begin{bmatrix}1&-1&1&2\\0&1&-1&0\\0&2&1&-1\end{bmatrix}\xrightarrow{r_3+(-2)\times r_2}\begin{bmatrix}1&-1&-1&2\\0&1&-1&0\\0&0&3&-1\end{bmatrix}$.

由于行阶梯形矩阵中非零行的个数为 3,故 $r(\boldsymbol{A})=3$.

(2)$\boldsymbol{B}=\begin{bmatrix}1&0&2&1&0\\7&1&14&7&1\\0&5&1&4&6\\2&1&1&-10&-2\end{bmatrix}\xrightarrow[r_4+(-2)\times r_1]{r_2+(-7)\times r_1}\begin{bmatrix}1&0&2&1&0\\0&1&0&0&1\\0&5&1&4&6\\0&1&-3&-12&-2\end{bmatrix}$

$\xrightarrow[r_4+(-1)\times r_2]{r_3+(-5)\times r_2}\begin{bmatrix}1&0&2&1&0\\0&1&0&0&1\\0&0&1&4&1\\0&0&-3&-12&-3\end{bmatrix}\xrightarrow{r_4+3\times r_3}\begin{bmatrix}1&0&2&1&0\\0&1&0&0&1\\0&0&1&4&1\\0&0&0&0&0\end{bmatrix}$,

故 $r(\boldsymbol{B})=3$.

习 题 3.2

1. 求下列矩阵的秩:

(1)$\begin{bmatrix}1&1&2\\1&2&3\\0&1&1\end{bmatrix}$; (2)$\begin{bmatrix}1&2&3\\2&2&1\\3&4&3\end{bmatrix}$;

(3)$\begin{bmatrix}1&4&-1&2&2\\2&-2&1&1&0\\-2&-1&3&2&0\end{bmatrix}$; (4)$\begin{bmatrix}0&1&1&-1&2\\0&2&2&2&0\\0&-1&-1&1&1\\1&1&0&0&-1\end{bmatrix}$.

2. 判断题.

(1)划去矩阵 $\boldsymbol{A}$ 的一行得到矩阵 $\boldsymbol{B}$,则 $r(\boldsymbol{A})=r(\boldsymbol{B})-1$.

(2)矩阵 $\boldsymbol{A}$ 增加一列得到矩阵 $\boldsymbol{C}$,则 $r(\boldsymbol{C})=r(\boldsymbol{A})$ 或 $r(\boldsymbol{C})=r(\boldsymbol{A})+1$.

(3)若 $r(\boldsymbol{A})=r$,则 $\boldsymbol{A}$ 的所有 r 阶子式不等于零.

(4)若 $r(\boldsymbol{A})=r$,则 $\boldsymbol{A}$ 的所有 $r-1$ 阶子式不等于零.

(5)若 $\boldsymbol{A}_{m\times n}$ 有一个 r 阶子式不等于零,则 $r(\boldsymbol{A})\geqslant r$.

3.3 初等矩阵 逆矩阵

3.3.1 初等矩阵

定义 1 对单位矩阵 $\boldsymbol{E}$ 施行一次初等变换得到的矩阵称为**初等矩阵**. 由于初等变换有三种形式,所以初等矩阵共有三种,即

$$(1)\boldsymbol{E}(i,j)=\begin{bmatrix}1&&&&&&\\&\ddots&&&&&\\&&0&\cdots&1&&\\&&\vdots&&\vdots&&\\&&1&\cdots&0&&\\&&&&&\ddots&\\&&&&&&1\end{bmatrix}\begin{matrix}\\\\i\text{ 行}\\\\j\text{ 行}\\\\\\\end{matrix}\quad(\text{第 } i \text{ 行和第 } j \text{ 行互换});$$

$$(2)\boldsymbol{E}[i(k)]=\begin{bmatrix}1&&&&\\&\ddots&&&\\&&k&&\\&&&\ddots&\\&&&&1\end{bmatrix}\begin{matrix}\\\\i\text{ 行}\\\\\\\end{matrix}\quad(\text{第 } i \text{ 行乘以数 } k,k\neq0);$$

$$(3)\boldsymbol{E}[i,j(k)]=\begin{bmatrix}1&&&&&&\\&\ddots&&&&&\\&&1&\cdots&k&&\\&&\vdots&&\vdots&&\\&&0&\cdots&1&&\\&&&&&\ddots&\\&&&&&&1\end{bmatrix}\begin{matrix}\\\\i\text{ 行}\\\\j\text{ 行}\\\\\\\end{matrix}\quad(\text{第 } j \text{ 行乘以数 } k \text{ 加到第 } i \text{ 行上}).$$

例 1 设 $\boldsymbol{E}$ 为 3 阶单位矩阵,求 $\boldsymbol{E}(1,3)$,$\boldsymbol{E}[2,1(-3)]$;若 $\boldsymbol{A}=\begin{bmatrix}1&2&3\\3&2&1\\2&1&3\end{bmatrix}$,求 $\boldsymbol{E}(1,3)\boldsymbol{A}$,$\boldsymbol{A}\boldsymbol{E}(1,3)$,$\boldsymbol{E}[2,1(-3)]\boldsymbol{A}$.

解 $$\boldsymbol{E}(1,3)=\begin{bmatrix}0&0&1\\0&1&0\\1&0&0\end{bmatrix},\quad \boldsymbol{E}[2,1(-3)]=\begin{bmatrix}1&0&0\\-3&1&0\\0&0&1\end{bmatrix}.$$

$$\boldsymbol{E}(1,3)\boldsymbol{A}=\begin{bmatrix}0&0&1\\0&1&0\\1&0&0\end{bmatrix}\begin{bmatrix}1&2&3\\3&2&1\\2&1&3\end{bmatrix}=\begin{bmatrix}2&1&3\\3&2&1\\1&2&3\end{bmatrix}.$$

$$\boldsymbol{AE}(1,3)=\begin{bmatrix}1&2&3\\3&2&1\\2&1&3\end{bmatrix}\begin{bmatrix}0&0&1\\0&1&0\\1&0&0\end{bmatrix}=\begin{bmatrix}3&2&1\\1&2&3\\3&1&2\end{bmatrix}.$$

$$\boldsymbol{E}[2,1(-3)]\boldsymbol{A}=\begin{bmatrix}1&0&0\\-3&1&0\\0&0&1\end{bmatrix}\begin{bmatrix}1&2&3\\3&2&1\\2&1&3\end{bmatrix}=\begin{bmatrix}1&2&3\\0&-4&-8\\2&1&3\end{bmatrix}.$$

通过上例，可以看出初等矩阵与初等变换有如下关系.

设 $\boldsymbol{A}$ 为 $m\times n$ 矩阵，则：

(1) $\boldsymbol{E}(i,j)\boldsymbol{A}$，相当于 $\boldsymbol{A}$ 的第 i 行与第 j 行互换，

$\boldsymbol{AE}(i,j)$，相当于 $\boldsymbol{A}$ 的第 i 列与第 j 列互换；

(2) $\boldsymbol{E}[i(k)]\boldsymbol{A}$，相当于 $\boldsymbol{A}$ 的第 i 行元素乘以数 k，

$\boldsymbol{AE}[i(k)]$，相当于 $\boldsymbol{A}$ 的第 i 列元素乘以数 k；

(3) $\boldsymbol{E}[i,j(k)]\boldsymbol{A}$，相当于 $\boldsymbol{A}$ 的第 j 行乘以数 k 加到第 i 行上，

$\boldsymbol{AE}[i,j(k)]$，相当于 $\boldsymbol{A}$ 的第 j 列乘以数 k 加到第 i 列上.

注意：上述与 $\boldsymbol{A}$ 左乘的初等矩阵均为 m 阶方阵；与 $\boldsymbol{A}$ 右乘的初等矩阵均为 n 阶方阵.

以上性质说明：对 $\boldsymbol{A}$ 作一次初等行变换等同于用一个 m 阶初等矩阵左乘 $\boldsymbol{A}$；对 $\boldsymbol{A}$ 作一次初等列变换等同于用一个 n 阶初等矩阵右乘 $\boldsymbol{A}$.

如 $\boldsymbol{A}=\begin{bmatrix}1&2&3\\3&2&1\\2&1&3\end{bmatrix}\xrightarrow{r_2+(-3)\times r_1}\begin{bmatrix}1&2&3\\0&-4&-8\\2&1&3\end{bmatrix}$，而 $\boldsymbol{E}(2,1(-3))\boldsymbol{A}=$

$$\begin{bmatrix}1&0&0\\-3&1&0\\0&0&1\end{bmatrix}\begin{bmatrix}1&2&3\\3&2&1\\2&1&3\end{bmatrix}=\begin{bmatrix}1&2&3\\0&-4&-8\\2&1&3\end{bmatrix}.$$

3.3.2 逆矩阵的概念

在数的运算中，若 $a\neq 0$，则存在 a 的逆元 $\frac{1}{a}=a^{-1}$，使得 $aa^{-1}=a^{-1}a=1$. 对于矩阵 $\boldsymbol{A}$ 是否存在一个逆矩阵 $\boldsymbol{A}^{-1}$，使得 $\boldsymbol{AA}^{-1}=\boldsymbol{A}^{-1}\boldsymbol{A}=\boldsymbol{E}$ 呢？例如，

$$\boldsymbol{A}=\begin{bmatrix}1&2\\0&1\end{bmatrix},\quad \boldsymbol{B}=\begin{bmatrix}1&-2\\0&1\end{bmatrix},$$

则
$$\boldsymbol{AB}=\begin{bmatrix}1&2\\0&1\end{bmatrix}\begin{bmatrix}1&-2\\0&1\end{bmatrix}=\begin{bmatrix}1&0\\0&1\end{bmatrix}=\boldsymbol{E},$$

$$\boldsymbol{BA}=\begin{bmatrix}1&-2\\0&1\end{bmatrix}\begin{bmatrix}1&2\\0&1\end{bmatrix}=\begin{bmatrix}1&0\\0&1\end{bmatrix}=\boldsymbol{E},$$

即 $\boldsymbol{AB}=\boldsymbol{BA}=\boldsymbol{E}$，于是便可记 $\boldsymbol{B}=\boldsymbol{A}^{-1}$.

定义 2 设 $\boldsymbol{A}$ 为 n 阶方阵，若存在 n 阶方阵 $\boldsymbol{B}$，使得

$$\boldsymbol{AB}=\boldsymbol{BA}=\boldsymbol{E},$$

则称 $\boldsymbol{B}$ 为 $\boldsymbol{A}$ 的**逆矩阵**，记为 $\boldsymbol{A}^{-1}$，即 $\boldsymbol{B}=\boldsymbol{A}^{-1}$，并称 $\boldsymbol{A}$ 为**可逆矩阵**.

如果 $\boldsymbol{A}$ 可逆，按照方阵的行列式的性质，有 $|\boldsymbol{AB}|=|\boldsymbol{E}|=1$，即 $|\boldsymbol{A}||\boldsymbol{B}|=1$. 故若 $\boldsymbol{A}$ 可逆，则 $|\boldsymbol{A}|\neq 0$.

如果 $\boldsymbol{A}$ 可逆，则 $\boldsymbol{A}$ 的逆矩阵唯一. 事实上，若 $\boldsymbol{B}$、$\boldsymbol{C}$ 均为 $\boldsymbol{A}$ 的逆矩阵，则

$$\boldsymbol{B}=\boldsymbol{BE}=\boldsymbol{BAC}=\boldsymbol{EC}=\boldsymbol{C}.$$

关于矩阵的逆，有如下结论：

(1) $(\boldsymbol{A}^{-1})^{-1}=\boldsymbol{A}$，

(2) $(\boldsymbol{A}^{\mathrm{T}})^{-1}=(\boldsymbol{A}^{-1})^{\mathrm{T}}$，

(3) $(k\boldsymbol{A})^{-1}=\dfrac{1}{k}\boldsymbol{A}^{-1}\ (k\neq 0)$，

(4) $(\boldsymbol{AB})^{-1}=\boldsymbol{B}^{-1}\boldsymbol{A}^{-1}$，

(5) **初等矩阵都可逆，且其逆矩阵仍为初等矩阵**，即

$$[\boldsymbol{E}(i,j)]^{-1}=\boldsymbol{E}(i,j),$$

$$[\boldsymbol{E}(i(k))]^{-1}=\boldsymbol{E}\left(i\left(\frac{1}{k}\right)\right),$$

$$[\boldsymbol{E}(i,j(k))]^{-1}=\boldsymbol{E}(i,j(-k)).$$

(6) 对于 n 阶方阵 $\boldsymbol{A}$、$\boldsymbol{B}$，若 $\boldsymbol{AB}=\boldsymbol{E}$（或 $\boldsymbol{BA}=\boldsymbol{E}$），则 $\boldsymbol{A}$ 可逆，且 $\boldsymbol{A}^{-1}=\boldsymbol{B}$.

例 2 解矩阵方程

$$\begin{bmatrix}0&1&0\\1&0&0\\0&0&1\end{bmatrix}\boldsymbol{X}\begin{bmatrix}1&0&0\\0&0&1\\0&1&0\end{bmatrix}=\begin{bmatrix}1&-4&3\\2&0&-1\\1&-2&0\end{bmatrix}.$$

解 注意到矩阵 $\begin{bmatrix}0&1&0\\1&0&0\\0&0&1\end{bmatrix}=\boldsymbol{E}(1,2)$ 与 $\begin{bmatrix}1&0&0\\0&0&1\\0&1&0\end{bmatrix}=\boldsymbol{E}(2,3)$ 均为初等矩阵，因此是可逆的. 在方程的两边同时左乘 $[\boldsymbol{E}(1,2)]^{-1}$ 与右乘 $[\boldsymbol{E}(2,3)]^{-1}$，得

$$\begin{aligned}\boldsymbol{X}&=\begin{bmatrix}0&1&0\\1&0&0\\0&0&1\end{bmatrix}^{-1}\begin{bmatrix}1&-4&3\\2&0&-1\\1&-2&0\end{bmatrix}\begin{bmatrix}1&0&0\\0&0&1\\0&1&0\end{bmatrix}^{-1}\\&=\begin{bmatrix}0&1&0\\1&0&0\\0&0&1\end{bmatrix}\begin{bmatrix}1&-4&3\\2&0&-1\\1&-2&0\end{bmatrix}\begin{bmatrix}1&0&0\\0&0&1\\0&1&0\end{bmatrix}\end{aligned}$$

$$=\begin{bmatrix}2 & 0 & -1\\1 & -4 & 3\\1 & -2 & 0\end{bmatrix}\begin{bmatrix}1 & 0 & 0\\0 & 0 & 1\\0 & 1 & 0\end{bmatrix}=\begin{bmatrix}2 & -1 & 0\\1 & 3 & -4\\1 & 0 & -2\end{bmatrix}.$$

矩阵 $\boldsymbol{A}$ 是否可逆是一个非常重要的问题. 关于 $\boldsymbol{A}$ 可逆性的判断有如下几个等价命题.

定理 1 n 阶方阵 $\boldsymbol{A}$ 可逆 $\Leftrightarrow \boldsymbol{A}\sim\boldsymbol{E}$

$\Leftrightarrow \boldsymbol{A}$ 可以表示成若干个初等矩阵的乘积

$\Leftrightarrow |\boldsymbol{A}|\neq 0$

$\Leftrightarrow r(\boldsymbol{A})=n$（即 $\boldsymbol{A}$ 为满秩矩阵）.

3.3.3 利用矩阵的初等行变换求方阵 A 的逆矩阵

若 n 阶方阵 $\boldsymbol{A}$ 可逆，则 $\boldsymbol{A}$ 必等价于单位矩阵 $\boldsymbol{E}$，即 $\boldsymbol{A}$ 可经过有限次初等变换化为 $\boldsymbol{E}$. 由初等矩阵与初等变换的关系可知，存在初等矩阵 $\boldsymbol{P}_1,\boldsymbol{P}_2,\cdots,\boldsymbol{P}_s$，使

$$\boldsymbol{P}_1\boldsymbol{P}_2\cdots\boldsymbol{P}_s\boldsymbol{A}=\boldsymbol{E}. \tag{3-1}$$

两边同时右乘 $\boldsymbol{A}^{-1}$，得

$$\boldsymbol{P}_1\boldsymbol{P}_2\cdots\boldsymbol{P}_s\boldsymbol{A}\boldsymbol{A}^{-1}=\boldsymbol{E}\boldsymbol{A}^{-1}=\boldsymbol{A}^{-1}.$$

所以

$$\boldsymbol{P}_1\boldsymbol{P}_2\cdots\boldsymbol{P}_s\boldsymbol{E}=\boldsymbol{A}^{-1}. \tag{3-2}$$

式(3-1)与式(3-2)两式说明：如果经过一系列的初等行变换可以把可逆矩阵化为单位矩阵，那么经过同样的一系列初等行变换就可以把单位矩阵化为 $\boldsymbol{A}^{-1}$. 为此，把 $\boldsymbol{A},\boldsymbol{E}$ 这两个 n 阶方阵放在一起组成一个 $n\times 2n$ 矩阵 $[\boldsymbol{A}\,\vdots\,\boldsymbol{E}]$，对其实施初等变换，当其中 $\boldsymbol{A}$ 变成 $\boldsymbol{E}$ 时，$\boldsymbol{E}$ 对应的部分就是 $\boldsymbol{A}^{-1}$.

例 3 求矩阵 $\boldsymbol{A}=\begin{bmatrix}1 & -1 & 0\\-2 & 3 & 0\\1 & 2 & 1\end{bmatrix}$ 的逆矩阵.

解
$$[\boldsymbol{A}\,\vdots\,\boldsymbol{E}]=\left[\begin{array}{ccc:ccc}1 & -1 & 0 & 1 & 0 & 0\\-2 & 3 & 0 & 0 & 1 & 0\\1 & 2 & 1 & 0 & 0 & 1\end{array}\right]$$

$$\xrightarrow[r_3+(-1)\times r_1]{r_2+2\times r_1}\left[\begin{array}{ccc:ccc}1 & -1 & 0 & 1 & 0 & 0\\0 & 1 & 0 & 2 & 1 & 0\\0 & 3 & 1 & -1 & 0 & 1\end{array}\right]$$

$$\xrightarrow{r_3+(-3)\times r_2}\left[\begin{array}{ccc:ccc}1 & -1 & 0 & 1 & 0 & 0\\0 & 1 & 0 & 2 & 1 & 0\\0 & 0 & 1 & -7 & -3 & 1\end{array}\right]$$

$$\xrightarrow{r_1+r_2}\left[\begin{array}{ccc:ccc}1&0&0&3&1&0\\0&1&0&2&1&0\\0&0&1&-7&-3&1\end{array}\right],$$

于是
$$A^{-1}=\begin{bmatrix}3&1&0\\2&1&0\\-7&-3&1\end{bmatrix}.$$

例 4 解矩阵方程$\begin{bmatrix}1&2\\1&1\end{bmatrix}X=\begin{bmatrix}2&-1\\3&1\end{bmatrix}$.

解 设$A=\begin{bmatrix}1&2\\1&1\end{bmatrix}$.因

$$\left[\begin{array}{cc:cc}1&2&1&0\\1&1&0&1\end{array}\right]\Rightarrow\left[\begin{array}{cc:cc}1&2&1&0\\0&-1&-1&1\end{array}\right]\Rightarrow\left[\begin{array}{cc:cc}1&0&-1&2\\0&-1&-1&1\end{array}\right]$$
$$\Rightarrow\left[\begin{array}{cc:cc}1&0&-1&2\\0&1&1&-1\end{array}\right],$$

故
$$A^{-1}=\begin{bmatrix}-1&2\\1&-1\end{bmatrix}.$$

于是
$$X=A^{-1}\begin{bmatrix}2&-1\\3&1\end{bmatrix}=\begin{bmatrix}-1&2\\1&-1\end{bmatrix}\begin{bmatrix}2&-1\\3&1\end{bmatrix}=\begin{bmatrix}4&3\\-1&-2\end{bmatrix}.$$

例 5(配方问题) 现要求配出一种酒,其主要成分为:A 占 66.5%,B 占 19.5%,C 占 14%.现给出三种其他的酒,其中 A、B、C 的含量由以下矩阵给出,试问能否配出符合要求的酒？配方比例应为多少？

$$\begin{array}{c}\\ \text{酒 1}\\ \text{酒 2}\\ \text{酒 3}\end{array}\begin{array}{c}\begin{array}{ccc}\text{A}&\text{B}&\text{C}\end{array}\\ \begin{bmatrix}0.7&0.2&0.1\\0.6&0.2&0.2\\0.65&0.15&0.2\end{bmatrix}\end{array}$$

解 设三种酒配方比例为$[x_1,x_2,x_3]$,由题意可知,问题即是解矩阵方程

$$[x_1,x_2,x_3]\begin{bmatrix}0.7&0.2&0.1\\0.6&0.2&0.2\\0.65&0.15&0.2\end{bmatrix}=[0.665,0.195,0.14].$$

利用初等行变换求矩阵的逆矩阵,

$$\begin{bmatrix}0.7&0.2&0.1\\0.6&0.2&0.2\\0.65&0.15&0.2\end{bmatrix}^{-1}=\begin{bmatrix}2&-5&4\\2&15&-16\\-8&5&4\end{bmatrix}.$$

因此，

$$[x_1,x_2,x_3]=[0.665,0.195,0.14]\begin{bmatrix}2&-5&4\\2&15&-16\\-8&5&4\end{bmatrix}=[0.6,0.3,0.1],$$

即按酒1、酒2、酒3的比例依次为60%、30%、10%的配方，便可得到符合要求的酒.

最后要指出的是，求 n 阶方阵 $\boldsymbol{A}$ 的逆矩阵还可用伴随矩阵法，有兴趣的读者可自行阅读其他相关资料.

习　题 3.3

1. 利用初等行变换求下列矩阵 $\boldsymbol{A}$ 的逆矩阵.

(1) $\begin{bmatrix}1&2\\3&4\end{bmatrix}$；　　(2) $\begin{bmatrix}3&0\\0&4\end{bmatrix}$；

(3) $\begin{bmatrix}0&1\\2&0\end{bmatrix}$；　　(4) $\begin{bmatrix}3&0&0\\0&1&0\\0&0&6\end{bmatrix}$；

(5) $\begin{bmatrix}1&1&2\\-1&2&0\\1&1&3\end{bmatrix}$；　　(6) $\begin{bmatrix}1&0&1\\-1&1&1\\2&-1&1\end{bmatrix}$；

(7) $\begin{bmatrix}1&1&1&1\\0&1&1&1\\0&0&1&1\\0&0&0&1\end{bmatrix}$；　　(8) $\begin{bmatrix}1&1&0&0\\1&2&0&0\\3&7&2&3\\2&5&1&2\end{bmatrix}$.

2. 解下列矩阵方程.

(1) $\boldsymbol{X}\begin{bmatrix}1&1\\-1&0\end{bmatrix}=\begin{bmatrix}0&-2\\1&1\end{bmatrix}$；　　(2) $\begin{bmatrix}2&5\\1&3\end{bmatrix}\boldsymbol{X}=\begin{bmatrix}4&-6\\2&1\end{bmatrix}$；

(3) $\begin{bmatrix}1&1&-1\\-2&1&1\\1&1&1\end{bmatrix}\boldsymbol{X}=\begin{bmatrix}2\\3\\6\end{bmatrix}$；　　(4) $\begin{bmatrix}2&2&3\\1&-1&0\\-1&0&1\end{bmatrix}\boldsymbol{X}=\begin{bmatrix}1&2\\1&-1\\1&7\end{bmatrix}$.

3. 设 $\boldsymbol{B}=\begin{bmatrix}5&0\\0&-1\end{bmatrix}$，$\boldsymbol{P}=\begin{bmatrix}1&2\\1&-1\end{bmatrix}$，且 $\boldsymbol{AP}=\boldsymbol{PB}$，求矩阵 $\boldsymbol{A}$.

4. (1) $\boldsymbol{A}^3+2\boldsymbol{A}^2+\boldsymbol{A}-\boldsymbol{E}=\boldsymbol{O}$，证明 $\boldsymbol{A}$ 可逆，并求 $\boldsymbol{A}^{-1}$.

(2) $\boldsymbol{A}^2-\boldsymbol{A}-4\boldsymbol{E}=\boldsymbol{O}$，证明 $\boldsymbol{A}+\boldsymbol{E}$ 可逆，并求 $(\boldsymbol{E}+\boldsymbol{A})^{-1}$.

3.4 线性方程组

在第1章中，我们讨论了 n 元线性方程组的解法：n 个未知数 n 个方程式的方程组，当系数行列式不为零时，有唯一解. 但在实际问题中，我们常常遇到这样的方程组：方程式的个数不等于未知数的个数；或方程式的个数等于未知数的个数，但系数行列式等于零. 为此，有必要讨论更一般的线性方程组.

怎样判断一般线性方程组有没有解？如何求其解？解是否唯一？利用系数矩阵的秩和增广矩阵的秩，可以方便地解决这些问题. 现不加证明地给出如下重要结论.

定理 1 设非齐次线性方程组 $\boldsymbol{AX}=\boldsymbol{B}$，其中 $\boldsymbol{A}$ 为 $m\times n$ 矩阵，$\bar{\boldsymbol{A}}=[\boldsymbol{A} \vdots \boldsymbol{B}]$ 为 $\boldsymbol{A}$ 的增广矩阵，则：

(1) 当 $r(\boldsymbol{A})\neq r(\bar{\boldsymbol{A}})$ 时，方程组无解；

(2) 当 $r(\boldsymbol{A})=r(\bar{\boldsymbol{A}})=n$ 时，方程组有唯一解；

(3) 当 $r(\boldsymbol{A})=r(\bar{\boldsymbol{A}})=r<n$ 时，方程组有无穷多组解.

例 1 解线性方程组

$$\begin{cases} 2x_1 - x_2 + 3x_3 = 4, \\ 4x_1 + 2x_2 + 5x_3 = 9, \\ 2x_1 + 3x_2 + 2x_3 = 3. \end{cases}$$

解

$$\bar{\boldsymbol{A}} = \left[\begin{array}{ccc:c} 2 & -1 & 3 & 4 \\ 4 & 2 & 5 & 9 \\ 2 & 3 & 2 & 3 \end{array}\right] \xrightarrow[r_3+(-1)\times r_1]{r_2+(-2)\times r_1} \left[\begin{array}{ccc:c} 2 & -1 & 3 & 4 \\ 0 & 4 & -1 & 1 \\ 0 & 4 & -1 & -1 \end{array}\right]$$

$$\xrightarrow{r_3+(-1)\times r_2} \left[\begin{array}{ccc:c} 2 & -1 & 3 & 4 \\ 0 & 4 & -1 & 1 \\ 0 & 0 & 0 & -2 \end{array}\right].$$

显然，$r(\boldsymbol{A})=2$，$r(\bar{\boldsymbol{A}})=3$，$r(\boldsymbol{A})\neq r(\bar{\boldsymbol{A}})$. 因此，方程组无解.

例 2 解线性方程组

$$\begin{cases} 2x_1 - x_2 + 3x_3 = 4, \\ 4x_1 - 2x_2 + 5x_3 = 5, \\ 2x_1 - x_2 + 4x_3 = 7. \end{cases}$$

解

$$\bar{\boldsymbol{A}} = \left[\begin{array}{ccc:c} 2 & -1 & 3 & 4 \\ 4 & -2 & 5 & 5 \\ 2 & -1 & 4 & 7 \end{array}\right] \xrightarrow[r_3+(-1)\times r_1]{r_2+(-2)\times r_1} \left[\begin{array}{ccc:c} 2 & -1 & 3 & 4 \\ 0 & 0 & -1 & -3 \\ 0 & 0 & 1 & 3 \end{array}\right]$$

$$\xrightarrow{r_3+r_2}\left[\begin{array}{ccc:c}2 & -1 & 3 & 4\\0 & 0 & -1 & -3\\0 & 0 & 0 & 0\end{array}\right]\xrightarrow[(-1)\times r_2]{r_1+3\times r_2}\left[\begin{array}{ccc:c}2 & -1 & 0 & -5\\0 & 0 & 1 & 3\\0 & 0 & 0 & 0\end{array}\right].$$

显然，$r(\boldsymbol{A})=r(\overline{\boldsymbol{A}})=2<3$. 因此，方程组有无穷多组解.

由于上述行阶梯形矩阵对应的方程组为

$$\begin{cases}2x_1-x_2=-5,\\x_3=3,\end{cases}$$

因而方程组的解可以表示为

$$\begin{cases}x_1=\dfrac{1}{2}(x_2-5),\\x_3=3.\end{cases}$$

注意到任取 x_2 的一个值，都可确定出 x_1，使 x_1,x_2,x_3 是方程组的一组解，从而由 x_2 的任意性可知，该方程组有无穷多组解，通常称 x_2 为自由未知量. 这种用自由未知量表达的方程组的解称为方程组的**一般解或通解**. 例 2 中线性方程组的解可写成

$$\begin{cases}x_1=\dfrac{1}{2}x_2-\dfrac{5}{2},\\x_2=x_2,\\x_3=3,\end{cases}$$

其矩阵表示为

$$\begin{bmatrix}x_1\\x_2\\x_3\end{bmatrix}=x_2\begin{bmatrix}\dfrac{1}{2}\\1\\0\end{bmatrix}+\begin{bmatrix}-\dfrac{5}{2}\\0\\3\end{bmatrix},$$

其中 x_2 为任意实数.

习惯上用 k 表示任意实数，令 $x_2=k$，即得方程组的解为

$$\begin{bmatrix}x_1\\x_2\\x_3\end{bmatrix}=k\begin{bmatrix}\dfrac{1}{2}\\1\\0\end{bmatrix}+\begin{bmatrix}-\dfrac{5}{2}\\0\\3\end{bmatrix},$$

其中 k 为任意实数.

根据定理 1 和上述例题，现将解线性方程组的步骤归纳如下：

(1)对于非齐次线性方程组，把它的增广矩阵 $\overline{\boldsymbol{A}}$ 化为行阶梯形矩阵，从 $\overline{\boldsymbol{A}}$ 的行阶梯形矩阵可同时看出 $r(\boldsymbol{A})$ 和 $r(\overline{\boldsymbol{A}})$，若 $r(\boldsymbol{A})<r(\overline{\boldsymbol{A}})$，则方程组无解；

(2)若 $r(\boldsymbol{A})=r(\overline{\boldsymbol{A}})$，则进一步将 $\overline{\boldsymbol{A}}$ 化为行最简形矩阵，而对于齐次线性方程组，则把系数矩阵 $\boldsymbol{A}$ 化为行最简形矩阵；

(3)设 $r(\boldsymbol{A})=r(\overline{\boldsymbol{A}})=r$，把行最简形矩阵中 r 个非零行的非零首元所对应的未知数作非自由未知量，其余 $n-r$ 个未知数取作自由未知量，并令自由未知量分别等于 $k_1,k_2,\cdots,k_{n-r}$，由 $\overline{\boldsymbol{A}}$(或 $\boldsymbol{A}$)的行最简形矩阵，即可写出含有 $n-r$ 个参数的一般解(通解).

例 3 当 a 为何值时，下列线性方程组有解？并求出它的解.

$$\begin{cases}x_1-x_2+x_3+5x_4=-2,\\ x_2-x_3-x_4=1,\\ x_1+x_2-x_3+3x_4=a.\end{cases}$$

解 $$\overline{\boldsymbol{A}}=\begin{bmatrix}1&-1&1&5&-2\\0&1&-1&-1&1\\1&1&-1&3&a\end{bmatrix}\xrightarrow{r_3+(-1)\times r_1}\begin{bmatrix}1&-1&1&5&-2\\0&1&-1&-1&1\\0&2&-2&-2&a+2\end{bmatrix}$$

$$\xrightarrow{r_3+(-2)\times r_2}\begin{bmatrix}1&-1&1&5&-2\\0&1&-1&-1&1\\0&0&0&0&a\end{bmatrix}.$$

因此，仅当 $a=0$ 时，线性方程组有解. 对 $\overline{\boldsymbol{A}}$ 继续作初等变换得

$$\overline{\boldsymbol{A}}\xrightarrow{r_1+r_2}\begin{bmatrix}1&0&0&4&-1\\0&1&-1&-1&1\\0&0&0&0&0\end{bmatrix},$$

该行最简形矩阵对应的方程组为

$$\begin{cases}x_1+4x_4=-1,\\ x_2-x_3-x_4=1.\end{cases}$$

故方程组的解为

$$\begin{cases}x_1=-4x_4-1,\\ x_2=x_3+x_4+1,\\ x_3=x_3,\\ x_4=x_4,\end{cases}$$

其中 x_3,x_4 为自由未知量.

其矩阵表示为

$$\begin{bmatrix}x_1\\x_2\\x_3\\x_4\end{bmatrix}=k_1\begin{bmatrix}0\\1\\1\\0\end{bmatrix}+k_2\begin{bmatrix}-4\\1\\0\\1\end{bmatrix}+\begin{bmatrix}-1\\1\\0\\0\end{bmatrix},$$

其中 $k_1=x_3,k_2=x_4$ 且为任意实数.

对于齐次线性方程组，可以得到如下结论.

定理 2 设齐次线性方程组 $\boldsymbol{AX}=\boldsymbol{O}$，则：

(1)当 $r(\mathbf{A})=r=n$ 时，该齐次线性方程组有唯一的零解；

(2)当 $r(\mathbf{A})=r<n$ 时，该齐次线性方程组有无穷多组解(非零解).

例 4　解线性方程组：

$$\begin{cases} x_1-x_2+x_3=0, \\ 3x_1-2x_2-x_3=0, \\ 3x_1-x_2+5x_3=0, \\ -2x_1+2x_2+3x_3=0. \end{cases}$$

解

$$\mathbf{A}=\begin{bmatrix} 1 & -1 & 1 \\ 3 & -2 & -1 \\ 3 & -1 & 5 \\ -2 & 2 & 3 \end{bmatrix} \xrightarrow[r_4+2\times r_1]{\substack{r_2+(-3)\times r_1 \\ r_3+(-3)\times r_1}} \begin{bmatrix} 1 & -1 & 1 \\ 0 & 1 & -4 \\ 0 & 2 & 2 \\ 0 & 0 & 5 \end{bmatrix}$$

$$\xrightarrow{r_3+(-2)\times r_2} \begin{bmatrix} 1 & -1 & 1 \\ 0 & 1 & -4 \\ 0 & 0 & 10 \\ 0 & 0 & 5 \end{bmatrix} \Rightarrow \begin{bmatrix} 1 & -1 & 1 \\ 0 & 1 & -4 \\ 0 & 0 & 5 \\ 0 & 0 & 0 \end{bmatrix}.$$

因为 $r(\mathbf{A})=3=$ 未知量的个数，故方程组只有唯一的零解：

$$x_1=x_2=x_3=0.$$

例 5　解线性方程组：

$$\begin{cases} x_1+x_2+x_3+4x_4-3x_5=0, \\ x_1-x_2+3x_3-2x_4-x_5=0, \\ 2x_1+x_2+3x_3+5x_4-5x_5=0, \\ 3x_1+x_2+5x_3+6x_4-7x_5=0. \end{cases}$$

解

$$\mathbf{A}=\begin{bmatrix} 1 & 1 & 1 & 4 & -3 \\ 1 & -1 & 3 & -2 & -1 \\ 2 & 1 & 3 & 5 & -5 \\ 3 & 1 & 5 & 6 & -7 \end{bmatrix} \xrightarrow[\substack{r_3+(-2)\times r_1 \\ r_4+(-3)\times r_1}]{r_2+(-1)\times r_1} \begin{bmatrix} 1 & 1 & 1 & 4 & -3 \\ 0 & -2 & 2 & -6 & 2 \\ 0 & -1 & 1 & -3 & 1 \\ 0 & -2 & 2 & -6 & 2 \end{bmatrix}$$

$$\xrightarrow[r_3+(-\frac{1}{2})\times r_2]{r_4+(-2)\times r_3} \begin{bmatrix} 1 & 1 & 1 & 4 & -3 \\ 0 & 1 & -1 & 3 & -1 \\ 0 & 0 & 0 & 0 & 0 \\ 0 & 0 & 0 & 0 & 0 \end{bmatrix} \xrightarrow{r_1+(-1)\times r_2} \begin{bmatrix} 1 & 0 & 2 & 1 & -2 \\ 0 & 1 & -1 & 3 & -1 \\ 0 & 0 & 0 & 0 & 0 \\ 0 & 0 & 0 & 0 & 0 \end{bmatrix}.$$

由于 $r(\mathbf{A})\leqslant \min\{4,5\}<5$，因此方程组必有非零解.

该行最简形矩阵对应的方程组为

$$\begin{cases} x_1+2x_3+x_4-2x_5=0, \\ x_2-x_3+3x_4-x_5=0, \end{cases}$$

于是方程组的解为

$$\begin{cases} x_1 = -2x_3 - x_4 + 2x_5, \\ x_2 = x_3 - 3x_4 + x_5, \\ x_3 = x_3, \\ x_4 = x_4, \\ x_5 = x_5 \end{cases} \qquad (x_3, x_4, x_5 \text{ 为自由未知量}).$$

其矩阵表示为

$$\begin{bmatrix} x_1 \\ x_2 \\ x_3 \\ x_4 \\ x_5 \end{bmatrix} = k_1 \begin{bmatrix} -2 \\ 1 \\ 1 \\ 0 \\ 0 \end{bmatrix} + k_2 \begin{bmatrix} -1 \\ -3 \\ 0 \\ 1 \\ 0 \end{bmatrix} + k_3 \begin{bmatrix} 2 \\ 1 \\ 0 \\ 0 \\ 1 \end{bmatrix},$$

其中 $k_1 = x_3, k_2 = x_4, k_3 = x_5$ 为任意实数.

习　题 3.4

1. 判断下列方程组是否有解：

(1) $\begin{cases} x_1 - 2x_2 + x_3 + x_4 = 1, \\ x_1 - 2x_2 + x_3 - x_4 = -1, \\ x_1 - 2x_2 + x_3 + x_4 = 3; \end{cases}$　　(2) $\begin{cases} 4x_1 + 2x_2 - x_3 = 1, \\ 3x_1 - x_2 + 2x_3 = 10, \\ 11x_1 + 3x_2 = 8; \end{cases}$

(3) $\begin{cases} 4x_1 + 2x_2 - x_3 = 2, \\ 3x_1 - x_2 + 2x_3 = 10, \\ 11x_1 + 3x_2 + x_3 = 8; \end{cases}$　　(4) $\begin{cases} x_1 + x_2 + x_3 + x_4 = 0, \\ 2x_1 + 3x_2 + x_3 + x_4 = 0, \\ 2x_1 + x_2 - x_3 = 0, \\ x_1 + x_2 - x_3 + 2x_4 = 0. \end{cases}$

2. 解下列非齐次线性方程组：

(1) $\begin{cases} 4x_1 + 2x_2 - x_3 = 2, \\ 3x_1 - x_2 + 2x_3 = 10, \\ 11x_1 + 3x_2 = 8; \end{cases}$　　(2) $\begin{cases} 2x_1 + 3x_2 + x_3 = 4, \\ 3x_1 + 8x_2 - 2x_3 = 13, \\ x_1 - 2x_2 + 4x_3 = -5; \end{cases}$

(3) $\begin{cases} x_1 - 2x_2 + 3x_3 - x_4 = 1, \\ 3x_1 - x_2 + 5x_3 - 3x_4 = 2, \\ 2x_1 + x_2 + 3x_3 - 2x_4 = 3; \end{cases}$　　(4) $\begin{cases} 2x_1 + x_2 - x_3 + x_4 = 1, \\ 4x_1 + 2x_2 - 2x_3 + 2x_4 = 2, \\ 6x_1 + 3x_2 - 3x_3 + 3x_4 = 3. \end{cases}$

3. 当 λ 取何值时，下列方程组有解？并求出它的解.

$$\begin{cases} x_1 + 2x_2 - x_3 + 4x_4 = 2, \\ 2x_1 - x_2 + x_3 + x_4 = 1, \\ x_1 + 7x_2 - 4x_3 + 11x_4 = \lambda. \end{cases}$$

4. a,b 取何值时,方程组

$$\begin{cases} x_1+x_2+x_3+x_4=0, \\ x_2+2x_3+x_4=1, \\ -x_2+(a-3)x_3-2x_4=b, \\ 3x_1+2x_2+x_3+ax_4=-1 \end{cases}$$

(1)有唯一解;(2)无解;(3)有无穷解,并求其解.

*3.5 线性代数应用实例

3.5.1 指派问题

某所大学打算在暑假期间对三幢教学大楼进行维修,该校让三个建筑公司对每幢大楼的修理费用进行报价承包,如表 3-1 所示:

表 3-1

	报价数目/万元		
	教学 1 楼	教学 2 楼	教学 3 楼
建筑一公司	13	24	10
建筑二公司	17	19	15
建筑三公司	20	22	21

在暑假期间每个建筑公司只能修理一幢教学大楼,因此该大学必须把各教学大楼指派给不同的建筑公司.为了使报价的总和最小,应如何指派?

解 这个问题的效率矩阵为

$$\boldsymbol{C}=\begin{bmatrix}13 & 24 & 10\\ 17 & 19 & 15\\ 20 & 22 & 21\end{bmatrix}.$$

这里有 3! =6 种可能指派,我们计算每种指派(方案)的费用.下面对 6 种指派所对应矩阵的元素加方框,并计算它们的和.

$$\begin{bmatrix}\boxed{13} & 24 & 10\\ 17 & \boxed{19} & 15\\ 20 & 22 & \boxed{21}\end{bmatrix} \qquad \begin{bmatrix}\boxed{13} & 24 & 10\\ 17 & 19 & \boxed{15}\\ 20 & \boxed{22} & 21\end{bmatrix} \qquad \begin{bmatrix}13 & \boxed{24} & 10\\ \boxed{17} & 19 & 15\\ 20 & 22 & \boxed{21}\end{bmatrix}$$

$13+19+21=53$ (1)

$13+22+15=50$ (2)

$17+24+21=62$ (3)

$$\begin{bmatrix} 13 & 24 & \boxed{10} \\ \boxed{17} & 19 & 15 \\ 20 & \boxed{22} & 21 \end{bmatrix}$$
$17+22+10=49$
(4)

$$\begin{bmatrix} 13 & \boxed{24} & 10 \\ 17 & 19 & \boxed{15} \\ \boxed{20} & 22 & 21 \end{bmatrix}$$
$20+24+15=59$
(5)

$$\begin{bmatrix} 13 & 24 & \boxed{10} \\ 17 & \boxed{19} & 15 \\ \boxed{20} & 22 & 21 \end{bmatrix}$$
$20+19+10=49$
(6)

由上面分析可见，报价数的范围是从最小值 49 万元到最大值 62 万元. 由于从两种指派方案(4)与(6)得到最小报价总数 49 万元，因此，该大学应在下列两种方案中选定一种作为建筑公司承包的项目：

$$\begin{cases}\text{建筑二公司承包教学 1 楼}\\ \text{建筑三公司承包教学 2 楼}\\ \text{建筑一公司承包教学 3 楼}\end{cases} \quad \text{或} \quad \begin{cases}\text{建筑三公司承包教学 1 楼}\\ \text{建筑二公司承包教学 2 楼.}\\ \text{建筑一公司承包教学 3 楼}\end{cases}$$

3.5.2 交通问题

设有 A、B、C 三个国家，它们的城市 A_1、A_2、A_3，B_1、B_2、B_3，C_1、C_2 之间的交通联结情况（不考虑国内交通）如图 3-1 所示.

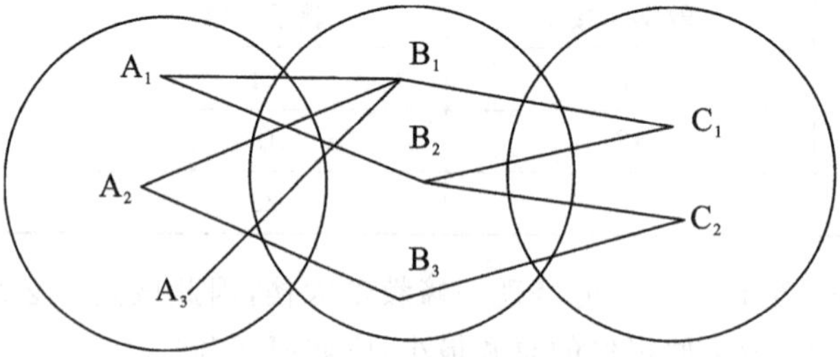

图 3-1

根据上图，A 国和 B 国城市之间交通联结情况可用矩阵

$$\boldsymbol{M}=\begin{bmatrix} 1 & 1 & 0 \\ 1 & 0 & 1 \\ 1 & 0 & 0 \end{bmatrix}$$

表示，其中

$$m_{ij}=\begin{cases}1, & A_i \text{ 与 } B_j \text{ 相联结，}\\ 0, & A_i \text{ 与 } B_j \text{ 不相联结.}\end{cases}$$

同样，B 国和 C 国城市之间的交通情况可用矩阵

$$\boldsymbol{N}=\begin{bmatrix} 1 & 0 \\ 1 & 1 \\ 0 & 1 \end{bmatrix}$$

表示.用 $\boldsymbol{P}$ 来表示矩阵 $\boldsymbol{M}$ 与 $\boldsymbol{N}$ 的乘积,那么可算出

$$\boldsymbol{P}=\boldsymbol{MN}=\begin{bmatrix}1&1&0\\1&0&1\\1&0&0\end{bmatrix}\begin{bmatrix}1&0\\1&1\\0&1\end{bmatrix}=\begin{bmatrix}2&1\\1&1\\1&0\end{bmatrix}=[p_{ij}]_{3\times2},$$

其中 p_{ij} 的含义是:从A国途经B国到C国城市之间的交通路线数.比如,$p_{11}=2$ 表示从城市 A_1 到城市 C_1 有两种线路:途经 B_1 到 C_1 或者途经 B_2 到 C_1.

3.5.3 生产总值问题

一个城市有三个重要的企业:煤矿、发电厂和一条地方铁路.开采1元钱的煤,煤矿要支付0.25元的电费和0.25元的运输费;生产1元钱的电力,发电厂要支付0.65元的煤费、0.05元的电费及0.05元的运输费;创收1元钱的运输费,铁路要支付0.55元的煤费和0.10元的电费.某周内,煤矿接到外地金额为50 000元的订货,发电厂接到外地金额为25 000元的订货,外界对地方铁路没有要求.问三个企业在这周内总产值达到多少时才能满足自身及外界的要求?

解 设在这周内,煤矿的总产值为 x_1,发电厂的总产值为 x_2,地方铁路的总产值为 x_3.根据题意,有

$$\begin{cases}x_1-(0\cdot x_1+0.65x_2+0.55x_3)=50\,000,\\x_2-(0.25x_1+0.05x_2+0.10x_3)=25\,000,\\x_3-(0.25x_1+0.05x_2+0\cdot x_3)=0,\end{cases}$$

写成矩阵形式,得

$$\begin{bmatrix}x_1\\x_2\\x_3\end{bmatrix}-\begin{bmatrix}0&0.65&0.55\\0.25&0.05&0.10\\0.25&0.05&0\end{bmatrix}\begin{bmatrix}x_1\\x_2\\x_3\end{bmatrix}=\begin{bmatrix}50\,000\\25\,000\\0\end{bmatrix}.$$

记 $$\boldsymbol{X}=\begin{bmatrix}x_1\\x_2\\x_3\end{bmatrix},\quad \boldsymbol{C}=\begin{bmatrix}0&0.65&0.55\\0.25&0.05&0.10\\0.25&0.05&0\end{bmatrix},\quad \boldsymbol{d}=\begin{bmatrix}50\,000\\25\,000\\0\end{bmatrix},$$

其中矩阵 $\boldsymbol{C}$ 称为直接消耗矩阵,$\boldsymbol{X}$ 称为产出向量,$\boldsymbol{d}$ 称为需求向量,则上式写为

$$\boldsymbol{X}-\boldsymbol{CX}=\boldsymbol{d},$$

即 $$(\boldsymbol{E}-\boldsymbol{C})\boldsymbol{X}=\boldsymbol{d},$$

$$\begin{bmatrix}1&-0.65&-0.55\\-0.25&0.95&-0.10\\-0.25&-0.05&1\end{bmatrix}\begin{bmatrix}x_1\\x_2\\x_3\end{bmatrix}=\begin{bmatrix}50\,000\\25\,000\\0\end{bmatrix}.$$

因为系数行列式

$$|\boldsymbol{E}-\boldsymbol{C}|=0.628\,75\neq0,$$

根据克莱姆法则，此方程组有唯一解，其解为

$$\boldsymbol{X}=(\boldsymbol{E}-\boldsymbol{C})^{-1}\boldsymbol{d}$$

$$=\frac{1}{503}\begin{bmatrix}756 & 542 & 470\\220 & 690 & 190\\200 & 170 & 630\end{bmatrix}\begin{bmatrix}50\,000\\25\,000\\0\end{bmatrix}$$

$$=\begin{bmatrix}102\,087.48\\56\,163.02\\28\,330.02\end{bmatrix}.$$

所以得煤矿总产值为 102 087.48 元，电厂总产值为 56 163.02 元，铁路总产值为 28 330.02元.

根据以上分析可以列出一张投入产出分析表.

设 $\boldsymbol{A}=\boldsymbol{C}\begin{bmatrix}x_1 & 0 & 0\\0 & x_2 & 0\\0 & 0 & x_3\end{bmatrix}$，称 $\boldsymbol{A}$ 为投入产出矩阵，它的元素表示煤矿、发电厂、地方铁路之间的投入产出关系；$\boldsymbol{T}=[1,1,1]\boldsymbol{A}$，称 $\boldsymbol{T}$ 为总投入向量，它的元素是矩阵 $\boldsymbol{A}$ 的对应列元素之和，分别表示煤矿、发电厂、地方铁路的总投入.

由矩阵 $\boldsymbol{A}$，向量 $\boldsymbol{d}$，$\boldsymbol{X}$ 和 $\boldsymbol{T}$，可得投入产出分析表(见表 3-2).

表 3-2　投入产出分析表　　单位：元

	煤　矿	发电厂	地方铁路	外界需求	总　产　出
煤矿	a_{11}	a_{12}	a_{13}	d_1	x_1
发电厂	a_{21}	a_{22}	a_{23}	d_2	x_2
地方铁路	a_{31}	a_{32}	a_{33}	d_3	x_3
总投入	t_1	t_2	t_3		

通过解出的产出向量 $\boldsymbol{X}$，可计算矩阵 $\boldsymbol{A}$ 和向量 $\boldsymbol{T}$，于是有表 3-3.

表 3-3　投入产出计算结果　　单位：元

	煤　矿	发电厂	地方铁路	外界需求	总　产　出
煤矿	0	36 505.96	15 581.52	50 000	102 087.48
发电厂	25 521.87	2 808.15	2 833.00	25 000	56 163.02
地方铁路	25 521.87	2 808.15	0	0	28 330.02
总投入	51 043.74	42 122.26	18 414.52		

综合练习三

1. 填空题.

(1)初等矩阵是指____________.

(2)矩阵 $\boldsymbol{B}$ 是矩阵 $\boldsymbol{A}$ 经初等变换得到的，则 $r(\boldsymbol{A})$________$r(\boldsymbol{B})$.

(3)齐次线性方程组 $\boldsymbol{A}_{m\times n}\boldsymbol{X}=\boldsymbol{O}$，$r(\boldsymbol{A})=r$，则 $r=n$ 时方程组只有____解；当 $r<n$ 时，方程组有____解.

(4)设 $\boldsymbol{A}$ 为 4×5 矩阵，则 $\boldsymbol{AX}=\boldsymbol{O}$ 必有________解.

(5)设非齐次线性方程组 $\boldsymbol{A}_{m\times n}\boldsymbol{X}=\boldsymbol{b}$，$\boldsymbol{B}=[\boldsymbol{A}\mid\boldsymbol{b}]$，则 $r(\boldsymbol{A})$________$r(\boldsymbol{B})$时，方程组有解；当 $r(\boldsymbol{A})$________$r(\boldsymbol{B})$，方程组无解.

(6)方程组 $x_1+x_2+x_3=1$ 的解为________.

2. 将下列矩阵化为行最简形矩阵：

(1) $\begin{bmatrix}1&0&2&-1\\2&0&3&1\\3&0&4&3\end{bmatrix}$；　　(2) $\begin{bmatrix}0&2&-3&1\\0&3&-4&3\\0&4&-7&-1\end{bmatrix}$.

3. 求下列方阵的逆矩阵：

(1) $\begin{bmatrix}3&2&1\\3&1&5\\3&2&3\end{bmatrix}$；　　(2) $\begin{bmatrix}3&-2&0&-1\\0&2&2&1\\1&-2&-3&-2\\0&1&2&1\end{bmatrix}$.

4. 求下列矩阵的秩：

(1) $\begin{bmatrix}1&2&0\\0&1&2\\3&0&1\end{bmatrix}$；　　(2) $\begin{bmatrix}1&2&-1&5\\2&-1&1&1\\4&3&-1&11\end{bmatrix}$.

5. 求解下列方程组：

(1) $\begin{cases}x_1+x_2+x_5=0,\\x_1+x_2-x_3=0,\\x_3+x_4+x_5=0;\end{cases}$　　(2) $\begin{cases}3x_1+x_2=0,\\x_1+5x_2-2x_3=0,\\x_1-2x_2+4x_3=0,\\2x_1+3x_2+3x_3=0;\end{cases}$

(3) $\begin{cases}x_1+x_2+x_3=0,\\x_1+x_2-x_3-x_4=1,\\5x_1+5x_2-3x_3-4x_4=4;\end{cases}$　　(4) $\begin{cases}2x_1-x_2+4x_3-3x_4=-4,\\x_1+x_3-x_4=-3,\\3x_1+x_2+x_3=1,\\7x_1+7x_3-3x_4=3.\end{cases}$

6. 设$\begin{cases}x_1+2x_2-3x_3=0,\\2x_1-x_2+\lambda x_3=0\\3x_1+x_2-x_3=0\end{cases}$，有非零解，求 λ 的值.

7. 设有线性方程组$\begin{cases}x_1+x_2+ax_3=-2,\\x_1+ax_2+x_3=-2,\\ax_1+x_2+x_3=a-3,\end{cases}$讨论 a 取何值，使：(1)方程组有唯一解；(2)无解；(3)有无穷多解，并求出通解.

第2篇 概率论与数理统计

概率论与数理统计是研究和揭示随机现象统计规律性的一门数学分支.

有关概率的研究起始于赌博.赌徒在投掷骰子时,很关心骰子出现的点数,为此向法国数学家费尔马和数学家、哲学家帕斯卡求教,他们于 1654 年正式开始研究概率论.可以说早期概率论的出现和应用与赌博问题有关.

目前,概率论与数理统计的理论和方法已广泛应用于自然科学、技术科学、社会科学及人文科学的各个领域.随着科学技术的迅速发展,它在经济、管理、工程、技术、物理、化学、地质、天文、生物、环境、教育、国防等领域中的作用日益显著.随着计算机的普及,概率统计已成为处理信息、制定决策的重要理论和方法.如:西方政治家利用它组织竞选活动;政府利用它制订年度预算;零售商利用它组织进货;心理学家利用它研究思维过程;民意测验机构利用它进行民意测验;彩票(奖券)发行机构利用它发行彩票(奖券),等等.可以毫不夸张地说,几乎在人类活动的一切领域,都不同程度地应用了概率统计提供的数学模型.

本篇将对概率论与数理统计作初步介绍,具体内容为:概率论的基本概念、随机变量及分布、数字特征、抽样分布、参数估计和假设检验.

第 4 章　概率论的基本概念

本章先介绍随机试验、随机事件、样本空间等基本概念，讨论随机事件间的关系与运算，然后介绍概率论的核心概念——概率的定义、性质及其计算方法.

4.1　随机试验　随机事件

4.1.1　随机试验

在客观世界中存在着两类不同的现象：必然现象和随机现象. 必然现象是指在一定条件下，一定（必然）会出现的现象. 如，在一个标准大气压下，纯净的水加热到 100℃时必然会沸腾；向上抛掷一枚硬币，它必然会下落；从 10 件产品（其中 2 件次品，8 件正品）中，任意抽取 3 件，它们决不会全是次品，等等. 随机现象是指在一定条件下，具有多种可能结果发生的现象. 如，向上抛掷一枚硬币，落下以后可能是正面朝上，也可能是反面朝上；从 10 件产品（其中 2 件次品，8 件正品）中，任取一件出来，可能是正品，也可能是次品；一个班的任意两个同学的生日有可能相同，也有可能不同，等等.

当对一随机现象进行大量重复观察时，其各种可能结果的发生会呈现出一定的规律，我们称之为**统计规律性**. 例如，将一枚质地均匀的硬币反复抛掷很多次，就会发现其出现正面的次数和出现反面的次数大约各占一半.

我们遇到过各种试验，在这里，把试验作为一个含义广泛的术语，它包括各种各样的科学实验，甚至对某一事物的某一特征的观察也认为是一种试验. 下面举一些试验的例子.

E_1：抛一枚硬币，观察正面 H、反面 T 出现的情况.

E_2：将一枚硬币抛掷三次，观察正面 H、反面 T 出现的情况.

E_3：将一枚硬币抛掷三次，观察出现正面的次数.

E_4：抛一颗骰子，观察出现的点数.

E_5：记录电话交换台一分钟内接到的呼唤次数.

E_6：在一批灯泡中任意抽取一个，测试它的寿命.

E_7：记录某地一昼夜的最高温度和最低温度.

上面举出了七个试验的例子，它们有着共同的特点. 例如，试验 E_1 有两种可能结果，出现 H 或者出现 T，但在抛掷之前不能确定是出现 H 还是出现 T，这个试验可以在相同的条件下重复地进行. 又如试验 E_6，我们知道灯泡的寿命（以小时计）$t\geqslant 0$，但在测试之前不能确定它的寿命有多长，这一试验也可以在相同的条件下重复地进行. 概括起来，这些试验具有以下特点：

(1)可以在相同的条件下重复地进行；

(2)每次试验的可能结果不止一个，并且能事先明确试验的所有可能结果；

(3)进行一次试验之前不能确定哪一个结果会出现.

在概率论中，将具有上述三个特点的试验称为**随机试验**.

我们是通过研究随机试验来研究随机现象的.

4.1.2 随机事件

在随机试验中，每一个可能出现的、不可分解的、最简单的结果称为随机试验的**基本事件**或**样本点**，用 ω 表示；由全体基本事件构成的集合称为**基本事件空间**或**样本空间**，记为 Ω.

下面写出 1.1 中试验 $E_k(k=1,2,\cdots,7)$ 的样本空间 Ω_k.

$\Omega_1:\{H,T\}$.

$\Omega_2:\{HHH,HHT,HTH,THH,HTT,THT,TTH,TTT\}$.

$\Omega_3:\{0,1,2,3\}$.

$\Omega_4:\{1,2,3,4,5,6\}$.

$\Omega_5:\{0,1,2,3,\cdots\}$.

$\Omega_6:\{t\mid t\geqslant 0\}$.

$\Omega_7:\{(x,y)\mid T_0\leqslant x\leqslant y\leqslant T_1\}$，这里，$x$ 表示最低温度，y 表示最高温度，并设这一地区的温度不会低于 T_0，也不会高于 T_1.

注意 样本空间的元素是由试验的目的所确定的. 例如，在 E_2 和 E_3 中同是将一枚硬币连抛三次，由于试验目的不一样，其样本空间也不一样.

所谓**随机事件**是样本空间 Ω 的一个子集，随机事件简称为**事件**，用字母 A、B、C 等表示. 因此，某个事件 A 发生，当且仅当这个子集中的一个基本事件 ω 发生. 如在 E_4 中，设 $A=\{$出现偶数点$\}$，$B=\{$出现的点数大于 4$\}$，$C=\{$出现 3 点$\}$，显然，它们都是 Ω_4 的子集. A 发生当且仅当 $\omega_2,\omega_4,\omega_6$ 中的一个基本事件发生，故 $A=\{\omega_2,\omega_4,\omega_6\}$；$B$ 发生当且仅当出现了点数 5 或点数 6，即 $B=\{\omega_5,\omega_6\}$；类似地有 $C=\{\omega_3\}$.

在每次试验中，必定要发生的事件称为**必然事件**，记作 Ω. 在 E_4 中，$\{$点数小于等于 6$\}$就是一个必然事件. 任何随机试验的样本空间，都是必然事件.

在每次试验中必定不会发生的事件，称为**不可能事件**，记作 $\varnothing$. 在 E_4 中，$\{$点数大于 6$\}$、$\{$点数小于 1$\}$都是不可能事件，不可能事件是一个不包含任何样本点的空集.

4.1.3 随机事件的关系和运算

在实际问题中，我们常常需要同时考察多个在相同试验条件下的随机事件以及它们之间的关系. 详细地分析事件之间的各种关系和运算性质，不仅有助于我们进一步认识事件的本质，而且还为计算事件的概率做了必要的准备. 由于随机事件是一种特殊的集合，所以集合的逻辑关系和运算，也可用来表示事件的逻辑关系和运算.

如果没有特别说明，下面问题的讨论都假定是在同一样本空间 Ω 中进行的.

1. 事件的包含与等价关系

若事件 A 发生必然导致事件 B 发生，则称事件 B **包含**事件 A 或 A 是 B 的**子事件**，记为 $A\subset B$.

显然，对于任一事件 A，有

$$\varnothing \subset A \subset \Omega.$$

用文氏图可直观地反映这种关系. 图 4-1 中的长方形表示样本空间 Ω，长方形内的每一点表示样本点，圆 A 和圆 B 分别表示事件 A 和 B，圆 A 在圆 B 内表示事件 B 包含事件 A.

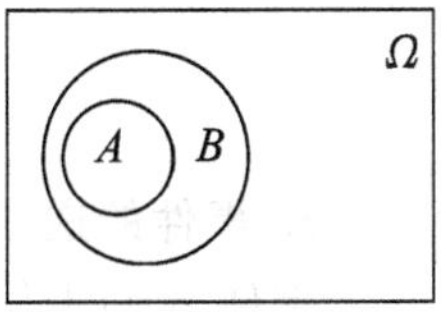

图 4-1

若 $A\subset B$ 且 $B\subset A$，则称事件 A 与 B **等价**或**相等**，记为 $A=B$.

在一次试验中，等价的两个事件同时发生或同时不发生，因此可把它们看成是同一事件. 如在 E_4 中，设 $A=\{$偶数点$\}$，$B=\{2,4,6\}$，显然 $A=B$.

2. 事件的并

事件 A 与 B 至少有一个发生的事件，称为事件 A 与 B 的**并**或**和**，记为 $A\cup B$ 或 $A+B$. 如图 4-2 中的阴影部分.

比如，甲、乙两人向同一目标射击，A 表示甲命中目标，B 表示乙命中目标，则 $A\cup B$ 就表示目标被甲、乙两人中至少一人命中.

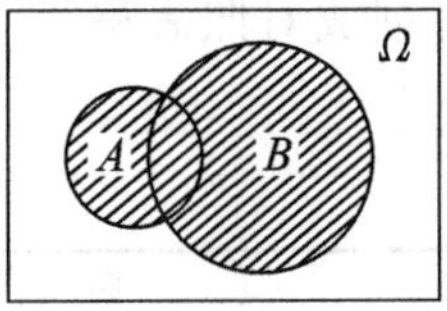

图 4-2

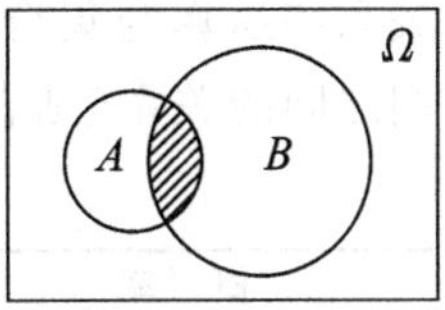

图 4-3

3. 事件的交

事件 A 与 B 同时发生的事件，称为事件 A 与 B 的**交**或**积**，记为 $A\cap B$ 或 AB. 如图 4-3中的阴影部分.

容易想到，上面两种基本运算可以推广到多个事件的情况.

用$\bigcup\limits_{i=1}^{n}A_i$ 表示事件 $A_1,A_2,\cdots,A_n$ 中至少有一个发生；用$\bigcap\limits_{i=1}^{n}A_i$ 表示事件 $A_1,A_2,\cdots,A_n$ 同时发生. 进而用$\bigcup\limits_{i=1}^{\infty}A_i$ 表示事件 $A_1,A_2,\cdots$中至少有一个发生；用$\bigcap\limits_{i=1}^{\infty}A_i$ 表示事件 $A_1,A_2,\cdots$同时发生.

4. 事件的互不相容

若事件 A 与 B 不能同时发生，即 $A\cap B=\varnothing$，则称事件 A 与 B 是**互不相容**或**互斥**的.

事件 A 与 B 互不相容的直观意义为区域 A 与 B 互不相交(见图 4-4).

比如掷一颗骰子,A 表示出现点数 2,B 表示出现奇数点,那么事件 A 与 B 是互不相容的.

事件的互不相容关系也可以推广到多于两个事件的情况,即如果 $A_1A_2\cdots A_n=\varnothing$,则称事件 $A_1,A_2,\cdots,A_n$ 是互不相容的;如果 $A_iA_j=\varnothing(i\neq j;i,j=1,2,\cdots,n)$,则称 $A_1,A_2,\cdots,A_n$ 是**两两互不相容**的.

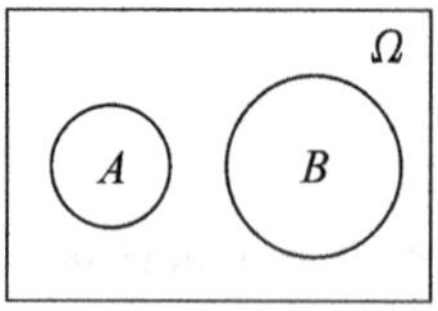

图 4-4

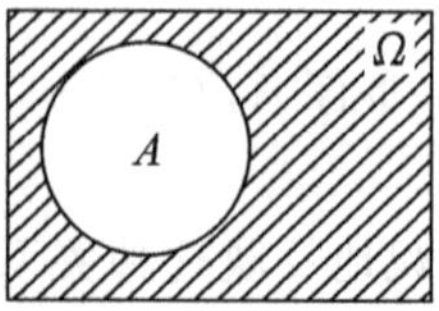

图 4-5

5. 事件的逆

事件 A 与事件 B 必有一个发生,且仅有一个发生,即 $A\cup B=\Omega,AB=\varnothing$,则称事件 A 与事件 B 为**互逆**的,又称 A 是 B 的**对立事件**(或 B 是 A 的对立事件),记为 $A=\overline{B}$(或 $B=\overline{A}$). 如图 4-5 中的阴影部分.

这里要注意互逆关系与互不相容关系的区别. 事件 A 与事件 B 互逆,除了要求 A 与 B 互不相容(即 $AB=\varnothing$)之外,还要求 A、B 必发生其一(即 $A\cup B=\Omega$).

6. 事件的差

事件 A 发生而事件 B 不发生的事件称为事件 A 与事件 B 的**差**,记为 $A-B$. 如图 4-6 中的阴影部分.

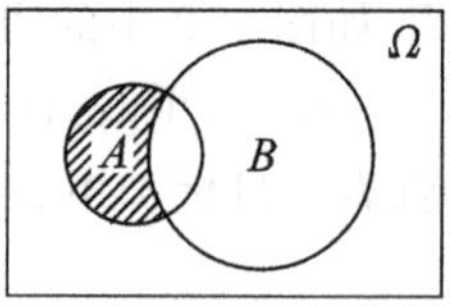

图 4-6

下面将事件的关系和运算与集合的关系和运算列成对照表格,以便读者更清楚它们之间的关系(见表 4-1).

表 4-1

记　号	概　率　论	集　合　论
Ω	样本空间,必然事件	全集
$\varnothing$	不可能事件	空集
ω	样本点	元素
A	事件	子集
$\overline{A}$	事件 A 的逆事件	集合 A 的补集
$A\subset B$	事件 A 发生导致事件 B 发生	集合 A 是集合 B 的子集
$A=B$	事件 A 与事件 B 等价	集合 A 和集合 B 相等
$A\cup B$	事件 A 与事件 B 至少有一个发生	集合 A 与集合 B 的并集
$A\cap B$	事件 A 与事件 B 同时发生	集合 A 与集合 B 的交集
$AB=\varnothing$	事件 A 与事件 B 互不相容	集合 A 与集合 B 没有公共元素
$A-B$	事件 A 发生而事件 B 不发生	集合 A 与集合 B 之差

可以验证事件的运算满足如下**法则**.

(1)**交换律**:$A\cup B=B\cup A$;$A\cap B=B\cap A$.

(2)**结合律**:$A\cup(B\cup C)=(A\cup B)\cup C$;

$A\cap(B\cap C)=(A\cap B)\cap C$.

(3)**分配律**:$A\cap(B\cup C)=(A\cap B)\cup(A\cap C)$;

$A\cup(B\cap C)=(A\cup B)\cap(A\cup C)$.

(4)**对偶律**:$\overline{A\cup B}=\overline{A}\cap\overline{B}$;

$\overline{A\cap B}=\overline{A}\cup\overline{B}$.

习 题 4.1

1. 写出下述各随机试验的样本空间 Ω:

(1)同时掷两颗质地均匀的骰子,则两骰子的点数之和构成的样本空间 $\Omega=$________;

(2)袋中有 5 个白球、3 个黑球、4 个红球,从中任取一球,则不同颜色的球构成的样本空间 $\Omega=$________;

*(3)若任取实数 k,一元二次方程 $4x^2+4kx+k+2=0$ 就有实根,则 k 值构成的样本空间 $\Omega=$________________.

2. 甲、乙、丙三人同时参加某项测试,用 A、B、C 分别表示甲、乙、丙通过测试. 试解释下面的随机事件:

(1)ABC;　(2)$\overline{A}$;　(3)$AB\cup BC\cup AC$;

(4)$\overline{A}\overline{B}\overline{C}$;　(5)$\overline{A}\cup\overline{B}\cup\overline{C}$;　(6)$B\overline{C}$.

3. 某人投篮三次,用 A_i 表示第 i 次投进,$i=1,2,3$. 试用事件的运算关系式表示下列各事件:

(1)只有第三次投进;　(2)至少投进一次;

(3)最多有两次未投进;　(4)最多投进一次;

(5)至少有一次未投进;　(6)全部投进.

4. 用适当的关系运算符连接下列各组事件中的有关事件:

(1)$\varnothing$ ____ A ____ Ω;　(2)$A\overline{B}$ ____ $A-B$;

(3)$A\cup B$ ____ $A\cup\overline{A}B$;　(4)$AB\cup\overline{A\overline{B}}$ ____ A;

(5)$\overline{A}\cup A$ ____ Ω;　(6)$\overline{A}A$ ____ $\varnothing$.

4.2　事件的概率

4.2.1　概率的定义及其性质

人们研究随机现象的目的，不仅仅是了解可能出现哪些事件，也不仅仅是大略地比较两事件发生的可能性谁大谁小，而是要确切地知道事件发生的可能性大小. 这就需要有一个刻画事件发生可能性大小的数量指标. 我们称这个刻画事件发生可能性大小的数量指标为事件发生的**概率**. 事件 A 发生的概率用 $P(A)$ 表示.

在概率论发展史上，概率这个概念经历了由特殊、直观的定义到严格的公理化定义的漫长过程.

定义　设 E 是随机试验，Ω 是它的样本空间，对于 E 的每一个事件 A，都有一个确定的实数 $P(A)$ 与之对应，且满足：

(1)非负性，即 $P(A)\geqslant 0$；

(2)规范性，即 $P(\Omega)=1$；

(3)可列可加性，即若 $A_1,A_2,\cdots,A_n,\cdots$ 两两互不相容，则

$$P(\bigcup_{i=1}^{\infty} A_i) = \sum_{i=1}^{\infty} P(A_i),$$

那么称 $P(A)$ 为事件 A 发生的**概率**.

由定义可得到概率的以下**性质**.

性质 1　不可能事件的概率为 0，即 $P(\varnothing)=0$.

性质 2(有限可加性)　若 $A_1,A_2,\cdots,A_n$ 两两互不相容，则

$$P(\bigcup_{i=1}^{n} A_i) = \sum_{i=1}^{n} P(A_i).$$

性质 3(逆事件概率的计算公式)　$P(\overline{A})=1-P(A)$.

一般当事件 A 较复杂而 $\overline{A}$ 较简单时，可先求出 $P(\overline{A})$，再利用此公式求出 $P(A)$.

性质 4(差事件概率的计算公式)　若 $B\subset A$，则

$$P(A-B) = P(A) - P(B).$$

性质 5(加法公式)　$P(A\cup B)=P(A)+P(B)-P(A\cap B)$.

性质 6　$$P(B)=P(A\cap B)+P(\overline{A}\cap B).$$

性质 6 给出了一个计算概率的思路：若直接计算 $P(B)$ 有困难，则可将事件 B 进行分解，即

$$B = (A \cap B) \cup (\overline{A} \cap B),$$

由于 $A\cap B$ 与 $\overline{A}\cap B$ 互不相容，利用性质 2 就可得到这个计算公式. 其一般形式为

$$P(B)=\sum_{i=1}^{n}P(A_i\cap B),$$

式中，$A_1,A_2,\cdots,A_n$ 两两互不相容，且 $\bigcup_{i=1}^{n}A_i=\Omega$.

4.2.2　等可能概型(古典概型)

第 2 篇的 4.1 节中所说的试验 E_1,E_4，它们具有两个共同的特点：

(1)试验的样本空间的元素只有有限个(有限性)；

(2)试验中每个基本事件发生的可能性相同(等可能性).

具有以上两个特点的试验是大量存在的，这种试验称为**等可能概型**.它在概率论发展初期曾是主要的研究对象，所以也称为**古典概型**.等可能概型的一些概念具有直观、容易理解的特点，因而应用比较广泛.

下面来讨论等可能概型中事件概率的计算公式.

设古典型随机试验 E 的样本空间为 $\Omega=\{\omega_1,\cdots,\omega_n\}$，事件 $A=\{\omega_{i_1},\omega_{i_2},\cdots,\omega_{i_k}\}$ 为 E 的任一事件，则事件 A 的概率为

$$P(A)=\frac{\text{组成 }A\text{ 的基本事件数}}{\text{总的基本事件数}}=\frac{k}{n},\tag{4-1}$$

运用式(4-1)计算古典概率的关键是计算出数 n 与 k 的值.为此，必须首先明确计数的对象——试验 E 的基本事件是什么，然后才能对 n、k 做具体计算，一般需要采用排列组合的方法.

下面来看一些利用式(4-1)计算事件概率的例子.

例 1　一批产品共 100 件，其中次品有 4 件，现从这批产品中任取一件，求取到正品的概率.

解　设想把这些产品进行编号.譬如说，把 96 件正品编号为 1,2,…,96，把 4 件次品编号为 97,98,99,100，则样本空间 $\Omega=\{1,2,\cdots,100\}$.由于是“任取”，每个产品被取到的可能性相同*，故属于古典概型.而取到正品就是事件 $A=\{1,2,\cdots,96\}$ 出现，所以，取到正品的概率为

$$P(A)=\frac{96}{100}=\frac{24}{25}.$$

例 2　从例 1 中的这批产品中，接连地任意抽取两件产品，在(1)有返回抽取、(2)无返回抽取这两种方式下求下列事件的概率：$A=\{$第一次取到正品，第二次取到次品$\}$，$B=\{$取到正品、次品各一件$\}$，$C=\{$取到两件正品$\}$.

解　设想把这些产品如例 1 那样进行编号，由于是“有序”抽取，所以抽取后的结果可

* 今后，凡遇到“任意”“随机”取时，都是指被取到的可能性相同.

用一对有序的数(i,j)来表示，其中i、j分别表示第一次、第二次取到的产品号数.

(1)在"有返回抽取"方式下，每次都可能取到100件产品中的任一件，第一次取到的任一产品"i"都与第二次取到的任一产品"j"搭配成一个基本事件$(i,j)(i,j=1,\cdots,100)$，由排列组合的乘法原理，共有100×100种搭配结果，即基本事件总数$n=100^2$. 当A发生，即第一次取到1号至96号正品中的任一件，第二次取到97号至100号次品中的任一件，故构成A的基本事件$(i,j)(i=1,\cdots,96;j=97,\cdots,100)$共有$k_A=96\times4$个. 因此

$$P(A)=\frac{k_A}{n}=\frac{96\times4}{100^2}\approx0.038\ 4.$$

事件B对正品、次品分别在哪一次出现没有要求，故正品可能在两次抽取中的任一次出现(有C_2^1种可能)，而另一次则出现次品，故构成B的基本事件共$k_B=C_2^1\times96\times4$个，所以

$$P(B)=\frac{k_B}{n}=\frac{C_2^1\times96\times4}{100^2}\approx0.076\ 8.$$

当C发生，即每次都取到1号至96号正品中的任一件，故$k_C=96\times96$.

$$P(C)=\frac{k_C}{h}=\frac{96^2}{100^2}=0.921\ 6.$$

(2)在"无返回抽取"方式下，第一次可能取到100件中的任一件，第二次则只能从余下的99件中任取一件，故基本事件$(i,j)(i,j=1,\cdots,100;i\neq j)$的总数为$n=P_{100}^2=100\times99$. 相应的，$k_A=96\times4$，$k_B=C_2^1\times96\times4$，$k_C=P_{96}^2=96\times95$. 所以，

$$P(A)=\frac{96\times4}{100\times99}\approx0.038\ 8,$$

$$P(B)=\frac{C_2^1\times96\times4}{100\times99}\approx0.077\ 6,$$

$$P(C)=\frac{96\times95}{100\times99}\approx0.921\ 2.$$

上例在"有返回"和"无返回"两种抽取方式下计算出的事件概率差别很小，这是被抽取对象的总数相当大的缘故. 在实际计算中，遇到这种被抽取对象的总数很大的情况时，常把无返回抽取当做有返回抽取来处理.

例 3 将一对骰子抛25次，求"至少出现一次双六"和"完全不出现双六"的概率.

解 设$A=\{$至少出现一次双六$\}$，则$\overline{A}=\{$完全不出现双六$\}$. 掷两颗骰子一次，出现的点数有36种可能，并且每种点数出现的可能性是相同的. 连续掷两颗骰子25次，所有可能的情况为$(36)^{25}$种，如果完全不出现双六，则有$(35)^{25}$种. 所以

$$P(\overline{A})=\left(\frac{35}{36}\right)^{25}\approx0.494\ 5,$$

于是

$$P(A)=1-P(\overline{A})\approx 1-0.4945=0.5055.$$

结果说明，将一对骰子抛 25 次，“至少出现一次双六”的概率比“完全不出现双六”的概率大.

例 4 一个班有 40 名学生，求至少有两名学生生日在同一天的概率.

解 设 $A=\{$至少有两名学生的生日在同一天$\}$，则 $\overline{A}=\{40$ 名学生的生日各不相同$\}$. 由于任何人的生日在一年(365 天)的每一天是等可能的，所以，40 个人过生日的所有可能为 $(365)^{40}$，如果 40 名学生的生日各不相同，则有 $\mathrm{P}_{365}^{40}=365\times364\times\cdots\times326$ 种. 所以

$$P(\overline{A})=\frac{365\times364\times\cdots\times326}{(365)^{40}}\approx 0.1088,$$

于是

$$P(A)=1-P(\overline{A})\approx 1-0.1088=0.8912.$$

习 题 4.2

1. 设 A,B 为两事件，则下列等式是否恒成立？

(1) $P(A\cup B)=P(A)+P(B)$ ________.

(2) $P(\overline{A}\overline{B})=1-P(A\cup B)$ ________.

(3) $P(A-B)=P(A)-P(B)$ ________.

2. 设 A,B 为两事件.

(1) 若 $P(A)=0.5, P(B)=0.6, P(A\cup B)=0.7$，则 $P(AB)=$ ________，$P(A-B)=$ ________.

(2) 若 $A\subset B, P(A)=0.2, P(B)=0.5$，则 $P(AB)=$ ________.

(3) 若 $P(A)=0.7, P(A-B)=0.3$，则 $P(\overline{AB})=$ ________.

3. 计算下述事件的概率.

(1) 某班学生男 18 人、女 12 人，从中随意抽 3 人参加外系的联谊会，则抽到的三人是 2 名男生 1 名女生的概率为________.

(2) 6 位数字的电话号码由数字 0,1,2,…,9 组成，首位不能是数字 0. 设 A 表示“电话号码的数字各不相同”，B 表示“电话号码的数字各不相同且号码的末位为奇数”，则 $P(A)=$ ________，$P(B)=$ ________.

(3) 袋中之球 3 红 4 白 5 黑，连续两次地从中任取 1 球. 若先取之球不放回，则所抽之球先红后白的概率为________；若先取之球看后随即放回，则所抽取之球先黑后白的概率为________.

4. 从 15 个分别记有标号 1 至 15 的球中任取 3 个球，求所取球的：

(1) 最小号码是 5 的概率 P_1；

(2)最大号码是 5 的概率 P_2.

5. 100 只晶体管中次品有 3 只，从中任取 5 只，求以下事件的概率：

(1) $A=\{$仅一只为次品$\}$；

(2) $B=\{$5 只皆无次品$\}$；

(3) $C=\{$2 只是正品，3 只是次品$\}$；

(4) $D=\{$刚好第 5 只取出的是次品$\}$.

*4.3　条件概率　独立性

4.3.1　条件概率

条件概率是概率论中的一个重要而实用的概念，所考虑的是事件 A 已发生的条件下事件 B 发生的概率. 先举一个例子.

例 1　将一枚硬币抛掷两次，观察其出现正反面（H 或 T）的情况. 设事件 A 为“至少出现一次为 H”，事件 B 为“两次掷出同一面”. 现在来求在已知事件 A 已经发生的条件下事件 B 发生的概率.

这里，样本空间为 $\Omega=\{HH,HT,TH,TT\}$，$A=\{HH,HT,TH\}$，$B=\{HH,TT\}$. 已知事件 A 已发生，有了这一信息，即知试验所有可能结果所成的集合就是 A. A 中共有 3 个元素，其中只有 $HH\in B$. 于是，在 A 发生的条件下 B 发生的概率（记为 $P(B|A)$）为

$$P(B\mid A)=\frac{1}{3}.$$

在这里，我们看到 $P(B)=2/4\neq P(B|A)$. 这很容易理解，因为在求 $P(B|A)$ 时我们是限制在 A 已经发生的条件下考虑 B 发生的概率的.

另外，易知

$$P(A)=\frac{3}{4},\quad P(AB)=\frac{1}{4},\quad P(B\mid A)=\frac{1}{3}=\frac{1/4}{3/4},$$

故有

$$P(B\mid A)=\frac{P(AB)}{P(A)}. \tag{4-2}$$

对于一般古典概型问题，若仍以 $P(B|A)$ 记在事件 A 已经发生的条件下事件 B 发生的概率，则关系式(4-2)仍然成立. 事实上，设试验的基本事件总数为 n，A 所包含的基本事件数为 $m(m>0)$，AB 所包含的基本事件数为 k，即有

$$P(B\mid A)=\frac{k}{m}=\frac{k/n}{m/n}=\frac{P(AB)}{P(A)}.$$

在一般场合，将上述关系式作为条件概率的定义.

定义 设 A,B 是两个事件，且 $P(A)>0$，称

$$P(B \mid A)=\frac{P(AB)}{P(A)} \tag{4-3}$$

为在事件 A 发生的条件下事件 B 发生的**条件概率**.

不难验证，条件概率 $P(B|A)$ 符合概率定义中的三个条件.

4.3.2 乘法定理

由条件概率的式(4-3)，可得下述定理.

乘法定理 设 $P(A)>0$，则有

$$P(AB)=P(B \mid A)P(A). \tag{4-4}$$

式(4-4)容易推广到多个事件的积事件的情况. 例如，设 A,B,C 为事件，且 $P(AB)>0$，则有

$$P(ABC)=P(C \mid AB)P(B \mid A)P(A). \tag{4-5}$$

这里，注意到由假设 $P(AB)>0$ 可推得 $P(A)\geqslant P(AB)>0$.

一般的，设 $A_1,A_2,\cdots,A_n$ 为 n 个事件，$n\geqslant 2$，且 $P(A_1A_2\cdots A_{n-1})>0$，则有

$$P(A_1A_2\cdots A_n)=P(A_n \mid A_1A_2\cdots A_{n-1})P(A_{n-1} \mid A_1A_2\cdots A_{n-2})\cdots P(A_2 \mid A_1)P(A_1). \tag{4-6}$$

例 2 设袋中装有 r 只红球，t 只白球，每次自袋中任取一只球，观察其颜色然后放回，并再放入 a 只与所取出的那只球同色的球. 若在袋中连续取球四次，试求第一、二次取到红球且第三、四次取到白球的概率.

解 以 $A_i(i=1,2,3,4)$ 表示事件"第 i 次取到红球"，则 $\overline{A}_3$、$\overline{A}_4$ 分别表示事件第三、四次取到白球. 所求概率为

$$\begin{aligned}P(A_1A_2\overline{A}_3\overline{A}_4)&=P(\overline{A}_4 \mid A_1A_2\overline{A}_3)P(\overline{A}_3 \mid A_1A_2)P(A_2 \mid A_1)P(A_1)\\&=\frac{t+a}{r+t+3a}\cdot\frac{t}{r+t+2a}\cdot\frac{r+a}{r+t+a}\cdot\frac{r}{r+t}.\end{aligned}$$

例 3 从含有 3 件次品的 10 件产品中无返回地取两次，每次任取一件.

(1)求两次都取到正品的概率.

(2)求第 2 次才取到正品的概率.

解 设 $A_i=\{$第 i 次取到正品$\}(i=1,2)$，$B=\{$两次都取到正品$\}$，$C=\{$第 2 次才取到正品$\}$.

(1)显然有 $B=A_1A_2$，依题意有

$$P(A_1)=\frac{C_7^1}{C_{10}^1}=\frac{7}{10},\quad P(A_2 \mid A_1)=\frac{C_6^1}{C_9^1}=\frac{2}{3}.$$

故 $$P(B)=P(A_1A_2)=P(A_1)P(A_2 \mid A_1)=\frac{7}{10}\times\frac{2}{3}=\frac{7}{15}.$$

(2)“第2次才取到正品”也即“第一次取到次品而第2次取到正品”,故$C=\overline{A}_1A_2$.故

$$P(C)=P(\overline{A}_1A_2)=P(\overline{A}_1)P(A_2\mid\overline{A}_1)=\frac{C_3^1}{C_{10}^1}\cdot\frac{C_7^1}{C_9^1}=\frac{7}{30}.$$

4.3.3 独立性

设A,B是试验E的两事件,若$P(A)>0$,可以定义$P(B|A)$.一般的,A的发生对B发生的概率是有影响的,这时$P(B|A)\neq P(B)$,只有在这种影响不存在时才会有$P(B|A)=P(B)$,这时有

$$P(AB)=P(B\mid A)P(A)=P(A)P(B).$$

例4 设试验E为“抛甲、乙两枚硬币,观察正反面出现的情况”.设事件A为“甲币出现H”,事件B为“乙币出现H”.E的样本空间为

$$\Omega=\{HH,HT,TH,TT\}.$$

由式(4-1)得

$$P(A)=\frac{2}{4}=\frac{1}{2},\quad P(B)=\frac{2}{4}=\frac{1}{2},$$

$$P(B\mid A)=\frac{1}{2},\quad P(AB)=\frac{1}{2}.$$

在这里,我们看到$P(B|A)=P(B)$,而$P(AB)=P(A)P(B)$.事实上,由题意,显然甲币是否出现正面与乙币是否出现正面是互不影响的.

定义 设A和B是两个随机事件,若

$$P(AB)=P(A)P(B),$$

则称事件A与B**相互独立**.

由定义不难验证:若A与B独立,则A与$\overline{B}$,$\overline{A}$与B,$\overline{A}$与$\overline{B}$都是相互独立的.

在概率论的理论和应用中,独立性是一个十分重要的概念.应该注意的是,在实际应用中,往往不是根据定义,而是根据事件本身的实际意义来判断事件的独立性的.

例5 办公室有两台电话机,设每台电话机铃响的概率都是0.2,求两台电话机同时铃响的概率.

解 设$A_i=\{$第i台电话机铃响$\}(i=1,2)$,可以认为两台电话机是否铃响相互之间是独立的,因此所求概率为

$$P(A_1A_2)=P(A_1)P(A_2)=0.2\times0.2=0.04.$$

习 题 4.3

1. 设A,B为两事件.下述命题是否正确?

(1)若A与B相互独立,则A与B互不相容.

(2)若 A 与 B 相互对立，且 $P(A)>0,P(B)>0$，则 A 与 B 相互独立.

(3)若 A 与 B 相互独立，则 A 与 $\bar{B}$，$\bar{A}$ 与 B，$\bar{A}$ 与 $\bar{B}$ 也分别相互独立.

(4)若 $P(A|B)>P(A)$，则 $P(B|A)>P(B)$.

(5)若 $A\subset B$，则 $P(B|A)=1$.

2. 设 A,B 为两事件.

(1)若 $P(A)=a,P(B)=b(b\neq 0),A\subset B$，则 $P(A|B)=$________.

(2)若 $P(A)=0.6,P(B)=0.8,P(B|\bar{A})=0.5$，则 $P(A|B)=$________.

3. 设两事件 A 与 B 相互独立.

(1)若 $P(A)=0.6,P(B)=0.7$，则 $P(A-B)=$______，$P(\bar{A}-B)=$______.

(2)若 $P(A\cup B)=0.6,P(A)=0.4$，则 $P(B)=$________.

*4. 假设单次试验的成功率为 $p(0<p<1)$，将此试验独立地重复 3 次，试分别求其中仅失败一次以及至少失败一次的概率.

*5. 甲盒有正品 6 只，次品 4 只；乙盒有正品 5 只，次品 2 只. 现从中任取 1 盒，再从盒中任取 1 产品，求其恰为正品的概率.

6. 射手对同一目标射击 4 次，每次命中与否均互不影响. 若目标至少被命中一次的概率为 80/81，求射手的命中率.

7. 甲、乙两人投篮的命中率各为 0.6 和 0.7，试求两人各投三次，恰好都能命中的概率.

综合练习四

1. 填空题.

(1)从数字 1,2,3,4,5 中任取 3 个，组成没有重复数字的三位数，则这个三位数是偶数的概率为________.

(2)有甲、乙、丙三个人，每个人都等可能地被分配到四个房间中的任一间内，则三个人分配在同一间的概率为________，三个人分配在不同房间的概率为________.

(3)A,B 为两随机事件，且 $B\subset A$，则 $P(A\cup B)=$________.

(4)若事件 A,B 相互独立，且 $P(A)=p,P(B)=q$，则 $P(A\cup B)=$________，$P(\bar{A}\cup B)=$________.

(5)设 A,B 互不相容，且 $P(A)>0$，则 $P(B|A)=$________；若 A,B 相互独立，且 $P(A)>0$，则 $P(B|A)=$________.

2. 选择题.

(1)A,B 为任意两个事件，则(　　)成立.

A. $(A\cup B)-B=A$　　　　B. $(A\cup B)-B\subset A$

C. $(A-B)\cup B=A$　　D. $(A-B)\cup B\subset A$

(2)如果(　　)成立,则事件 A 与 B 互为对立事件.

A. $AB=\varnothing$　　B. $A\cup B=\Omega$

C. $AB=\varnothing$ 且 $A\cup B=\Omega$　　D. A 与 B 互为对立事件

*(3)袋中有 5 个黑球,3 个白球,一次随机地摸出 4 个球,其中恰有 3 个白球的概率为(　　).

A. $\frac{3}{8}$　　B. $\left(\frac{3}{8}\right)^5\frac{1}{8}$　　C. $C_8^4\left(\frac{3}{8}\right)^3\frac{1}{8}$　　D. $\frac{5}{C_8^4}$

(4)同时掷 3 枚均匀的硬币,恰好有两枚正面向上的概率为(　　).

A. 0.5　　B. 0.25　　C. 0.125　　D. 0.375

(5)每次试验的成功率为 $p(0<p<1)$,则在 3 次重复试验中至少失败一次的概率为(　　).

A. $(1-p)^3$　　B. $1-p^3$

C. $3(1-p)$　　D. $(1-p)^3+p(1-p)^2+p^2(1-p)$

3. 计算题.

(1)100 件产品中有 20 件次品、80 件正品,从中任取 10 件,试求:

①恰有 2 件次品的概率;

②至少有 2 件次品的概率.

(2)从装有 5 个白球、6 个黑球的袋中逐个地任意取出 3 个球,求顺序为黑白黑球的概率.

(3)某年级有 200 人,问至少有一人的生日是 10 月 1 日的概率是多少?

(4)三个人独立地破译一个密码,他们能译出的概率分别为 1/5,1/3,1/4,问能将此密码译出的概率是多少?

(5)两批相同的产品各有 12 件和 10 件,在每批产品中都有一个废品. 今从第一批中任意地抽取两件放入第二批中,再从第二批中任取一件,求从第二批中取出的是废品的概率.

(6)一个人看管三台机器,一段时间内,三台机器因故障要人看管的概率分别为 0.1,0.2,0.15,求一段时间内:

①没有一台机器要看管的概率;

②至少一台机器不要看管的概率;

③至多一台机器要看管的概率.

第5章　随机变量及其分布

为了全面地研究随机试验的结果，揭示客观存在着的统计规律性，我们将随机试验的结果与实数对应起来，从而将随机试验的结果数量化. 本章将引入随机变量的概念，并讨论随机变量的概率分布问题，这样就可以用微积分的方法进行更深入的讨论.

5.1　随机变量

5.1.1　随机变量的概念

1. 随机变量与随机现象的关系

前面已用事件来描述随机现象，但对随机现象的讨论有时用量来描述似乎更方便一些.

例1　在10件同类型产品中，有3件次品，现任取2件，则这两件中的次品数就是一个随机变量，用 X 表示；它的取值是随机的，可以取到0，1，2三个值中之一，显然，“$X=0$”表示次品数为0，与事件“取出的两件中没有次品”是等价的. 由此可知

“$X=1$”等价于“恰有一件次品”，

“$X=2$”等价于“恰有两件次品”，

这样，可得

$$P(X=0)=\frac{C_7^2}{C_{10}^2}=\frac{7}{15},$$

$$P(X=1)=\frac{C_3^1C_7^1}{C_{10}^2}=\frac{7}{15},$$

$$P(X=2)=\frac{C_3^2}{C_{10}^2}=\frac{1}{15}.$$

由此例可以看出，随机变量 X 取的每一个值，就对应于某一随机现象，而且它具有下列特征：

(1)随机变量的取值是随机的，事前并不知道取哪个值；

(2)随机变量取每个值的概率大小是确定的.

显然，这两个特征与随机现象的特征是相对应的.

2. 随机变量的选取

随机现象大致可分为两类：一类是比较容易用数量来描述的，例如测量误差的大小、

掷骰子出现的点数，等等；另一类是似乎与数量无关的，例如一次考试是否及格、某人打靶一次能否打中，等等.

对前一类随机现象比较容易确定其相应的随机变量，直接令 X 为误差的大小、骰子的点数等即可，但对后一类随机现象似乎要麻烦一些，现从一个例子来看.

例 2 某人打靶，一发子弹打中的概率为 P，打不中的概率为 $1-P$. 这一现象应如何用随机变量来描述呢？可规定一个随机变量 X 如下：

$$X=\begin{cases}5, & \text{子弹中靶},\\ 7, & \text{子弹脱靶}.\end{cases}$$

这里 5 和 7 仅仅是一个代号，自然也可以写成别的，如 11 和 105，但一般不会这样规定，因为这样会造成很多不必要的麻烦. 通常规定随机变量为

$$X=\begin{cases}1, & \text{子弹中靶},\\ 0, & \text{子弹脱靶}.\end{cases}$$

这样取 X 有以下两个优点：

(1)X 反映了一发子弹的命中次数(0 次或 1 次)；

(2)计算上很方便.

所以不论对什么样的随机现象，都可用随机变量来描述.

5.1.2 随机变量的分类

随机变量分为离散型和非离散型两大类. 离散型随机变量是指其所有可能的取值为有限个或可列无限多个的随机变量；非离散型随机变量是对除离散型随机变量以外的所有随机变量的总称，而其中最重要的是所谓连续型随机变量. 下面将只讨论离散型随机变量和连续型随机变量这两种类型的随机变量.

值得注意的是，随机变量与普通微积分中遇到的变量有一些区别：微积分中，变量的取值是确定的；而随机变量的取值是随机的，它依照一定的概率来取某个值.

习　题 5.1

1. 分别用适当的随机变量来表示下列随机事件：

(1)掷一颗骰子，观察其出现的点数，用随机变量表示事件“出现 4 点”“出现的点数大于 4 点”；

(2)从一批灯泡中任意抽取一只，测试它的寿命，用随机变量表示事件“任取一只灯泡的寿命不超过 1 000 小时”.

2. 设置适当的随机变量来描述下面随机试验的结果，并指出随机变量所有可能的取值.

(1)你所乘的车到达某十字路口时,信号灯的颜色.

(2)10 件产品中有 3 件次品,每次从中取 1 件,取出后不放回,直到 3 件次品全部取出为止,抽取的次数.

(3)观测你的台灯的使用寿命.

5.2 离散型随机变量的概率分布

5.2.1 离散型随机变量及其分布列(律)

定义 1 若随机变量 X 所有可能的取值是有限个或可列无穷多个,则称 X 为**离散型随机变量**.称

$$P(X=x_i)=p_i \quad (i=1,2,\cdots)$$

为随机变量 X 的**概率分布列(律)**,简称**分布列(律)**,也可用如下表格形式表示:

X	x_1	x_2	$\cdots$	x_i	$\cdots$
P	p_1	p_2	$\cdots$	p_i	$\cdots$

其中第一行表示 X 的一切可能的取值,第二行表示 X 取相应值的概率.离散型随机变量的分布列满足如下两条基本性质:

(1)**非负性** $p_i \geqslant 0(i=1,2,\cdots)$;

(2)**规范性** $\sum\limits_{i=1}^{\infty} p_i = 1$.

例 1 掷一颗骰子,X 表示出现的点数,求 X 的分布列.

解 X 所有可能取的值是 $1,2,\cdots,6$,由于出现任何一个点数的可能性相同,因此,其分布列为

$$P(X=i)=\frac{1}{6} \quad (i=1,2,\cdots,6),$$

即

X	1	2	3	4	5	6
P	$\frac{1}{6}$	$\frac{1}{6}$	$\frac{1}{6}$	$\frac{1}{6}$	$\frac{1}{6}$	$\frac{1}{6}$

例 2 掷两颗骰子,X 表示两颗骰子的点数之和,求 X 的分布列.

解 掷两颗骰子,出现的点数有 36 种等可能情况,X 所有可能取的值是 $2,3,\cdots,12$. 由图 5-1 易知 X 不同取值的概率,如 $P(X=2)=\frac{1}{36}$,因此,其分布列为

X	2	3	4	5	6	7	8	9	10	11	12
P	$\frac{1}{36}$	$\frac{2}{36}$	$\frac{3}{36}$	$\frac{4}{36}$	$\frac{5}{36}$	$\frac{6}{36}$	$\frac{5}{36}$	$\frac{4}{36}$	$\frac{3}{36}$	$\frac{2}{36}$	$\frac{1}{36}$

由离散型随机变量 X 的分布列，可求出随机变量 X 在任一区间上取值的概率. 如在例 2 中，求“点数大于 7”的概率，根据 X 的分布列，有

$$P(X>7)=P(X=8)+P(X=9)+\cdots+P(X=12)$$
$$=\frac{5}{36}+\frac{4}{36}+\cdots+\frac{1}{36}=\frac{15}{36}.$$

图 5-1

一般的，离散型随机变量在某一区间 B 内取值的概率等于它取这个区间内各个值的概率之和，即

$$P(x\in B)=\sum_{x_i\in B}P(X=x_i).$$

5.2.2 几种常见的离散型随机变量及其分布

1. 两点分布[(0-1)分布]

设离散型随机变量 X 的分布列为

X	0	1
P	$1-p$	p

其中 $0<p<1$，则称 X **服从两点分布**，亦称 X 服从(0-1)**分布**，简记为 $X\sim B(1,p)$.

两点分布可用来描述一切只有两种可能结果的随机试验. 如：抛掷一枚硬币是出现正面还是反面；产品质量是否合格；射手射击是否击中目标，等等.

称一次试验只有两种结果的试验为**伯努利试验**.

例 3 某学生凭感觉做一道四选一的题目，“做对”记为 1 分，“做错”记为 0 分，令 X 为做这道题的得分，则 X 服从(0-1)分布，其概率分布为

X	0	1
P	$\frac{3}{4}$	$\frac{1}{4}$

2. 二项分布

将伯努利试验独立重复 n 次，称为 n **重独立伯努利试验**，简称 n **重伯努利试验**. 若已知在一次试验中事件 A 发生的概率为 p，用 X 表示 A 在 n 重伯努利试验中出现的次数，则 A 恰好出现 k 次的概率为

$$P(X=k)=C_n^k p^k q^{n-k}\quad (k=0,1,2,\cdots,n;q=1-p,0<p<1)$$

或

X	0	1	2	$\cdots$	k	$\cdots$	n
P	$C_n^0p^0q^n$	$C_n^1p^1q^{n-1}$	$C_n^2p^2q^{n-2}$	$\cdots$	$C_n^kp^kq^{n-k}$	$\cdots$	$C_n^np^nq^0$

由于 X 取各个值的概率恰好由二项展开式

$$(p+q)^n=C_n^0p^0q^n+C_n^1p^1q^{n-1}+\cdots+C_n^kp^kq^{n-k}+\cdots+C_n^np^nq^0$$

的各项组成，故称随机变量 X 服从参数为 n,p 的**二项分布**，记为 $X\sim B(n,p)$.

特别地，当 $n=1$ 时，二项分布就是两点分布，从而两点分布是二项分布的特例.

例如，抛掷一颗骰子，得到点数 2 的概率为 $\frac{1}{6}$，重复抛掷骰子 n 次，得到点数 2 的次数 X 服从二项分布，$X\sim B\left(n,\frac{1}{6}\right)$.

例 4　已知单张计算机软盘无错误的概率是 0.99，在装有 7 张软盘的盒中，求恰好有 4 张是无错误的概率.

解　设选到无错误盘为 A，$P(A)=0.99$，以 X 表示从盒中选到无错误盘的张数，则根据二项分布公式有

$$P(X=4)=C_7^4 0.99^4\cdot 0.01^3=0.000\,033\,6.$$

例 5　据历史资料显示，某种疾病的患者自然痊愈率为 0.25. 为了试验一种新药，经有关部门批准后，某医生把此药给 10 个病人服用. 该部门事先规定一个决策原则：若这 10 个病人中至少有 4 个治好了，则认为这种药有效，提高了痊愈率；反之则认为无效. 问：虽然新药有效，并把痊愈率提高到了 0.35，但通过试验却被认为无效的概率是多少？

解　可以将 10 个病人服此药视为 10 重伯努利试验，在每次试验中，此病人痊愈的概率为 0.35，不痊愈的概率为 $1-0.35=0.65$. 设 10 人中痊愈人数为 X，则 X 为随机变量，且 $X\sim B(10,0.35)$.

因{新药被认为无效}这一事件等价于事件{10 人中至多只有 3 人痊愈}，从而

$$P(X\leqslant 3)=\sum_{k=0}^{3}C_{10}^k(0.35)^k(0.65)^{10-k}=0.513\,6.$$

可见新药在事先规定的决策原则下被认为无效的概率是不小的.

例 6　设有一决策系统，其中每个成员做出的决策互不影响，且每个成员做出正确决策的概率均为 $p(0<p<1)$. 当占半数以上的成员做出正确决策时，系统做出正确决策. 问 p 为多大时，5 个成员的决策系统比 3 个成员的决策系统更为可靠？

解　可以把 5 个成员的决策系统认为是 5 重伯努利试验，每个成员决策正确的概率为 p，决策错误的概率为 $q=1-p$. 设 X 为其中决策正确的成员人数，则 $X\sim B(5,p)$. 对

于 3 个成员的决策系统，类似地有 $X \sim B(3,p)$. 从而 5 个成员的决策系统做出正确决策的概率为

$$\begin{aligned} P(X \geqslant 3) &= P(X=3)+P(X=4)+P(X=5) \\ &= \mathrm{C}_5^3 p^3(1-p)^2+\mathrm{C}_5^4 p^4(1-p)+p^5. \end{aligned}$$

3 个成员的决策系统做出正确决策的概率为

$$\begin{aligned} P(X \geqslant 2) &= P(X=2)+P(X=3) \\ &= \mathrm{C}_3^2 p^2(1-p)+p^3. \end{aligned}$$

要使 5 个成员的决策系统比 3 个成员的决策系统更为可靠，必须有

$$\mathrm{C}_5^3 p^3(1-p)^2+\mathrm{C}_5^4 p^4(1-p)+p^5>\mathrm{C}_3^2 p^2(1-p)+p^3,$$

即当 $p>\frac{1}{2}$ 时，可满足此要求.

以上结果说明，要使一个群体更为有力，提高群体中每个成员的素质是非常重要的，所谓“韩信用兵，多多益善”并不适合所有的场合.

利用二项分布计算有关事件的概率时，若 n 较大，计算是相当麻烦的. 下面介绍的二项分布的泊松逼近，可简化其计算.

定理 1(泊松定理) 设 $\lambda>0$ 且是一个常数，n 为任意正整数，设 $np_n=\lambda$，则对于任一固定的非负整数 k，有

$$\lim_{n\to\infty}\mathrm{C}_n^k p_n^k(1-p_n)^{n-k}=\frac{\lambda^k \mathrm{e}^{-\lambda}}{k!} \quad (k=0,1,2,\cdots).$$

证明略.

由此定理，在二项分布 $B(n,p)$ 中，若 $n\geqslant 20$，$p\leqslant 0.05$，取 $\lambda=np$，可有如下的二项分布的泊松逼近近似计算公式：

$$\mathrm{C}_n^k p_n^k(1-p_n)^{n-k} \approx \frac{\lambda^k \mathrm{e}^{-\lambda}}{k!} \quad (k=0,1,2,\cdots).$$

$\frac{\lambda^k \mathrm{e}^{-\lambda}}{k!}$ 的值可查表(见本书附录 B 的表 B2).

例 7(寿险问题) 在保险公司里有 2 500 个同一年龄和同社会阶层的人参加了人寿保险. 在一年内每个人死亡的概率为 0.002，每个参保人在 1 月 1 日付 12 元年保险费，而在死亡时家属可在保险公司领 2 000 元. 问：

(1)保险公司亏本的概率是多少？

(2)保险公司获利不少于 10 000 元，20 000 元的概率各是多少？

解 可以将 2 500 个人参加保险视为 2 500 重伯努利试验，每个人死亡的概率为 0.002，生存的概率为 $1-0.002=0.998$. 记死亡的人数为 X，则 $X \sim B(2\,500,0.002)$.

(1)在投保年的 1 月 1 日，保险公司的收入为

$$2\,500 \times 12 \text{ 元} = 30\,000 \text{ 元}.$$

若一年中死亡 X 人，则保险公司赔付 2 000X 元. 若

$$2\,000X > 30\,000, \quad 即\ X > 15,$$

则保险公司就亏本(此处不计 3 万元所得的利息). 于是事件{保险公司亏本}等价于事件{一年中死亡人数多于 15 人}，从而

$$P(X > 15) \approx \sum_{k=16}^{\infty} \frac{e^{-5}5^k}{k!} \xlongequal{查表} 0.000\,069\ (\lambda = 2\,500 \times 0.002 = 5).$$

由此可见，在一年里，保险公司亏本的概率非常小.

(2)保险公司获利不少于 10 000 元，意味着

$$30\,000 - 2\,000X \geqslant 10\,000, 即\ X \leqslant 10.$$

于是事件{保险公司获利不少于 10 000 元}等价于事件{$X \leqslant 10$}，从而

$$P(X \leqslant 10) \approx \sum_{k=0}^{10} \frac{e^{-5}5^k}{k!} = 1 - \sum_{k=11}^{\infty} \frac{e^{-5}5^k}{k!}$$

$$\xlongequal{查表} 1 - 0.013\,695 = 0.986\,305,$$

即保险公司获利不少于 10 000 元的概率在 98%以上.

同理可得，事件{保险公司获利不少于 20 000 元}等价于事件{$X \leqslant 5$}，从而

$$P(X \leqslant 5) \approx \sum_{k=0}^{5} \frac{e^{-5}5^k}{k!} = 1 - \sum_{k=6}^{\infty} \frac{e^{-5}5^k}{k!}$$

$$\xlongequal{查表} 1 - 0.384\,039 = 0.615\,961.$$

上面的所有结果，可以解释保险公司乐于开展保险业务的原因.

3. 泊松分布

设离散型随机变量 X 的所有可能取值为 $0,1,2,\cdots$，且取各个值的概率为

$$P\{X = k\} = \frac{\lambda^k e^{-\lambda}}{k!} \quad (k = 0,1,2,\cdots)$$

其中 $\lambda>0$ 且为常数，则称 X 服从参数为 λ 的**泊松分布**，记为 $X \sim P(\lambda)$.

泊松分布有着广泛的应用，如到某售票口买票的人数、进入商店的顾客数、布匹上的疵点数、一本书中的印刷错误数、放射性物质放射出的质点数，等等，这些随机变量都可用泊松分布来描述.

例 8 由某商店过去的销售记录知，某种商品每月的销售数可用参数 $\lambda=5$ 的泊松分布来描述. 为了有 99%以上的把握保证不脱销，问商店在月底至少要进该商品多少件？

解 设商店每月销售该商品的件数为 X，月底进货 N 件，当 $X \leqslant N$ 时就不会脱销. 依题意，要求 $P\{X \leqslant N\} \geqslant 0.99$，由于 $X \sim P(5)$，上式即

$$\sum_{k=0}^{N} \frac{5^k e^{-5}}{k!} \geqslant 0.99 \quad 或 \quad \sum_{k=N+1}^{\infty} \frac{5^k e^{-5}}{k!} \leqslant 0.01.$$

查表得 $N+1=12$，故 $N=11$，即若商店在月底进货时，该商品至少进 11 件(假设上月无

存货)，就可以有 99%以上的把握保证该商品在下个月不会脱销.

习　题 5.2

1. 一袋中装有 5 只球，编号为 1,2,3,4,5，在袋中同时取 3 只球，以 X 表示取出的 3 只球中的最大号码，写出随机变量 X 的分布列.

2. 将一颗骰子抛掷两次，以 X 表示两次中得到的小的点数，写出 X 的分布列.

3. 已知随机变量 X 的所有可能取值是 $1,2,\cdots,n$，且取这些值的概率依次是 k，$2k,\cdots,nk$，求常数 k 的值.

4. 设离散型随机变量 X 的分布列为 $P\{X=k\}=\dfrac{k}{15}(k=1,2,3,4,5)$，求：

(1) $P((X=1)\cup(X=2))$；　　(2) $P\left(\dfrac{1}{2}<X<\dfrac{5}{2}\right)$；

(3) $P(1\leqslant X\leqslant 2)$；　　(4) $P(4\leqslant X<6)$.

5. 有一繁忙的汽车站，每天有大量汽车通过. 设每辆汽车在一天的某段时间内出事故的概率为 0.000 1. 在某天的该段时间内有 1 000 辆汽车通过，求出事故的次数不小于 2 的概率(利用泊松定理计算).

6. 一电话交换台每分钟收到呼唤的次数服从参数为 4 的泊松分布. 求：

(1) 每分钟恰有 8 次呼唤的概率；

(2) 每分钟的呼唤次数大于 10 的概率.

7. 设随机变量 $X\sim B(n,p)$，且 $P(X=2)=2P(X=3)$，$P(X=1)=P(X=2)$. 求：(1) n,p；(2) $P(X=4)$.

5.3　连续型随机变量及其概率密度函数

在非离散型随机变量中，本书只研究连续型随机变量.

5.3.1　随机变量的分布函数

对于非离散型随机变量，因其可能取值不能一一地列举，从而不能像离散型随机变量那样用分布列来描述其取值规律. 可以证明，非离散型随机变量通常取任一指定实数值的概率为零，因而在实际中，往往只会关心其取值落在某个区间内的概率. 对于离散型随机变量，其取一个值或多个值的情形，也都可用该随机变量的取值落在某一区间来等价地表示. 因此，本节我们转而研究随机变量的取值落在一个区间的概率 $P(x_1<X\leqslant x_2)$. 由于

$$P(x_1<X\leqslant x_2)=P(X\leqslant x_2)-P(X\leqslant x_1),$$

所以只需知道 $P(X\leqslant x_1)$ 和 $P(X\leqslant x_2)$ 就可以了. 下面引入随机变量的分布函数的概念.

定义 设 X 为随机变量,x 是任意实数,函数

$$F(x)=P(X\leqslant x)$$

称为 X 的**分布函数**.

对于任一随机变量 X(离散型或非离散型),知道了 X 的分布函数,就可由

$$P(x_1<X\leqslant x_2)=F(x_2)-F(x_1)$$

计算出 X 落在区间 $(x_1,x_2]$ 上的概率. 从这个意义上讲,分布函数完整地描述了随机变量取值的统计规律性.

分布函数 $F(x)$ 是一个在 $(-\infty,+\infty)$ 上定义的普通实函数,它在 x 处的函数值表示 X 取值落在区间 $(-\infty,x]$ 内的概率.

分布函数具有如下性质.

(1)单调不减性 若 $x_1<x_2$,则

$$F(x_1)\leqslant F(x_2).$$

事实上,$F(x_2)-F(x_1)=P(x_1<X\leqslant x_2)\geqslant 0$, $x_1<x_2$.

(2)有界性 $0\leqslant F(x)\leqslant 1$,且

$$F(-\infty)=\lim_{x\to-\infty}F(x)=0,$$

$$F(+\infty)=\lim_{x\to+\infty}F(x)=1.$$

据分布函数定义即知 $0\leqslant F(x)\leqslant 1$,对后两式给出直观解释:由于 $F(-\infty)$ 相当于事件 $\{X<-\infty\}$ 的概率,而 $\{X<-\infty\}$ 是不可能事件,故有 $F(-\infty)=0$;类似地,$\{X<+\infty\}$ 是必然事件,故有 $F(+\infty)=1$.

(3)右连续性 $F(x+0)=F(x)$.

证明略.

5.3.2 连续型随机变量及其概率密度

定义 对任意实数 $x\in\mathbf{R}$,如果 X 的分布函数 $F(x)$ 可以写成

$$F(x)=\int_{-\infty}^{x}f(x)\mathrm{d}x,$$

其中 $f(x)\geqslant 0$,则称 X 为**连续型随机变量**. $f(x)$ 称为 X 的**概率密度函数**,简称为**密度函数**. $f(x)$ 满足以下**基本性质**:

(1)非负性 $f(x)\geqslant 0$;

(2)规范性 $\int_{-\infty}^{+\infty}f(x)\mathrm{d}x=1$;

(3)对于一个在 $(a,b]$ 内取值的连续型随机变量,其概率可表示为

$$\begin{aligned}P(a<X\leqslant b)&=P(X\leqslant b)-P(X\leqslant a)\\&=\int_{-\infty}^{b}f(x)\mathrm{d}x-\int_{-\infty}^{a}f(x)\mathrm{d}x\\&=\int_{a}^{b}f(x)\mathrm{d}x=F(b)-F(a);\end{aligned}$$

(4)在 $f(x)$ 的连续点上，有 $F'(x)=f(x)$.

由定积分的几何意义可知，$P(a<X\leqslant b)$ 在数值上等于由曲线 $y=f(x)$，直线 $x=a,x=b$ 以及 x 轴所围图形的面积（见图 5-2 中的阴影部分）.

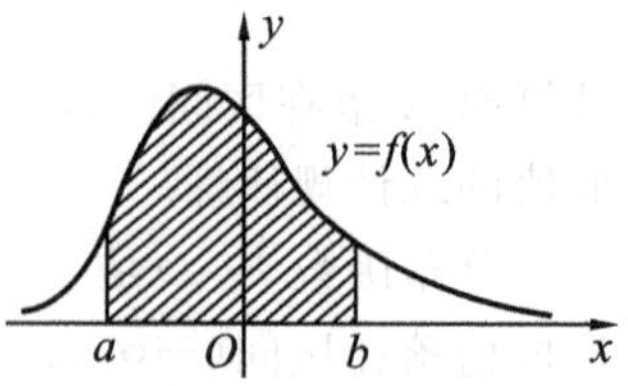

图 5-2

例 1 已知连续型随机变量 X 具有概率密度函数

$$f(x)=\begin{cases}kx+1, & 0\leqslant x\leqslant 2,\\ 0, & \text{其他}.\end{cases}$$

求系数 k 及分布函数 $F(x)$，并计算 $P(1.5\leqslant X\leqslant 2.5)$.

解 由 $f(x)$ 的性质(2) $\int_{-\infty}^{+\infty}f(x)\mathrm{d}x=1$，得 $\int_{0}^{2}(kx+1)\mathrm{d}x=1$，故 $k=-\frac{1}{2}$.

$$F(x)=\int_{-\infty}^{x}f(x)\mathrm{d}x=\begin{cases}0, & x<0,\\ -\frac{1}{4}x^2+x, & 0\leqslant x<2,\\ 1, & x\geqslant 2.\end{cases}$$

$$\begin{aligned}P(1.5\leqslant X\leqslant 2.5)&=P(1.5\leqslant X\leqslant 2)\\&=\int_{1.5}^{2}\left(-\frac{1}{2}x+1\right)\mathrm{d}x\\&=F(2)-F(1.5)=0.062\,5.\end{aligned}$$

5.3.3 几种常见的连续型随机变量的分布

1. 均匀分布

设连续型随机变量 X 的密度函数为

$$f(x)=\begin{cases}\frac{1}{b-a}, & a<x<b,\\ 0, & \text{其他},\end{cases}$$

则称 X 在区间 (a,b) 上服从**均匀分布**，记为 $X\sim U(a,b)$.

X 的分布函数为

$$F(x)=\begin{cases}0, & x<a,\\ \frac{x-a}{b-a}, & a\leqslant x<b,\\ 1, & x\geqslant b.\end{cases}$$

例 2　已知某路公共汽车每 5 min 一趟，设 X 表示乘客在某车站的候车时间，求乘客候车时间不超过 3 min 的概率.

解　显然，连续型随机变量 X 在 $(0,5)$ 内均匀取值，即 X 在 $(0,5)$ 内服从均匀分布，故

$$f(x)=\begin{cases}\dfrac{1}{5}, & 0<x<5,\\ 0, & \text{其他}.\end{cases}$$

因而

$$P(0<X\leqslant 3)=\int_0^3 \frac{1}{5}\mathrm{d}x=\frac{3}{5},$$

即候车时间不超过 3 min 的概率为 $\frac{3}{5}$.

2. 正态分布

设连续型随机变量 X 的密度函数为

$$f(x)=\frac{1}{\sqrt{2\pi}\sigma}\mathrm{e}^{-\frac{(x-\mu)^2}{2\sigma^2}}\quad (x\in\mathbf{R})$$

其中 μ,σ 为常数，且 $\sigma>0$，则称 X 服从参数为 μ,σ^2 的**正态分布**，记为 $X\sim N(\mu,\sigma^2)$.

正态分布的密度函数图像是单峰、钟形曲线，$f(x)$ 关于直线 $x=\mu$ 对称，在 $x=\mu$ 处达到最大值 $f(\mu)=\frac{1}{\sqrt{2\pi}\sigma}$，并且 $f(x)$ 的曲线以 $y=0$ 为水平渐近线.

另外，如果固定 σ，改变 μ 的值，则图像沿着 x 轴平移，但不改变其形状（见图 5-3）.

如果固定 μ，改变 σ，由最大值 $f(\mu)=\frac{1}{\sqrt{2\pi}\sigma}$ 可知，当 σ 越小时图像变得越尖（见图 5-4），因而 X 落在 μ 附近的概率越大.

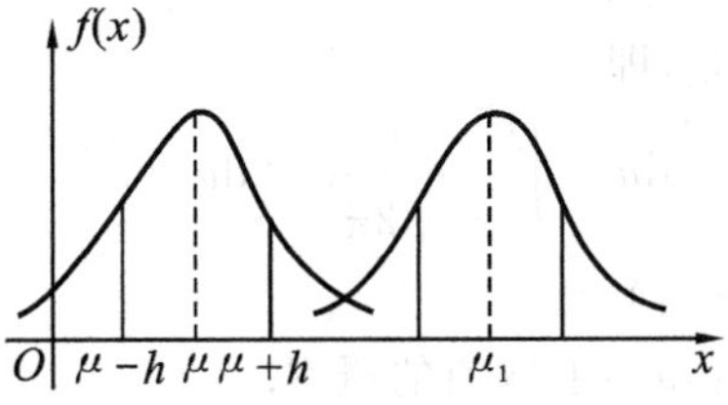

图 5-3

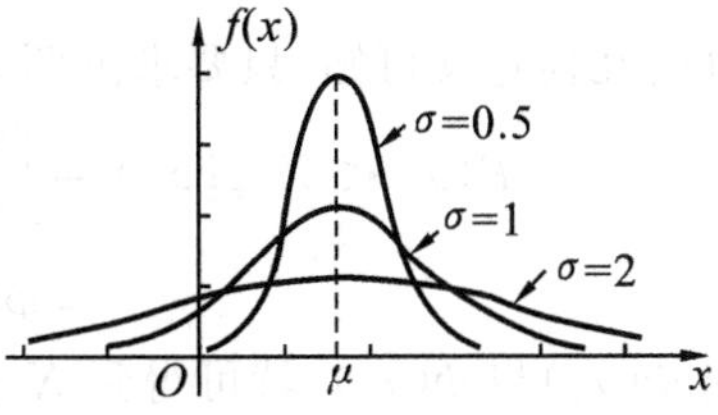

图 5-4

特别地，当 $\mu=0,\sigma=1$ 时，称 X 服从**标准正态分布**，记为 $X\sim N(0,1)$，其密度函数为

$$\varphi(x)=\frac{1}{\sqrt{2\pi}}\mathrm{e}^{-\frac{x^2}{2}}.$$

在现实世界中，大量的随机变量都服从或近似服从正态分布，如一群同龄人的身高，各种测量误差、计算误差，经济学中的股票价格，等等. 研究表明，若一个变量受到大量的随机因素的影响，而各个因素所起的作用又都不太大时，这样的变量一般是服从正态分布的随机变量. 事实表明，正态分布在概率统计的理论研究和实际应用中都具有特别重要的地位.

为了便于计算服从正态分布的随机变量在任一区间上取值的概率，人们编制了正态分布表（见本书附录 B 的表 B1）. 其中

$$\Phi(x)=\int_{-\infty}^{x}\frac{1}{\sqrt{2\pi}}e^{-\frac{u^2}{2}}du.$$

由被积函数为$\frac{1}{\sqrt{2\pi}}e^{-\frac{u^2}{2}}$可知，随机变量 $X\sim N(0,1)$，$\Phi(x)$是 X 的分布函数，表示 X 在区间$(-\infty,x]$上取值的概率（见图 5-5），即

$$P(-\infty<X\leqslant x)=\Phi(x)=\int_{-\infty}^{x}\frac{1}{\sqrt{2\pi}}e^{-\frac{u^2}{2}}du.$$

当 $x\to+\infty$时，$\Phi(x)\to 1$；当 $x\to-\infty$时，$\Phi(x)\to 0$；而当 $x=0$ 时，由对称性可知，$\Phi(0)=\frac{1}{2}$.

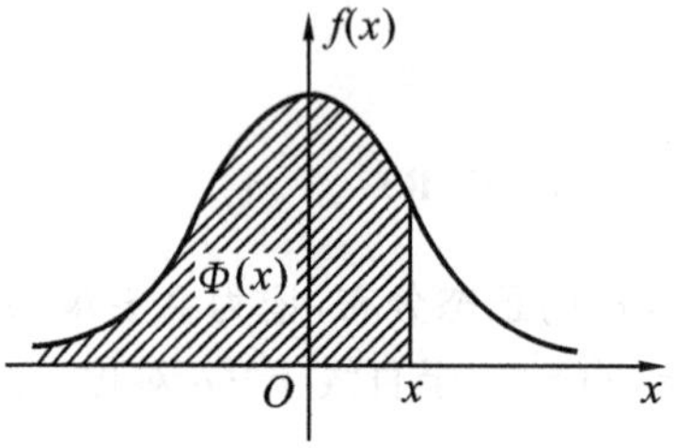

图 5-5

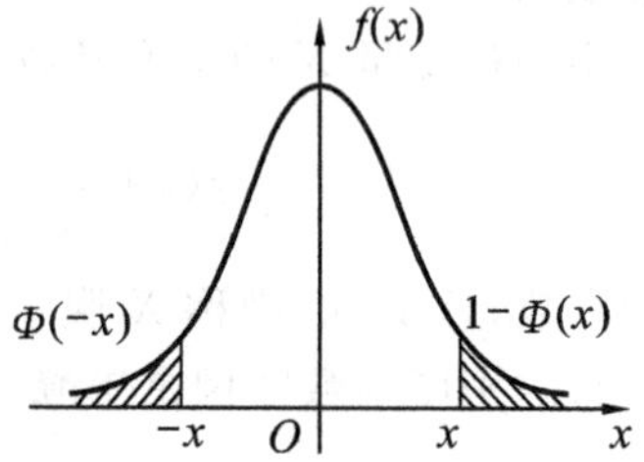

图 5-6

由于 $P(X\leqslant -x)=\Phi(-x)$，由被积函数 $\varphi(x)=\frac{1}{\sqrt{2\pi}}e^{-\frac{x^2}{2}}$ 的对称性易知，$\Phi(-x)=1-\Phi(x)$（见图 5-6）. 因

$$P(x_1<X\leqslant x_2)=\int_{x_1}^{x_2}\frac{1}{\sqrt{2\pi}}e^{-\frac{u^2}{2}}du,$$

由定积分的几何意义可知，只要求出两个面积之差，即

$$\begin{aligned}P(x_1<X\leqslant x_2)&=\int_{-\infty}^{x_2}\frac{1}{\sqrt{2\pi}}e^{-\frac{u^2}{2}}du-\int_{-\infty}^{x_1}\frac{1}{\sqrt{2\pi}}e^{-\frac{u^2}{2}}du\\&=\Phi(x_2)-\Phi(x_1),\end{aligned}$$

分别查出 $\Phi(x_1)$与 $\Phi(x_2)$，就可得到 X 在区间(x_1,x_2)上取值的概率.

例 3 设 $X\sim N(0,1)$，求：(1)$P(X<2.35)$；(2)$P(X<-1.25)$；(3)$P(|x|<1.55)$.

解 (1)$P(X<2.35)=\Phi(2.35)\xlongequal{\text{查表}}0.9906$；

(2)$P(X<-1.25)=\Phi(-1.25)=1-\Phi(1.25)\xlongequal{\text{查表}}1-0.8944=0.1056$；

(3)$P(|x|<1.55)=P(-1.55<X<1.55)=\Phi(1.55)-\Phi(-1.55)$

$$=2\Phi(1.55)-1\xlongequal{\text{查表}}2\times 0.9394-1=0.8788.$$

若 $X\sim N(\mu,\sigma^2)$，只要令 $t=\frac{x-\mu}{\sigma}$，就可将其转化为标准正态分布，即

$$Y=\frac{X-\mu}{\sigma}\sim N(0,1),$$

从而

$$P(x_1<X\leqslant x_2)=P\left(\frac{x_1-\mu}{\sigma}<\frac{X-\mu}{\sigma}\leqslant\frac{x_2-\mu}{\sigma}\right)$$
$$=\Phi\left(\frac{x_2-\mu}{\sigma}\right)-\Phi\left(\frac{x_1-\mu}{\sigma}\right).$$

例 4　设 $X\sim N(1,2^2)$，求 $P(0<X\leqslant 5)$.

解　此题中，$\mu=1,\sigma=2,x_1=0,x_2=5$，故

$$\begin{aligned}P(0<X\leqslant 5)&=\Phi\left(\frac{5-1}{2}\right)-\Phi\left(\frac{0-1}{2}\right)\\&=\Phi(2)-\Phi(-0.5)\\&=\Phi(2)-[1-\Phi(0.5)]\xlongequal{\text{查表}}0.9772+0.6915-1\\&=0.6687.\end{aligned}$$

例 5　若 $X\sim N(\mu,\sigma^2)$，求：

(1) $P(\mu-\sigma<X<\mu+\sigma)$；

(2) $P(\mu-2\sigma<X<\mu+2\sigma)$；

(3) $P(\mu-3\sigma<X<\mu+3\sigma)$.

解　

$$\begin{aligned}(1)\ P(\mu-\sigma<X<\mu+\sigma)&=\Phi\left(\frac{\mu+\sigma-\mu}{\sigma}\right)-\Phi\left(\frac{\mu-\sigma-\mu}{\sigma}\right)\\&=\Phi(1)-\Phi(-1)\\&=2\Phi(1)-1\\&\xlongequal{\text{查表}}2\times 0.8413-1=0.6826.\end{aligned}$$

同理有

$$(2)\ P(\mu-2\sigma<X<\mu+2\sigma)=2\Phi(2)-1\xlongequal{\text{查表}}2\times 0.9772-1=0.9544.$$

$$(3)\ P(\mu-3\sigma<X<\mu+3\sigma)=2\Phi(3)-1\xlongequal{\text{查表}}2\times 0.9987-1=0.9974.$$

结果说明：服从正态分布 $N(\mu,\sigma^2)$ 的随机变量 X 落在 $(\mu-3\sigma,\mu+3\sigma)$ 的概率为 99.74%，几乎是必然事件；而落在 $(\mu-3\sigma,\mu+3\sigma)$ 之外的概率很小，几乎是不可能事件. 服从正态分布的随机变量 X 的这个重要性质，称为“3σ”**原则**（见图 5-7）.

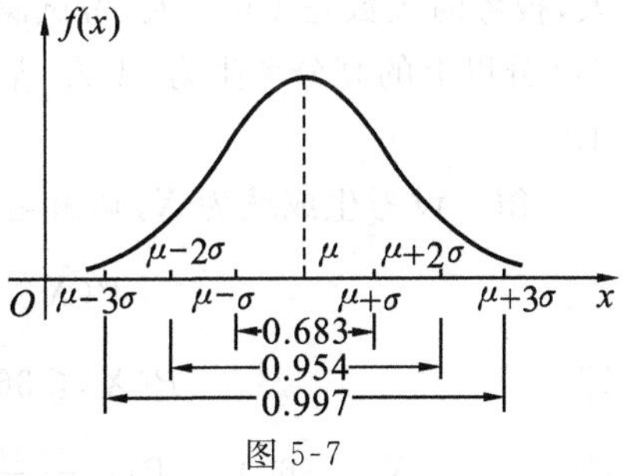

图 5-7

下面介绍几个正态分布在一些领域中应用的例子.

例 6　乘汽车从某市的一所大学到火车站，有两

条路线可走：第一条路线路程较短，但交通拥挤，所需时间（单位：min）服从正态分布 $N(50,10^2)$；第二条路线路程较长，但阻塞较少，所需时间服从正态分布 $N(60,4^2)$。问：如有 65 min 可利用，应走哪一条路线？

解 设 X 为行车时间. 若走第一条路线，则 $X\sim N(50,10^2)$，于是

$$P(X\leqslant 65)=\Phi\left(\frac{65-50}{10}\right)=\Phi(1.5)=0.9332.$$

若走第二条路线，则 $X\sim N(60,4^2)$，于是

$$P(X\leqslant 65)=\Phi\left(\frac{65-60}{4}\right)=\Phi(1.25)=0.8944.$$

显然，应走概率大的第一条路线.

例 7 某地抽样调查，考生的英语成绩（按百分制计算）近似服从正态分布，$\mu=72$，96 分及以上的考生占总数的 2.3%，求考生的英语成绩在 60 分到 84 分之间的概率.

解 设 X 为考生的英语成绩，由题意知

$$X\sim N(72,\sigma^2).$$

现确定 σ，由题设知

$$P(X\geqslant 96)=0.023,\quad \text{即}\quad P(X<96)=1-0.023=0.977,$$

故
$$P\left(\frac{X-72}{\sigma}<\frac{96-72}{\sigma}\right)=0.977,$$

即
$$\Phi\left(\frac{24}{\sigma}\right)=0.977.$$

查表可知 $\frac{24}{\sigma}\approx 2$，所以 $\sigma\approx 12$. 因此 $X\sim N(72,12^2)$，

$$\begin{aligned}P(60\leqslant X\leqslant 84)&=P\left(\frac{60-72}{12}\leqslant\frac{X-72}{12}\leqslant\frac{84-72}{12}\right)\\&=\Phi(1)-\Phi(-1)=2\Phi(1)-1\\&=0.6826.\end{aligned}$$

***例 8** 某企业准备通过招聘考试招收 300 名职工，其中正式工 280 人，临时工 20 人，报考的人数是 1 657 人，考试满分为 400 分. 考试后得知，考试的平均成绩 $\mu=166$ 分，360 分以上的高分考生为 31 人. 某考生甲得 256 分，问他能否被录取？能否被聘为正式工？

解 设考生成绩为 X，则由题意可设 $X\sim N(166,\sigma^2)$，又由题意，得

$$P(X>360)=\frac{31}{1657}\approx 0.0187,$$

即
$$P(X\leqslant 360)=1-0.0187=0.9813,$$

故
$$P(X\leqslant 360)=P\left(\frac{X-166}{\sigma}\leqslant\frac{360-166}{\sigma}\right)=\Phi\left(\frac{360-166}{\sigma}\right)=0.9813.$$

查表可知

$$\frac{360-166}{\sigma}\approx 2.08,$$

所以
$$\sigma\approx 93,$$
故
$$X\sim N(166,93^2).$$

假设最低分数线为 x_1. 因为最低分数线的确定应使录用的考生的概率为$\frac{300}{1\ 657}$,即

$$P(X>x_1)=\frac{300}{1\ 657}.$$

因此

$$P(X\leqslant x_1)=P\left(\frac{X-166}{93}\leqslant\frac{x_1-166}{93}\right)=\Phi\left(\frac{x_1-166}{93}\right)$$
$$=1-\frac{300}{1\ 657}\approx 0.819.$$

查表得$\frac{x_1-166}{93}\approx 0.91$,由此得 $x_1\approx 251$. 而

$$P(X>256)=1-P(X\leqslant 256)=1-P\left(\frac{X-166}{93}\leqslant\frac{256-166}{93}\right)$$
$$=1-\Phi\left(\frac{256-166}{93}\right)\approx 0.166\ 0,$$

即成绩高于 256 分的考生大约占总考生人数的 16.60%,所以名次排在考生甲之前的考生人数约为

$$1\ 657\times 16.60\%\approx 275.$$

因此考生甲可以被录取,但被录取为临时工人的可能性很大.

习　题 5.3

1. 随机变量 X 的概率密度 $f(x)=\begin{cases}Ae^{-kx}, & x\geqslant 0,\\ 0, & 其他,\end{cases}$其中 $k>0$,且为常数.

(1)求未知常数 A;

(2)计算概率 $P\{0\leqslant X\leqslant\frac{1}{k}\}$.

2. 设随机变量 X 的概率密度为 $f(x)=\begin{cases}\frac{1}{x}, & 1\leqslant x<e,\\ 0, & 其他.\end{cases}$

(1)求 $P(1<X<2)$,$P(0<X\leqslant 3)$;

(2)求 X 的分布函数.

3. 设 K 在(0,6)上服从均匀分布，求方程 $4x^2+4Kx+K+2=0$ 有实根的概率.

4. 已知 $X\sim N(0,1)$，求：

(1)$P(0.5<X<1.5)$；

(2)$P(X<-1.24)$；

(3)$P(X<1)$.

5. 已知 $X\sim N(1.4,(0.05)^2)$，求 $P(1.35<X<1.45)$.

6. 某手表厂的手表月误差 $X\sim N(5,400)$(单位:s)，月误差在 -5 s 到 10 s 之间的为一级品. 现从生产线上任取一手表，求该手表为一级品的概率.

*7. 公共汽车车门高度是按男子与车门碰头的机会在 0.01 以下设计的，设男子身高(单位:cm)$X\sim N(170,36)$，问应如何选择车门的高度？

综合练习五

1. 填空题.

(1)设在一次试验中，事件 A 发生的概率为 $p(0<p<1)$，现进行 n 次独立重复试验，则 A 至多发生一次的概率为________，A 至少发生一次的概率为________.

(2)设随机变量 $X\sim P(\lambda)$，且 $P(X=1)=P(X=2)$，则 $P(X=6)=$________.

(3)设随机变量 $X\sim N(10,0.02^2)$，则 $P(9.95<X<10.05)=$________$(\Phi(2.5)=0.9938)$.

2. 选择题.

(1)设随机变量 X 的分布列为 $P(X=k)=\dfrac{k}{15}(k=1,2,3,4,5)$，则 $P\left(\dfrac{1}{2}<X<\dfrac{5}{2}\right)$的值是(　　).

A. 3/5　　B. 1/5　　C. 2/5　　D. 4/5

(2)任何一个连续型随机变量的概率密度 $f(x)$ 一定满足(　　).

A. $0\leqslant f(x)\leqslant 1$　　B. 在定义域内单调不减

C. $\int_{-\infty}^{+\infty} f(x)\mathrm{d}x=1$　　D. $\lim\limits_{x\to+\infty} f(x)=1$

(3)某公共汽车站从上午 6 时起，每 15 分钟有一班车通过，若某乘客到达此站的时间是8:00到 9:00 之间服从均匀分布的随机变量，则他候车时间少于 5 分钟的概率是(　　).

A. 1/3　　B. 2/3　　C. 1/4　　D. 1/2

(4)设随机变量 $X\sim N(3,2^2)$，若 $P(X>c)=P(X<c)$，则 $c=$(　　).

A. 0　　B. 1　　C. 2　　D. 3

(5)设随机变量 $X\sim N(0,\sigma^2)$，则对于任何实数 λ 都有(　　).

A. $P(X<\lambda)=1-P(X<-\lambda)$　　B. $P(X<\lambda)=P(X>\lambda)$

C. $|\lambda|X\sim N(0,|\lambda|\sigma^2)$　　D. $X+\lambda\sim N(\lambda,\sigma^2+\lambda^2)$

3. 计算题.

(1)箱中有 8 个编号分别为 1,2,…,8 的同样的球，从中任取 3 球，以 X 表示取出的 3 球中的最小号码，求 X 的分布律(列).

(2)进行某项试验，设试验成功的概率为 $p(0<p<1)$，求试验获得首次成功所需要的试验次数 X 的概率分布.

(3)传送 15 个信号，每个信号在传送过程中失真的概率为 0.06，且每个信号是否失真相互独立，试求：

①恰有一个信号失真的概率；

②至少有两个信号失真的概率.

(4)一电话交换台每分钟接到的呼叫次数 $X\sim P(4)$，求：

①每分钟恰有 8 次呼叫的概率；

②每分钟的呼叫次数多于 10 次的概率.

(5)随机变量 X 的概率密度为 $f(x)=A\mathrm{e}^{-|x|}(-\infty<x<+\infty)$，试求：

①系数 A；

②分布函数 $F(x)$并作图.

第 6 章　随机变量的数字特征

随机变量的分布，对随机变量取值的概率规律进行了完整的描述．但一般要确定一个随机变量的概率分布并不容易，况且在许多实际问题中，我们并不需要全面地考察随机变量的统计特性，而只要粗略地知道随机变量的一些重要的综合指标就够了．例如，在测量某零件长度时，由于种种偶然因素的影响，测量结果是一随机变量，我们主要关心的是零件的平均长度及其测量结果的精确程度（工程上称精度），后者即测量值对平均长度的集中（或偏离）程度．又如，衡量一批灯管的质量，主要是考察灯管的平均寿命及灯管寿命相对平均寿命的偏差．平均寿命愈长，灯管的质量愈好；灯管寿命相对平均寿命的偏差愈小，灯管的质量就愈稳定．上述例中的两种综合指标，实际上反映了随机变量取值的平均值（数学期望）与相对平均值的离散程度（方差）．像这种能刻画随机变量取值特点的量，统称为随机变量的数字特征，它们主要有数学期望、方差等．本章将介绍随机变量的常用数字特征：数学期望、方差和矩．

6.1　数学期望

先看两种与概率有关的游戏，每个游戏玩一次需先付 1 元钱．第一个游戏是抛一枚硬币，出现正面，你将赢 2 元，如果出现反面，你将一无所得；第二个游戏是掷一颗骰子，如果出现 4 点，你将赢 3 元，否则，便一无所得．

这两个游戏供你选择，你选择哪一个？在你做出决定之前应考虑：玩其中一个游戏次数较多时，你平均每次是赢，是输，还是不赢不输．这两个游戏的量化描述如表 6-1 和表 6-2 所示．

表 6-1

抛硬币结果	出现正面	出现反面
相应概率	$\frac{1}{2}$	$\frac{1}{2}$
所获奖金	2	0

表 6-2

掷骰子点数	1	2	3	4	5	6
相应概率	$\frac{1}{6}$	$\frac{1}{6}$	$\frac{1}{6}$	$\frac{1}{6}$	$\frac{1}{6}$	$\frac{1}{6}$
所获奖金	0	0	0	3	0	0

它们都可被认为是以赢得金钱为随机变量的分布列. 因此可作如下设想.

玩第一个游戏 600 次，大约应有 300 次赢 2 元，有 300 次一无所获，于是平均每次赢得

$$\left[\frac{1}{600}\times(300\times2+300\times0)\right]元=\left(\frac{1}{2}\times2+\frac{1}{2}\times0\right)元=1\ 元,$$

因此，玩这种游戏的次数很多时不会有多大的输赢.

玩第二个游戏 600 次，大约有 100 次赢 3 元，有 500 次一无所得，于是平均每次赢得

$$\left[\frac{1}{600}(100\times3+500\times0)\right]元=\left(\frac{1}{6}\times3+\frac{5}{6}\times0\right)元=0.50\ 元,$$

因此，这种游戏最终会使你输钱，玩的次数越多，输得就越多.

再看一个例子. 设一盒产品共 10 件，其中含有等外品、二级品、一级品的件数与售价如表 6-3 所示.

表 6-3

等　级	等　外　品	二　级　品	一　级　品
售价 x_k/元	5	8	10
件数 n_k	1	3	6
频率 f_k	$\frac{1}{10}$	$\frac{3}{10}$	$\frac{6}{10}$

该盒产品平均每件售价

$$\begin{aligned}\overline{X}&=\frac{1}{10}(5\times1+8\times3+10\times6)\ 元\\&=\left(5\times\frac{1}{10}+8\times\frac{3}{10}+10\times\frac{6}{10}\right)\ 元=8.9\ 元.\end{aligned}$$

不难看出，售价的平均值 $\overline{X}$ 等于售价 X 的各可能值 x_k 与其频率 f_k 乘积之和. 但对于一批同类产品而言，各盒产品各个等级的频率具有波动性，因此要定出该批产品每件的平均售价，应该用频率 f_k 的稳定值即概率 p_k 代替频率 f_k 对各可能值求加权平均. 推而广之，便得数学期望的概念.

定义 1　设离散型随机变量 X 的分布列为 $P(X=x_i)=p_i(i=1,2,\cdots)$，若 $\sum\limits_{i=1}^{\infty}|x_i|p_i<+\infty$，则称 $\sum\limits_{i=1}^{\infty}x_ip_i$ 为随机变量 X 的**数学期望**，记为 $E(X)$，简称**期望**或**均值**，即

$$E(X)=\sum_{i=1}^{\infty}x_ip_i.$$

说明　若 X 的所有可能取值是有限的（n 个），则 $E(X)=\sum\limits_{i=1}^{n}x_ip_i$.

类似地有如下定义.

定义 2　设连续型随机变量 X 的密度函数为 $f(x)$，若积分 $\int_{-\infty}^{+\infty}|x|f(x)\mathrm{d}x$ 收敛，则称 $\int_{-\infty}^{+\infty}xf(x)\mathrm{d}x$ 为 X 的**数学期望**，记为 $E(X)$，简称**期望**或**均值**，即

$$E(X)=\int_{-\infty}^{+\infty}xf(x)\mathrm{d}x.$$

例 1　甲、乙两人进行打靶比赛，所得分数分别记为 X_1,X_2，它们的分布列分别为

X_1	0	1	2
p_k	0	0.2	0.8

X_2	0	1	2
p_k	0.6	0.3	0.1

试评定他们成绩的好坏.

解　计算 X_1 的数学期望，得

$$E(X_1)=0\times 0+1\times 0.2+2\times 0.8=1.8,$$

这意味着，如果甲进行很多次的射击，那么，他所得分数的算术平均数接近于 1.8. 而乙所得分数 X_2 的数学期望为

$$E(X_2)=0\times 0.6+1\times 0.3+2\times 0.1=0.5,$$

很明显，乙的成绩远不如甲的成绩好.

例 2　设一部机器在一天内发生故障的概率为 0.2，机器发生故障时全天停止工作. 若一周 5 个工作日里无故障，可获利润 10 万元；发生一次故障可获利润 5 万元；发生两次故障所获利润 0 万元；发生三次或三次以上故障就要亏损 2 万元. 求一周内的期望利润.

解　用 X 表示一周 5 个工作日内机器发生故障的天数，则 $X\sim B(5,0.2)$，于是 X 有概率分布

$$P(X=k)=\mathrm{C}_5^k 0.2^k 0.8^{5-k}\quad (k=0,1,2,3,4,5).$$

用 Y 表示一周内所获利润，则

$$Y=g(X)=\begin{cases}10, & X=0,\\ 5, & X=1,\\ 0, & X=2,\\ -2, & X\geqslant 3.\end{cases}$$

Y 的概率分布为

$$P(Y=10)=P(X=0)=0.8^5=0.328,$$
$$P(Y=5)=P(X=1)=\mathrm{C}_5^1\cdot 0.2\cdot 0.8^4=0.410,$$
$$P(Y=0)=P(X=2)=\mathrm{C}_5^2\cdot 0.2^2\cdot 0.8^3=0.205,$$
$$\begin{aligned}P(Y=-2)=P(X\geqslant 3)&=1-P(X=0)-P(X=1)-P(X=2)\\&=0.057.\end{aligned}$$

故一周内的期望利润为

$$E(Y)=(10\times 0.328+5\times 0.410+0\times 0.205-2\times 0.057)\text{ 万元}$$
$$=5.216\text{ 万元}.$$

例 3　设随机变量 X 的密度函数为

$$f(x)=\frac{1}{\pi(1+x^2)}\quad(-\infty<x<+\infty),$$

求 $E(X)$.

解　由于

$$\int_{-\infty}^{+\infty}|x|f(x)\mathrm{d}x=\int_{-\infty}^{+\infty}|x|\frac{1}{\pi(1+x^2)}\mathrm{d}x$$
$$=\frac{2}{\pi}\int_0^{+\infty}\frac{x}{1+x^2}\mathrm{d}x=\frac{1}{\pi}\int_0^{+\infty}\frac{\mathrm{d}(1+x^2)}{1+x^2}$$
$$=\frac{1}{\pi}\ln(1+x^2)\Big|_0^{+\infty}=\lim_{x\to+\infty}\frac{1}{\pi}\ln(1+x^2),$$

可见积分发散,故 $E(X)$ 不存在.

在市场经济不断发展的今天,风险处处存在,我们可以从期望值来观察风险、分析风险,以便做出正确的决策.

例 4　某投资者有 10 万元,有两种投资方案:一是购买股票,二是存入银行获取利息.买股票的收益取决于经济形势,假设经济形势可分为好、中、差三种状态,且三种状态出现的概率分别为 30%、50%、20%.又设形势好时可获利 4 万元,形势中等时可获利 1 万元,形势不好时要损失 2 万元.如果存入银行,假设年利率为 8%,即可得利息 8 千元.若按最大收益原则,试问应选择哪一种方案?

解　设 a_1 为购买股票,a_2 为存入银行,$\theta_i(i=1,2,3)$ 分别表示经济形势好、中、差三种状态,则可得表 6-4.

表 6-4

状态 / 概率 / 方案	θ_1	θ_2	θ_3
	$P(\theta_1)=0.3$	$P(\theta_2)=0.5$	$P(\theta_3)=0.2$
a_1	40 000	10 000	−20 000
a_2	8 000	8 000	8 000

a_1,a_2 的期望收益分别是

$$E(a_1)=40\,000\text{ 元}\times 0.3+10\,000\text{ 元}\times 0.5+(-20\,000)\text{ 元}\times 0.2=13\,000\text{ 元},$$
$$E(a_2)=8\,000\text{ 元},$$

即 a_1 方案的期望收益比 a_2 大.按最大收益原则,取期望收益高的方案,淘汰期望收益低的方案,所以应采用购买股票的方案.

定理 1　设 Y 是随机变量 X 的函数:$Y=g(X)$(g 是连续函数).

(1)X是离散型随机变量，它的分布律为 $p_k=P\{X=x_k\}(k=1,2,\cdots)$. 若 $\sum_{k=1}^{\infty} g(x_k)p_k$ 绝对收敛，则有

$$E(Y)=E[g(X)]=\sum_{k=1}^{\infty} g(x_k)p_k.$$

(2)X是连续型随机变量，它的概率密度为 $f(x)$. 若 $\int_{-\infty}^{\infty} g(x)\cdot f(x)\mathrm{d}x$ 绝对收敛，则有

$$E(Y)=E[g(X)]=\int_{-\infty}^{\infty} g(x)f(x)\mathrm{d}x.$$

该定理的重要意义在于当求 $E(Y)$时，不必知道 Y 的分布而只需知道 X 的分布就可以了.

例 5 设风速 v 在$(0,a)$上服从均匀分布，即具有概率密度

$$f(v)=\begin{cases}\frac{1}{a}, 0<v<a,\\ 0, \text{其他}.\end{cases}$$

又设飞机机翼受到的正压力 W 是 v 的函数：$W=kv^2$($k>0$，且为常数). 求 W 的数学期望.

解
$$E(W)=\int_{-\infty}^{\infty} kv^2 f(v)\mathrm{d}v=\int_0^a kv^2\frac{1}{a}\mathrm{d}v=\frac{1}{3}ka^2.$$

利用数学期望的定义可以证明下述性质对一切随机变量都成立.

性质 1 常数 C 的数学期望等于它自己，即 $E(C)=C$.

性质 2 常数 C 与随机变量 X 乘积的数学期望，等于常数 C 与这个随机变量的数学期望的积，即 $E(CX)=CE(X)$.

性质 3 随机变量和的数学期望，等于随机变量数学期望的和，即

$$E(X+Y)=E(X)+E(Y).$$

推论 1 $E(aX+b)=aE(X)+b$(a,b 为常数).

推论 2 有限个随机变量和的数学期望，等于它们各自数学期望的和，即

$$E\left(\sum_{i=1}^{n} X_i\right)=\sum_{i=1}^{n} E(X_i).$$

性质 4 若随机变量 X 与 Y 相互独立，则 X 与 Y 乘积的数学期望，等于 X 与 Y 的数学期望的乘积，即

$$E(XY)=E(X)\cdot E(Y).$$

习 题 6.1

1. 填空题.

(1)若随机变量 X,Y 的数学期望分别为 $E(X)=3,E(Y)=4$，那么函数 $Z=4X+3Y$

-23 的数学期望 $E(Z)=E(4X+3Y-23)=$ ________；若 X 和 Y 相互独立，那么函数 $W=XY+13$ 的数学期望 $E(W)=E(XY+13)=$ ________.

(2)若随机变量 X 的数学期望 $E(X)$ 存在，那么 $E[E(X)]$ 与 $E(X)$ ________.

2. 设随机变量 X 的分布列为

X	-2	0	2
$P(X=x_i)$	0.2	0.3	0.5

求：$E(X)$，$E(X^2)$，$E(3X^2+5)$.

3. 设随机变量 X 的概率密度 $f(x)=\begin{cases}2e^{-2x} & x>0,\\ 0, & x\leqslant 0,\end{cases}$ 求 $E(2X)$ 与 $E(e^{-X})$.

4. 报童卖出一份报可得利 0.01 元，但若卖不出一份要赔 0.005 元. 设该报社批发报纸以 100 份为单位，且根据经验，这位报童每天可卖出的报纸有如下规律：

卖出的报纸数/份	100	200	300	400
出现的概率	0.2	0.4	0.3	0.1

试问他每天应购进多少份报纸为宜？

5. 在人来人往的路旁，有人摆摊玩这样的把戏：首先在众目睽睽之下将分别写有 1，2，3，4，5，6 的六个乒乓球放进一个空盒里，盒子仅有一个拳头大小的开口，然后让过路人从中有放回地摸两次球（摸出第一个记下数字后放入盒中，再摸第二个）. 如果两球数字之和大于 10（11 和 12）就能得到一瓶名牌酒（价值 50 元）；如果数字之和大于 8（9 和 10）就可得到一包香烟（价值 3 元），否则（和小于等于 8）就必须付 20 元购买一瓶洗发水（当然是劣质产品）. 对这种把戏，大多数人不屑一顾，也有一些人在免费的诱惑下去碰碰运气. 你能用一个简单的数字让这些人抵御这种诱惑吗？

6. 设随机变量 X 的概率密度 $f(x)=\begin{cases}a+bx^2, & 0\leqslant x\leqslant 1,\\ 0, & \text{其他},\end{cases}$ $E(X)=\dfrac{3}{5}$，试求常数 a 与 b 的值.

7. 水果商卖水果时，天若不下雨，每天可赚 100 元；天若下雨，每天将损失 10 元. 已知一年 365 天中，贩卖地下雨日约 130 天. 问水果商在该地卖水果，每天可期望赚到多少元？

6.2　方　　差

实际上，除了要了解某种指标（随机变量）的平均值外，还需要弄清楚该指标的各取值与平均值的偏差情况. 例如，测量某物体的长度时，除了要了解诸测量值的平均值外，还需了解测量的精度，即诸测量值与平均值的偏差. 若偏差较小，则表示测量精度较高. 又如，有两批灯泡，已知其平均寿命都是 $E(X)=1\ 000$ h，但第一批中绝大部分灯泡的寿命都是 950～1 050 h，第二批中约有一半寿命较长，约 1 300 h，另一半寿命较短，约 700 h. 要评定灯泡质量的好坏，还需进一步考察灯泡寿命 X 与平均值 $E(X)$ 的偏离程度. 显然，第一批灯泡的偏离程度较小，质量比较稳定. 所以，恰当地在数学上定出能反映随机变量与其均值或期望值的偏离程度的度量标准是十分必要的.

为了不使正、负偏差互相抵消，易看到量

$$E[|X-E(X)|]$$

能度量随机变量 X 与其均值 $E(X)$ 的偏离程度. 但由于上式含绝对值，在运算上不方便，故通常用量

$$E[X-E(X)]^2$$

取而代之.

定义 设 X 是随机变量，若 $E[X-E(X)]^2$ 存在，则称它为随机变量 X 的**方差**，记为 $D(X)$，即

$$D(X)=E[X-E(X)]^2.$$

与随机变量 X 具有相同量纲的量 $\sqrt{D(X)}$ 称为**标准差或均方差**.

由方差的定义知，方差是一非负实数，且当 X 的可能值集中在它的期望值附近时，方差就较小；反之，方差就较大. 所以方差的大小刻画了随机变量 X 取值的离散（或集中）程度.

除定义外，关于随机变量 X 的方差的计算有以下重要公式：

$$D(X)=E(X^2)-[E(X)]^2.$$

随机变量的方差具有下列**性质**：

(1) 常数 C 的方差等于 0，即 $D(C)=0$；

(2) 常数 C 与随机变量 X 乘积的方差，等于常数 C 的平方与这个随机变量的方差的积，即 $D(CX)=C^2D(X)$；

(3) 随机变量 X 与常数 C 的和的方差，等于随机变量 X 的方差，即 $D(X+C)=D(X)$；

综合性质(2)与性质(3)，有 $D(aX+b)=a^2D(X)$（a,b 为常数）；

(4) 若随机变量 X 与 Y 相互独立，则 X 与 Y 的和的方差，等于 X 与 Y 的方差的和，即 $D(X+Y)=D(X)+D(Y)$. 该性质可推广到有限个随机变量的和的情形，即若 X_1，X_2，…，X_n（$n\geqslant 2$）相互独立，则

$$D(X_1+X_2+\cdots+X_n)=D(X_1)+D(X_2)+\cdots+D(X_n).$$

例 1 设随机变量 X 服从(0-1)分布，其分布列为

$$P(X=0)=1-p,\quad P(X=1)=p.$$

求 $D(X)$.

解 $E(X)=0\cdot(1-p)+1\cdot p=p$,

$E(X^2)=0^2\cdot(1-p)+1^2\cdot p=p.$

$D(X)=E(X^2)-[E(X)]^2=p-p^2=p(1-p).$

例 2 设随机变量 X 具有概率密度

$$f(x)=\begin{cases}1+x, & -1\leqslant x<0,\\ 1-x, & 0\leqslant x<1,\\ 0, & 其他.\end{cases}$$

求 $D(X)$.

解
$$E(X)=\int_{-1}^{0}x(1+x)\mathrm{d}x+\int_{0}^{1}x(1-x)\mathrm{d}x=0,$$

$$E(X^2)=\int_{-1}^{0}x^2(1+x)\mathrm{d}x+\int_{0}^{1}x^2(1-x)\mathrm{d}x=\frac{1}{6},$$

于是

$$D(X)=E(X^2)-[E(X)]^2=\frac{1}{6}.$$

例 3 设 $X_1,X_2,\cdots,X_n$ 相互独立,且服从同一(0-1)分布,分布列为

$$P(X_i=0)=1-p,\quad P(X_i=1)=p\quad(i=1,2,\cdots,n),$$

证明 $X=X_1+X_2+\cdots+X_n$ 服从参数为 n,p 的二项分布,并求 $E(X)$和 $D(X)$.

解 易见 X 所有可能取的值为 $0,1,\cdots,n$. 由独立性知 X 以特定的方式(例如前 k 个取 1,后 $n-k$ 个取 0)取 $k(0\leqslant k\leqslant n)$的概率为

$$p^k(1-p)^{n-k},$$

而 X 取 k 的两两互不相容的方式共有 C_n^k 种,故知

$$P(X=k)=\mathrm{C}_n^k p^k(1-p)^{n-k}\quad(k=0,1,2,\cdots,n)$$

即 X 服从参数为 n,p 的二项分布. 现在来求 $E(X)$和 $D(X)$.

由例 1 知,$E(X_i)=p,D(X_i)=p(1-p)(i=1,2,\cdots,n)$. 故知

$$E(X)=E(\sum_{i=1}^{n}X_i)=\sum_{i=1}^{n}E(X_i)=np.$$

由 $X_1,X_2,\cdots,X_n$ 相互独立,得

$$D(X)=D(\sum_{i=1}^{n}X_i)=\sum_{i=1}^{n}D(X_i)=np(1-p).$$

因此
$$E(X)=np,\quad D(X)=np(1-p).$$

例 4 某媒体用两个村的人均年收入来说明近年来农民的收入状况:甲村有 20%的农户人均年收入在 3 000 元以上,75%的农户人均年收入在 1 000～3 000 元;乙村人均年收入超过 3 000 元的农户达 30%,人均年收入在 1 000～3 000 元的农户占 40%. 如何用

数字特征来反映这两个村人均年收入的分布状况？

解 设描述人均年收入的随机变量为 X，依题意，有

$$X=\begin{cases}5\,000, & \text{人均年收入在 } 3\,000 \text{ 元以上，}\\ 2\,000, & \text{人均年收入在 } 1\,000\sim 3\,000 \text{ 元，}\\ 800, & \text{人均年收入在 } 1\,000 \text{ 元以下.}\end{cases}$$

X_1 表示甲村的人均年收入，X_2 表示乙村的人均年收入，其分布列分别为

X_1	800	2 000	5 000	X_2	800	2 000	5 000
P	0.05	0.75	0.20	P	0.30	0.40	0.30

因此，$E(X_1)=800$ 元 $\times 0.05+2\,000$ 元 $\times 0.75+5\,000$ 元 $\times 0.2=2\,540$ 元，

$E(X_2)=800$ 元 $\times 0.3+2\,000$ 元 $\times 0.4+5\,000$ 元 $\times 0.3=2\,540$ 元，

即两个村的人均年收入的期望是一致的. 但

$$\begin{aligned}D(X_1)&=(800-2\,540)^2\times 0.05+(2\,000-2\,540)^2\times 0.75+(5\,000-2\,540)^2\times 0.2\\&=1\,580\,400,\end{aligned}$$

$$\begin{aligned}D(X_2)&=(800-2\,540)^2\times 0.3+(2\,000-2\,540)^2\times 0.4+(5\,000-2\,540)^2\times 0.3\\&=2\,840\,400.\end{aligned}$$

标准差 $\sqrt{D(X_1)}\approx 1\,257$ 元，$\sqrt{D(X_2)}\approx 1\,685$ 元，这两个数值表明甲村“共同致富”的程度更高一些，而乙村则有点“贫富不均”.

例 5 设 $X_1,X_2,\cdots,X_n$ 是相互独立且分布相同的随机变量，$E(X_i)=\mu$，$D(X_i)=\sigma^2$，记 $\overline{X}=\dfrac{1}{n}\sum\limits_{i=1}^{n}X_i$，求 $E(\overline{X})$，$D(\overline{X})$.

解 因为 $X_1,X_2,\cdots,X_n$ 相互独立，所以

$$E(\overline{X})=E\left(\frac{1}{n}\sum_{i=1}^{n}X_i\right)=\frac{1}{n}\sum_{i=1}^{n}E(X_i)=\mu;$$

$$D(\overline{X})=D\left(\frac{1}{n}\sum_{i=1}^{n}X_i\right)=\frac{1}{n^2}\sum_{i=1}^{n}D(X_i)=\frac{\sigma^2}{n}.$$

习　题 6.2

1. 设随机变量 X 的分布列为 $P\{X=k\}=\dfrac{1}{10}(k=2,4,6,\cdots,18,20)$，求 $E(X)$ 和 $D(X)$.

2. 设随机变量 X 在 (a,b) 上服从均匀分布，求 $E(X)$ 和 $D(X)$.

3. 一袋中装有 5 只球，编号为 1，2，3，4，5，在袋中同时取 3 只球，用 X 表示取出的 3

只球中的最大号码,求 $E(X)$ 和 $D(X)$.

4. 随机变量 X 服从参数为 $\lambda\ (\lambda>0)$ 的指数分布,其概率密度 $f(x)=\begin{cases}\lambda e^{-\lambda x}, & x>0,\\ 0, & x\leqslant 0,\end{cases}$ 试求 $E(3-2X)$ 与 $D(2-3X)$.

5. 随机变量 X 的分布函数 $F(x)=\begin{cases}1-(1+x)e^{-x}, & x>0,\\ 0, & x\leqslant 0,\end{cases}$ 求 $E(X)$ 与 $D(X)$.

6. 某厂所产设备的寿命 X 服从参数为 1/4 的指数分布(单位:年). 销售合同规定:若设备在售出一年之内出故障,则必须包换. 假设工厂每售出一台设备可盈利 200 元,调换一台设备会开支 300 元,试求工厂每售一台设备的平均净盈利值.

6.3 几种重要随机变量的数学期望及方差 矩

6.3.1 几种重要随机变量的数学期望及方差

1. 二项分布

设 X 服从参数为 n,p 的二项分布,其分布列为

$$P(X=k)=C_n^k p^k(1-p)^{n-k}\quad (k=0,1,2,\cdots,n;0<p<1).$$

在上节例 3 中已得到

$$E(X)=np,\quad D(X)=np(1-p).$$

2. 泊松分布

设 X 服从参数为 λ 的泊松分布,其分布列为

$$P(X=k)=\frac{\lambda^k e^{-\lambda}}{k!}\quad (k=0,1,2,\cdots;\lambda>0).$$

X 的数学期望为

$$E(X)=\sum_{k=0}^{\infty}k\frac{\lambda^k e^{-\lambda}}{k!}=\lambda e^{-\lambda}\sum_{k=1}^{\infty}\frac{\lambda^{k-1}}{(k-1)!}=\lambda e^{-\lambda}\cdot e^{\lambda}=\lambda.$$

又可算得

$$\begin{aligned}E(X^2)&=E[X(X-1)+X]=E[X(X-1)]+E(X)\\&=\sum_{k=0}^{\infty}k(k-1)\frac{\lambda^k}{k!}e^{-\lambda}+\lambda=\lambda^2e^{-\lambda}\sum_{k=2}^{\infty}\frac{\lambda^{k-2}}{(k-2)!}+\lambda\\&=\lambda^2e^{\lambda}e^{-\lambda}+\lambda=\lambda^2+\lambda,\end{aligned}$$

所以方差为

$$D(X)=E(X^2)-[E(X)]^2=\lambda.$$

由此可知,对于服从泊松分布的随机变量,它的数学期望与方差相等,都等于参数 λ.

因为泊松分布只含一个参数λ，因而只要知道它的数学期望或方差就能完全确定它的分布了.

3. 均匀分布

设X在区间(a,b)上服从均匀分布，其概率密度为

$$f(x)=\begin{cases}\dfrac{1}{b-a}, & a<x<b,\\ 0, & \text{其他}.\end{cases}$$

X的数学期望为

$$E(X)=\int_a^b x\frac{1}{b-a}\mathrm{d}x=\frac{a+b}{2},$$

即数学期望位于区间的中点. 方差为

$$\begin{aligned}D(X)&=E(X^2)-[E(X)]^2\\&=\int_a^b x^2\frac{1}{b-a}\mathrm{d}x-\left(\frac{a+b}{2}\right)^2=\frac{(b-a)^2}{12}.\end{aligned}$$

4. 正态分布

设X服从参数为μ,σ^2的正态分布，其概率密度为

$$f(x)=\frac{1}{\sqrt{2\pi}\sigma}\mathrm{e}^{-\frac{(x-\mu)^2}{2\sigma^2}}\quad(\sigma>0,-\infty<x<\infty).$$

X的数学期望为

$$E(X)=\int_{-\infty}^{\infty}x\frac{1}{\sqrt{2\pi}\sigma}\mathrm{e}^{-\frac{(x-\mu)^2}{2\sigma^2}}\mathrm{d}x,$$

令$\dfrac{x-\mu}{\sigma}=t$，得

$$\begin{aligned}E(X)&=\frac{1}{\sqrt{2\pi}}\int_{-\infty}^{\infty}(\sigma t+\mu)\mathrm{e}^{-\frac{t^2}{2}}\mathrm{d}t=\frac{\mu}{\sqrt{2\pi}}\int_{-\infty}^{\infty}\mathrm{e}^{-\frac{t^2}{2}}\mathrm{d}t\\&=\frac{\mu}{\sqrt{2\pi}}\sqrt{2\pi}=\mu.\end{aligned}$$

而方差为

$$D(X)=\int_{-\infty}^{\infty}(x-\mu)^2f(x)\mathrm{d}x=\frac{1}{\sqrt{2\pi}}\int_{-\infty}^{\infty}(x-\mu)^2\mathrm{e}^{-\frac{(x-\mu)^2}{2\sigma^2}}\mathrm{d}x,$$

令$\dfrac{x-\mu}{\sigma}=t$，得

$$D(X)=\frac{\sigma^2}{\sqrt{2\pi}}\int_{-\infty}^{\infty}t^2\mathrm{e}^{-\frac{t^2}{2}}\mathrm{d}t=\frac{\sigma^2}{\sqrt{2\pi}}\left(-t\mathrm{e}^{-\frac{t^2}{2}}\Big|_{-\infty}^{\infty}+\int_{-\infty}^{\infty}\mathrm{e}^{-\frac{t^2}{2}}\mathrm{d}t\right)$$

$$=0+\frac{\sigma^2}{\sqrt{2\pi}}\sqrt{2\pi}=\sigma^2.$$

这就是说，正态随机变量的概率密度中的两个参数 μ 和 σ 分别就是该随机变量的数学期望和均方差．因而正态随机变量的分布完全可由它的数学期望和方差所确定．

6.3.2 矩

定义 设 X 和 Y 是随机变量，若

$$E(X^k)\quad(k=1,2,\cdots)$$

存在，则称它为 X 的 k **阶原点矩**，简称 k **阶矩**．

若

$$E\{[X-E(X)]^k\}\quad(k=1,2,\cdots)$$

存在，则称它为 X 的 k **阶中心矩**．

若

$$E(X^kY^l)\quad(k,l=1,2,\cdots)$$

存在，则称它为 X 和 Y 的 $k+l$ **阶混合矩**．

若

$$E\{[X-E(X)]^k[Y-E(Y)]^l\}\quad(k,l=1,2,\cdots)$$

存在，则称它为 X 和 Y 的 $k+l$ **阶混合中心矩**．

显然，X 的数学期望 $E(X)$ 是 X 的一阶原点矩，方差 $D(X)$ 是 X 的二阶中心矩．

习 题 6.3

1. 若 $X\sim B\left(9,\frac{1}{3}\right)$，则 $E(X)=$______，$D(X)=$______，X 的标准差$=$______．

2. 若 $X\sim P(8)$，则 $E(X)=$______，$D(X)=$______．

3. 若 $X\sim N(\mu,\sigma^2)$，则 $E(X)=$______，$D(X)=$______．

4. 当随机变量 X 的概率分布为 $P(X=k)=kp+(1-k)(1-p)$，$k=0,1$ 时，$E(X)=$______，$D(X)=$______；当 X 的概率密度 $f(x)=\frac{1}{\sqrt{8\pi}}e^{-(x^2-6x+9)/8}$ 时，$E(X)=$______，$D(X)=$______．

5. 若 $X\sim U(a,b)$，则 $E(X)=$______，$D(X)=$______．

6. 设 $X\sim B(n,p)$，且 $E(X)=3.6$，$D(X)=2.16$，则 $n=$______，$p=$______．

7. 已知随机变量 X 的数学期望为 $E(X)$，方差为 $D(X)$（$D(X)>0$），那么，随机变量 $X^*=\frac{X-E(X)}{\sqrt{D(X)}}\sim$______，$E(X^*)=$______，$D(X^*)=$______．

6.4　大数定律及中心极限定理

概率论中的极限定理讨论的是多个随机变量累积而产生的极限效果，它的两个基本类型是“大数定律”和“中心极限定理”. 它们在概率论与数理统计的理论研究和实际应用中均十分重要. 下面简单介绍一下它们的一些结论.

6.4.1　大数定律

随着试验次数的增加，事件发生的频率逐渐稳定于某个常数，在实践中人们还认识到大量测量值的算术平均值也具有稳定性. 这种稳定性就是大数定律的客观背景.

定理1（车贝雪夫大数定律的特殊情况）　设随机变量 $X_1, X_2, \cdots, X_n, \cdots$ 相互独立，且具有相同的数学期望和方差：$E(X_k)=\mu, D(X_k)=\sigma^2 (k=1,2,\cdots)$. 作前 n 个随机变量的算术平均

$$\overline{X} = \frac{1}{n}\sum_{k=1}^{n} X_k,$$

则对于任意正数 ε，有

$$\lim_{n\to\infty} P(|\overline{X}-\mu|<\varepsilon) = \lim_{n\to\infty} P\left(\left|\frac{1}{n}\sum_{k=1}^{n} X_k - \mu\right| < \varepsilon\right) = 1.$$

定理2（贝努利大数定理）　设 n_A 是 n 次独立重复试验中事件 A 发生的次数，p 是事件 A 在每次试验中发生的概率，则对于任意正数 $\varepsilon>0$，有

$$\lim_{n\to\infty} P\left(\left|\frac{n_A}{n} - p\right| < \varepsilon\right) = 1.$$

6.4.2　中心极限定理

在客观实际中有许多随机变量，它们是由大量的相互独立的随机因素的综合影响所形成的，而其中每一个别因素在总的影响中所起的作用都是微小的，这种随机变量往往近似地服从正态分布，这种现象就是中心极限定理的客观背景.

定理3（独立同分布的中心极限定理）　设随机变量 $X_1, X_2, \cdots, X_n, \cdots$ 相互独立，且服从同一分布，$E(X_i)=\mu, D(X_i)=\sigma^2\neq 0 (i=1,2,\cdots)$，则对任意实数 x，有

$$\lim_{n\to\infty} P\left(\frac{\overline{X}-\mu}{\frac{\sigma}{\sqrt{n}}} \leqslant x\right) = \int_{-\infty}^{x} \frac{1}{\sqrt{2\pi}} e^{-\frac{t^2}{2}} dt,$$

式中，$\overline{X} = \frac{1}{n}\sum_{i=1}^{n} X_i (i=1,2,\cdots)$.

μ 和 $\frac{\sigma^2}{n}$ 分别是 $\overline{X}$ 的数学期望和方差，而上式右边的被积函数正是标准正态分布的密度函数. 这个定理说明：对于任何同分布的相互独立的随机变量，其平均值减去期望除以标准差后，就近似地服从标准正态分布. 这正是正态分布应用广泛的一个重要原因.

将这个定理用于两点分布就得到如下近似计算二项分布概率的公式.

设 $X \sim B(n,p)$，则当 n 充分大时，有

$$P(a < X \leqslant b) \approx \Phi\left(\frac{b-np}{\sqrt{np(1-p)}}\right) - \Phi\left(\frac{a-np}{\sqrt{np(1-p)}}\right).$$

例 1 银行的储蓄客户有 20 000 个，客户任一天取款的概率 $p=0.04$，分别求某天到银行取款的客户数超过 850 个、超过 900 个的概率.

解 设 X 是某天到银行取款的客户数，则 $X \sim B(20\,000, 0.04)$，由中心极限定理，得

$$P(X > 850) \approx 1 - \Phi\left(\frac{850 - 20\,000 \times 0.04}{\sqrt{20\,000 \times 0.04 \times 0.96}}\right) = 0.032\,9.$$

同理，得

$$P(X > 900) \approx 1 - \Phi\left(\frac{900 - 20\,000 \times 0.04}{\sqrt{20\,000 \times 0.04 \times 0.96}}\right) = 0.000\,1.$$

习　题 6.4

1. 某大型商场每天接待顾客 10 000 人，设每位顾客的消费额(元)服从(100,1 000)上的均匀分布，且顾客的消费额是相互独立的. 试求该商场顾客的消费额(元)在平均销售额上下浮动不超过 20 000 元的概率.

2. 掷一枚均匀硬币时，需投掷多少次才能保证正面出现的频率在 0.4 至 0.6 之间的概率不小于 90%？

3. 某工厂生产电阻，在正常情况下，废品率为 0.01，现取 500 个装成一盒，问每盒中废品不超过 5 个的概率是多少？

4. 某商店供应某地区 1 000 人所用商品，某种商品在一段时间内每人需买一件的概率为 0.6，假如在这一段时间内，每人购买与否彼此无关. 问商店应准备多少这种商品，才能以 99.7%的概率保证不会脱销？

5. 在一家保险公司有 1 万人参加保险，每人每年付 120 元保险费. 设一年内一个人死亡的概率为 0.003，死亡时其家属可在保险公司领得 2 万元. 问保险公司亏本的概率及保险公司一年利润不少于 40 万元的概率各是多少？

6. 某单位设置一电话总机，共有 200 架电话分机. 设每个电话分机是否使用外线是相互独立的，且每时刻每个分机有 5%的概率要使用外线通话. 问总机需要多少外线才能

以不低于 90%的概率保证每个分机要使用外线时可不必等候？

综合练习六

1. 填空题.

(1)某车床一天生产的零件中所含次品数 X 的概率分布为

X	0	1	2	3
P	0.4	0.3	0.2	0.1

，

则平均每天生产的次品数为________.

(2)设随机变量 X 的概率密度为

$$f(x)=\begin{cases}2x, & 0\leqslant x\leqslant 1,\\ 0, & \text{其他},\end{cases}$$

则 $E(X)=$________，$D(X)=$________.

(3)随机变量 X 的期望表示 X 取值的________；X 的方差是随机变量________的期望，它表示 X 取值的________.

2. 选择题.

(1)设连续型随机变量 X 的分布函数为

$$F(x)=\begin{cases}1-\dfrac{1}{x^4}, & x\geqslant 1,\\ 0, & x<1,\end{cases}$$

则 X 的数学期望为(　　).

A. 2　　B. $\dfrac{4}{5}$　　C. $\dfrac{4}{3}$　　D. $\dfrac{8}{3}$

(2)某电话交换台在时间$[0,t]$内接到的电话呼唤次数服从参数为 5 的泊松分布，则在$[0,t]$内接到的平均呼唤次数为(　　).

A. 5　　B. 5^2　　C. $\dfrac{1}{5}$　　D. $\dfrac{1}{5^2}$

(3)设随机变量 $X\sim U(-3,3)$，则 $D(1-2X)=$(　　).

A. 1　　B. 3　　C. 7　　D. 12

(4)设随机变量 $X\sim N(2,5)$与 $Y\sim N(3,1)$相互独立，则 $E(XY)=$(　　).

A. 6　　B. 2　　C. 5　　D. 15

(5)设两个相互独立的随机变量 X 和 Y 的方差各为 4 和 2，则 $3X-2Y$ 的方差为(　　).

A. 8　　B. 16　　C. 28　　D. 44

3. 计算题.

(1)盒内有 5 个球，其中 3 个白球，2 个黑球，从中随机地取出 2 个，设 X 为取得白球的个数，求 $E(X)$.

(2)对一批产品进行检查，每次任取一件，检查后放回，再取一件，如此继续进行. 如果发现次品就停止检查，认为这批产品不合格；如果连取 5 次都合格，也停止检查，认为这批产品合格. 设产品的次品率为 0.2，问用这种方法检查，平均每批抽查多少件？

(3)某工地靠近河岸，如做防洪准备，则要花费 a 元，如没有做准备而遇到洪水，则将造成 b 元的损失. 若施工期间发生洪水的概率是 $p(0<p<1)$，问什么情况需做防洪准备？

(4)有 4 名顾客随机地进入 4 家商店中，X 表示没有顾客进入的商店数，求 $E(X)$.

(5)随机变量 X 的概率密度为

$$f(x)=\begin{cases}\dfrac{1}{\pi\sqrt{1-x^2}}, & -1<x<1,\\ 0, & \text{其他},\end{cases}$$

求 $E(X)$.

(6)设随机变量 X 具有密度函数 $f(x)=\begin{cases}x, & 0<x\leqslant 1,\\ 2-x, & 1\leqslant x<2,\\ 0, & \text{其他},\end{cases}$ 求 $E(X)$，$D(X)$.

第 7 章　样本及抽样分布

前面三章讲述了概率论的基本内容，后面三章将讲述数理统计. 数理统计以概率论为理论基础，根据试验或观察所得到的数据，来研究随机现象.

本章介绍数理统计的基本概念及抽样分布.

7.1　数理统计的基本概念

7.1.1　数理统计的任务

数理统计中的"统计"与一般新闻媒体中所说的"统计"有很大的区别. 后者主要是指对数据的收集，求出平均值或百分比；而前者则强调对收集的数据用概率的思想进行分析. 因此可以说，概率论是数理统计的理论基础，数理统计是概率论的实际应用.

这里所说的实际应用，并非是将实际数据代入概率论的定理公式进行计算那样简单，因为，事先就能确定所研究的随机事件有多大概率或随机变量服从什么分布的情况是很少的. 在实际问题中，所有这些数量指标都必须根据观测资料加以估计，也就是说，需要借助于这些观测资料构造一个数学模型，然后，根据构造出的数学模型进行理论上的分析，得出必要的结论. 这就是数理统计的任务.

7.1.2　总体和样本

在研究某一问题时，通常把研究对象的全体称为**总体**，而组成总体的每个元素称为**个体**. 例如，把某个工厂的全体职工看成总体，则每个职工为个体. 在数理统计中，我们是对总体的某个或某几个数量指标进行研究的，如职工的收入、支出等，显然，职工收入这个量随职工的不同以偶然的方式变化着. 从概率论的角度看，这就是随机变量，通常称为总体变量. 这样，一个总体对应于一个随机变量 X，今后将不区分总体与相应的随机变量，而是笼统地称为总体 X. 总体变量的概率分布称为**总体分布**.

对总体变量进行研究，常用的方法有两种：一是对总体的每一个个体逐一进行调查，即**全面调查**，或称**普查**；二是对总体的部分个体进行调查，即**抽样调查**. 在社会经济问题的研究中，对某些最重要的基础性资料进行普查是必要的，如国家定期进行的人口普查；但是，一般来说，普查费时费工，当调查手段对调查对象具有破坏性时，普查更是不可能进行的. 如研究一批日光灯管的寿命、一批罐头食品的质量，如果对所有日光灯管都做试验，把所有罐头都打开，那么，当我们知道这批日光灯管的寿命时，它们早已不能再使用了，当我们知道这批罐头食品的质量时，它们已不能再销售了．因此，抽样调查对研究总体有着特殊重要的意义．

为使抽取的部分能够较好地反映总体的特性，抽样方法必须满足以下基本要求：

(1)随机性，即对于每一次抽样，总体中每个个体都有同等的机会被抽取；

(2)独立性，即每次抽取的结果既不影响其他各次抽取的结果，也不受其他各次抽取结果的影响．

满足以上两个条件的抽样称为**简单随机抽样**，简称**随机抽样**或**抽样**．本节所提到的抽样，都是指简单随机抽样．

一次抽样试验的结果称为总体的一个**观测值**，随机抽样 n 次就得到总体的 n 个观测值 $x_1,x_2,\cdots,x_n$，其中 x_i 是第 i 次抽样观测的结果．由于抽样具有随机性和独立性，因此如果再抽取 n 次，则会得到另外一组观测值；如果不断地重复这一做法，则会得到许多组不同的观测值．可见，就一次抽样观测而言，$x_1,x_2,\cdots,x_n$ 是一组确定的数，但它又随着每一次的抽样观测而变化．因而 n 次抽样就与 n 个随机变量 $X_1,X_2,\cdots,X_n$ 相对应，n 次抽样所得的结果实际上就是这 n 个随机变量的观测值．综上所述，可以做出如下定义．

定义 1　若 $X_1,X_2,\cdots,X_n$ 是相互独立且与总体 X 同分布的随机变量，则称 $X_1,X_2,\cdots,X_n$ 是总体 X 的**容量为 n 的简单随机样本**，简称**样本**；当 $X_1,X_2,\cdots,X_n$ 取定某组常数值 $x_1,x_2,\cdots,x_n$(其中 X_i 取值 x_i)时，称这组常数值 $x_1,x_2,\cdots,x_n$ 为样本 $X_1,X_2,\cdots,X_n$ 的**一组样本观测值**．

7.1.3　统计量

为了达到通过样本对总体进行推断的目的，必须对样本进行数学上的“加工处理”，使样本所含的信息更加集中，这个过程往往是通过构造一个合适的依赖于样本的函数——统计量来实现的．

定义 2　设 $X_1,X_2,\cdots,X_n$ 为总体 X 的一个样本，$g(X_1,X_2,\cdots,X_n)$ 为样本 $X_1,X_2,\cdots,X_n$ 的一连续函数，且 $g(X_1,X_2,\cdots,X_n)$ 中不含任何未知参数，则称 $g(X_1,X_2,\cdots,X_n)$ 为**统计量**．

由定义知，统计量是随机变量．

常用的统计量有以下五个．

(1) **样本均值**
$$\overline{X}=\frac{1}{n}\sum_{i=1}^{n}X_i.$$

(2) **样本方差**
$$S^2=\frac{1}{n-1}\sum_{i=1}^{n}(X_i-\overline{X})^2.$$

(3) **样本标准差**
$$S=\sqrt{\frac{1}{n-1}\sum_{i=1}^{n}(X_i-\overline{X})^2}.$$

(4) **样本 k 阶原点矩** $\quad A_k=\frac{1}{n}\sum_{i=1}^{n}X_i^k.$

(5) **样本 k 阶中心矩** $\quad B_k=\frac{1}{n}\sum_{i=1}^{n}(X_i-\overline{X})^k.$

7.2 抽样分布

统计量是样本的函数，它是一个随机变量. 统计量的分布称为**抽样分布**. 在使用统计量进行统计推断时，常需知道它的分布. 当总体的分布函数已知时，抽样分布也就确定了. 然而要求出统计量的精确分布，一般来说是相当困难的. 本节仅就总体为正态分布时给出有关抽样分布的结果.

7.2.1 几个常用统计量的分布

定义1 设 $X_1,X_2,\cdots,X_n$ 相互独立，是标准正态总体 $N(0,1)$的样本，则称统计量

$$\chi^2=X_1^2+X_2^2+\cdots+X_n^2$$

为服从自由度为 n 的χ^2**分布**，记为$\chi^2\sim\chi^2(n)$. 其概率密度函数图像如图 7-1 所示.

χ^2分布中的自由度 n 可理解为平方和中独立变量的个数.

例1 设$\chi^2\sim\chi^2(n)$，求 $E(\chi^2)$和 $D(\chi^2)$.

解 $$E(\chi^2)=E(\sum_{i=1}^{n}X_i^2)=\sum_{i=1}^{n}E(X_i^2)=\sum_{i=1}^{n}D(X_i)=n.$$

$$D(\chi^2)=D(\sum_{i=1}^{n}X_i^2)=\sum_{i=1}^{n}D(X_i^2)=\sum_{i=1}^{n}2=2n,$$

其中， $$D(X_i^2)=E(X_i^4)-(E(X_i^2))^2=\frac{1}{\sqrt{2\pi}}\int_{-\infty}^{+\infty}x^4\mathrm{e}^{-\frac{x^2}{2}}\mathrm{d}x-1=2.$$

对于给定的 $\alpha(0<\alpha<1)$，称满足条件

$$P(\chi^2>\chi_\alpha^2(n))=\alpha$$

的点$\chi_\alpha^2(n)$为$\chi^2(n)$分布的**上 α 分位点**(见图 7-2)，其值可查附录 B 的表 B3，如$\chi_{0.01}^2(10)=23.209$，$\chi_{0.95}^2(20)=10.851$ 等.

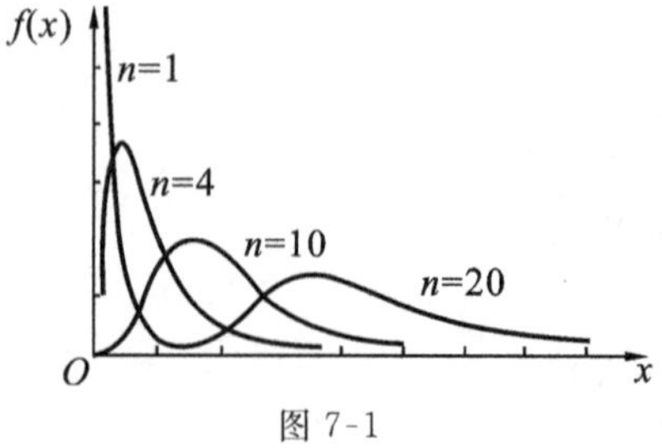

图 7-1

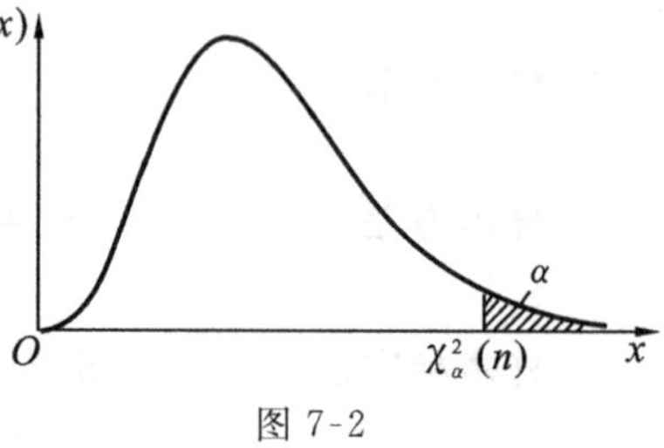

图 7-2

定义 2 设 $X \sim N(0,1)$，$Y \sim \chi^2(n)$，且 X 与 Y 相互独立，则称

$$T = \frac{X}{\sqrt{Y/n}}$$

服从自由度为 n 的 t **分布**，记为 $T \sim t(n)$. 其概率密度函数图像如图 7-3 所示.

对于给定的 $\alpha(0<\alpha<1)$，称满足条件

$$P(T > t_\alpha(n)) = \alpha$$

的点 $t_\alpha(n)$ 为 $t(n)$ 分布的**上 α 分位点**(见图 7-4)，其值可查附录 B 的表 B4，如 $t_{0.1}(10)=1.7322$. t 分布与正态分布很相像，都是"中间高两边低"的对称分布，即若 $T \sim t(n)$，则 $-T \sim t(n)$，从而其分位点也具有对称性，$t_{1-\alpha}(n) = -t_\alpha(n)$，如 $T_{0.95}(20) = -t_{0.05}(20) = -1.7247$. 当自由度充分大时，$T$ 近似地服从标准正态分布.

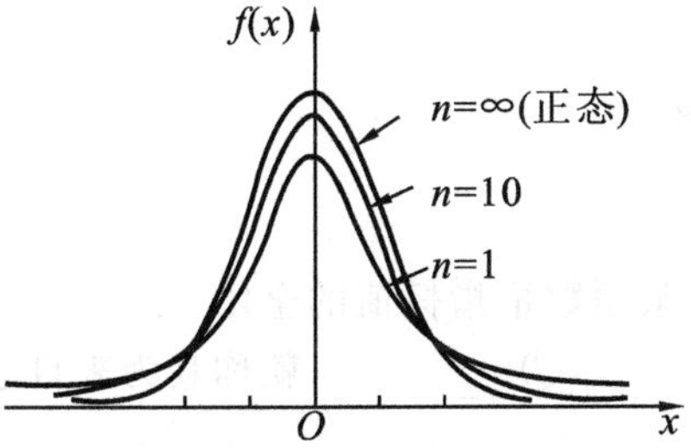

图 7-3

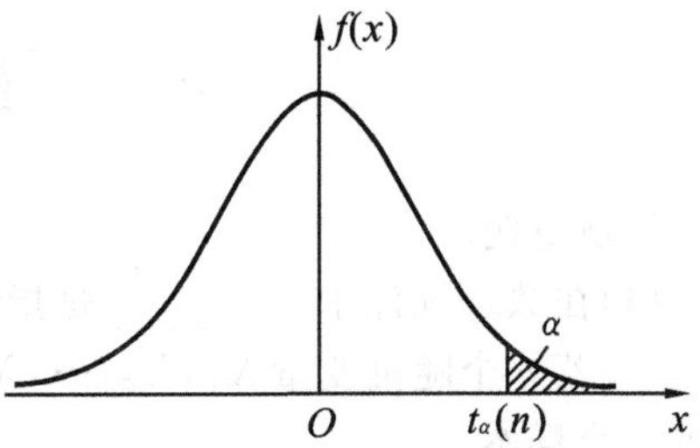

图 7-4

7.2.2 正态总体的样本均值与样本方差的分布

定理 1 设 $X_1, X_2, \cdots, X_n$ 为正态总体 $N(\mu, \sigma^2)$ 的样本，则：

(1) $\overline{X} = \dfrac{1}{n}\sum\limits_{i=1}^{n} X_i \sim N\left(\mu, \dfrac{\sigma^2}{n}\right)$，

(2) $\dfrac{(n-1)S^2}{\sigma^2} = \dfrac{1}{\sigma^2}\sum\limits_{i=1}^{n}(X_i - \overline{X})^2 \sim \chi^2_{(n-1)}$，

(3) $\overline{X}$ 与 S^2 相互独立.

证明略.

例 2 10 名学生对一直流电压进行独立的测量，以往资料表明测量误差服从正态分布 $N(0, 0.3^2)$(单位：V). 问 10 名学生的测量值的平均误差的绝对值小于 0.1 V 的概率是多少?

解 由测量误差 $X \sim N(0, 0.3^2)$ 及 $n=10$ 知，$\overline{X} \sim N\left(0, \dfrac{0.3^2}{10}\right)$ 或 $\overline{X} \sim N(0, 0.095^2)$，于是

$$\begin{aligned} P(|\overline{X}| < 0.1) &= P(-0.1 < \overline{X} < 0.1) = P\left(-\frac{0.1}{0.095} < \frac{\overline{X}-0}{0.095} < \frac{0.1}{0.095}\right) \\ &= \Phi(1.053) - \Phi(-1.053) = 2\Phi(1.053) - 1 = 0.708, \end{aligned}$$

则测量值的平均误差的绝对值小于 0.1 V 的概率为 0.708.

例 3 设 $\overline{X}$ 与 S^2 分别为正态总体 $N(\mu,\sigma^2)$ 的样本均值和样本方差，试证明：

$$\frac{\overline{X}-\mu}{S}\sqrt{n} \sim t(n-1).$$

证 由定理知，

$$\frac{\overline{X}-\mu}{\sqrt{\sigma^2/n}} \sim N(0,1), \quad \frac{n-1}{\sigma^2}S^2 \sim \chi^2(n-1),$$

且两随机变量相互独立，由 t 分布的定义知

$$\frac{(\overline{X}-\mu)/\sqrt{\sigma^2/n}}{\sqrt{\frac{n-1}{\sigma^2}S^2/(n-1)}} = \frac{\overline{X}-\mu}{S}\sqrt{n} \sim t(n-1).$$

综合练习七

1. 填空题.

(1)在数理统计中，________是指被研究对象的某项数量指标值的全体.

(2)若 n 个随机变量 $X_1,X_2,\cdots,X_n$ 满足①________，②________，就称其为来自总体 X 的一个样本.

(3)设 $X_1,X_2,\cdots,X_{10}$ 为来自正态总体 $N(100,100)$ 的样本，则其样本均值 $\overline{X}$ 服从____________，样本方差乘以____________后服从 $\chi^2_{(9)}$ 分布.

(4)设 $f(X_1,X_2,\cdots,X_n)$ 为总体 X 的一个样本的函数，当 f 满足①______________，②______________时，$f(X_1,X_2,\cdots,X_n)$ 就是一个统计量.

(5)对于容量为 5 的样本观察值 15,25,30,40,50，其样本均值为________，样本方差为________.

2. 选择题.

(1)设 $X_1,X_2,\cdots,X_n$ 为来自正态总体 $N(\mu,\sigma^2)$ 的样本，其中 μ 和 σ^2 为未知参数，则(　　)是统计量.

A. $\sum\limits_{i=1}^{n} X_i-\mu$　　B. $X_i-\overline{X}$　　C. $\sum\limits_{i=1}^{n}(X_i/\sigma)^2$　　D. $\sum\limits_{i=1}^{n}\left(\frac{X_i-\overline{X}}{\sigma}\right)^2$

(2)设 $\overline{X}$ 和 S^2 是来自正态总体 $N(0,\sigma^2)$ 的样本的均值和方差，则可通过查(　　)分布表来确定 $P(|\overline{X}|>a)$ 的值$(a>0)$.

A. 正态　　B. χ^2　　C. t　　D. F

(3)设 $X_1,X_2,\cdots,X_n$ 为来自总体 $N(0,\sigma^2)$ 的样本，$\overline{X}$ 和 S^2 分别为样本的均值和方差，则统计量$\sqrt{n}\frac{\overline{X}}{S}$服从(　　)分布.

A. $N(0,1)$　　B. $\chi^2(n-1)$　　C. $t(n-1)$　　D. $F(n,n-1)$

(4)设 $\overline{X}$ 和 X^2 分别为正态总体 $N(\mu,\sigma^2)$ 的样本均值和样本方差，则(　　).

A. $\overline{X}$ 与 S^2 不独立　　　　B. $\overline{X}$ 与 S^2 不相关

C. $\overline{X}^2=aS^2$　　　　D. $\overline{X}^2/S^2\sim F(1,n-1)$

3. 计算题.

(1)从某厂生产的一批仪表中，随机抽取 9 台做寿命试验，各台从开始工作到初次发生故障的时间(单位：小时)为

1 408　1 632　1 957　1 968　2 315　2 400　2 912　4 315　4 378

试求样本均值 $\overline{X}$ 和样本方差 S^2.

(2)设总体 $X\sim N(150,25^2)$，$\overline{X}$ 是容量为 25 的样本均值，求 $P(140<\overline{X}\leqslant 147.5)$.

(3)设总体 $X\sim N(0,0.3^2)$，$X_1,X_2,\cdots,X_n$ 为来自 X 的一个样本，求 $P(\sum\limits_{k=1}^{10}X_k^2>1.44)$.

(4)设 $X_1,X_2,\cdots,X_n$ 为来自两点分布总体 $B(1,p)$ 的样本，$\overline{X}$ 和 S^2 分别为样本均值和样本方差. 试求 $D(\overline{X})$ 和 $E(S^2)$.

(5)设总体 $X\sim N(15,2)$，从中分别独立地抽取容量为 10 和 15 的两个样本，其样本均值记为 $\overline{X}_1$ 和 $\overline{X}_2$. 求 $P(|\overline{X}_1-\overline{X}_2|<0.2)$.

(6)已知一批某种螺栓的直径 D(单位：cm)服从正态分布 $N(20,0.05^2)$. 今从中任取 36 个，问这 36 个螺栓的平均直径 $\overline{D}$ 落在区间(19.98,20.02)内的概率是多少？

(7)查表求下列各式中 c 的值：

①设 $Y\sim\chi^2(24)$，$P(Y>c)=0.10$；

②设 $Y\sim\chi^2(40)$，$P(Y<c)=0.95$；

③设 $Y\sim t(6)$，$P(Y>c)=0.05$；

④设 $Y\sim t(15)$，$P(Y<c)=0.01$.

第8章　参数估计

统计推断的基本问题可分为两大类：一类是估计问题，另一类是假设检验问题. 已知总体分布类型，需要由样本来估计分布中某些参数的问题就是参数估计问题. 参数估计的方法分为点估计和区间估计，本章将分别加以介绍.

8.1 点估计

借助于总体 X 的一个样本来估计总体未知参数的值的问题称为**参数点估计问题**.

设总体 X 的分布函数类型已知，θ 是未知参数，用样本 $X_1,X_2,\cdots,X_n$ 的一个统计量 $\hat{\theta}=\hat{\theta}(X_1,X_2,\cdots,X_n)$ 来估计 θ，则称 $\hat{\theta}$ 为 θ 的**估计量**. 对应于样本的一次观测值 $x_1,x_2,\cdots,x_n$，估计量 $\hat{\theta}$ 的值 $\hat{\theta}=\hat{\theta}(x_1,x_2,\cdots,x_n)$，称为 θ 的**估计值**，并仍记为 $\hat{\theta}$. 由于估计量是样本的函数，因此对于不同的样本值，θ 的估计值往往是不同的. 下面介绍一种常用的点估计法——矩估计法.

8.1.1 矩估计法

从计算方法上看，总体均值 $E(X)$ 是对随机变量 X 的取值求概率上的加权平均，样本均值 $\overline{X}$ 是对抽取的样本求平均. 从理论上讲，大数定律指出

$$\lim_{n\to\infty}P(|\overline{X}-E(X)|<\varepsilon)=1,$$

即当 n 很大时，样本均值 $\overline{X}$ 的值就会很接近总体均值 $E(X)$，因此用 $\overline{X}$ 估计 $E(X)$ 是很有说服力的. 将这些依据推广，就得到"用样本 k 阶矩 $A_k=\frac{1}{n}\sum_{i=1}^{n}X_i^k$ 估计总体 k 阶矩 $E(X^k)$"的思想，基于这一思想形成的点估计方法就是**矩估计法**. 其实施步骤如下：

(1)求总体的前 m 阶矩

$$\alpha_k=E(X^k)=\int_{-\infty}^{+\infty}x^kf(x)\mathrm{d}x=g_k(\theta_1,\cdots,\theta_m)\quad(k=1,2,\cdots,m)$$

(2)将未知参数 $\theta_1,\cdots,\theta_m$ 表示成 $\alpha_1,\cdots,\alpha_m$ 的函数，即解上式组成的方程组得

$$\theta_k=h_k(\alpha_1,\alpha_2,\cdots,\alpha_m)\quad(k=1,2,\cdots,m)$$

(3)用样本矩 $A_k=\frac{1}{n}\sum_{i=1}^{n}X_i^k$ 代替总体相应的矩 α_k，得到未知参数的**矩估计**

$$\hat{\theta}_k=h_k(A_1,A_2,\cdots,A_m)\quad(k=1,2,\cdots,m)$$

例 1 求总体数学期望 μ 和方差 σ^2 的矩估计.

解 因为

$$\mu=E(X)=\alpha_1,$$

$$\sigma^2=D(X)=E(X^2)-[E(X)]^2=\alpha_2-\alpha_1^2,$$

故得 μ 和 σ^2 的矩估计为

$$\hat{\mu}=A_1=\overline{X},$$

$$\hat{\sigma}^2=A_2-A_1^2=\frac{1}{n}\sum_{i=1}^{n}X_i^2-\overline{X}^2=\frac{1}{n}\sum_{i=1}^{n}(X_i-\overline{X})^2=B_2.$$

注意到这一结果对总体的分布类型并没有任何限制,所以它对任何总体(只要期望和方差存在)都适用.样本均值 $\overline{X}$ 是总体期望 μ 的矩估计,样本二阶中心矩 B_2 是总体方差 σ^2 的矩估计.

***例 2** 设总体服从参数为 λ 的指数分布,求未知参数 λ 的矩估计.

解 指数分布的密度函数为

$$f(x)=\begin{cases}\lambda e^{-\lambda x}, & x>0,\\ 0, & x\leqslant 0.\end{cases}$$

则

$$\alpha_1=E(X)=\int_0^{+\infty}\lambda e^{-\lambda x}\,dx=\frac{1}{\lambda},$$

解得

$$\lambda=\frac{1}{\alpha_1},$$

故 λ 的矩估计为

$$\hat{\lambda}=\frac{1}{A_1}=\frac{1}{\overline{X}}.$$

例 3 设总体服从 (a,b) 区间上的均匀分布,求未知参数 a 和 b 的矩估计.

解 均匀分布的密度函数为

$$f(x)=\begin{cases}\dfrac{1}{b-a}, & a<x<b,\\ 0, & \text{其他},\end{cases}$$

则

$$\alpha_1=E(X)=\int_a^b\frac{x}{b-a}dx=\frac{1}{2}(a+b),$$

$$\alpha_2=E(X^2)=\int_a^b\frac{x^2}{b-a}dx=\frac{1}{3}(a^2+ab+b^2).$$

上述两方程联立,解得

$$a=\alpha_1-\sqrt{3(\alpha_2-\alpha_1^2)},\quad b=\alpha_1+\sqrt{3(\alpha_2-\alpha_1^2)}.$$

在例 1 中已推知 $A_2-A_1^2=B_2$,故 a 和 b 的矩估计为

$$\hat{a}=A_1-\sqrt{3(A_2-A_1^2)}=\overline{X}-\sqrt{3B_2},$$

$$\hat{b}=A_1+\sqrt{3(A_2-A_1^2)}=\overline{X}+\sqrt{3B_2}.$$

还需说明的是，常用的估计法还有极大似然估计法，并且，极大似然估计具有更好的性质，读者可阅读其他相关资料.

8.1.2 估计量的评选标准

对同一参数采用不同的方法会得到不同的估计量，那么，哪一个估计量更好呢？"好"的标准是什么？下面介绍两个常用的评选标准.

(1)**无偏性** 设 $\hat{\theta}=\hat{\theta}(X_1,X_2,\cdots,X_n)$ 是参数 θ 的估计量，如果对任何 θ 满足

$$E(\hat{\theta}) = \theta,$$

则称 $\hat{\theta}$ 是 θ 的**无偏估计量**.

不论总体 X 服从什么分布，只要它的数学期望存在，则样本均值 $\overline{X}$ 是总体均值$E(X)$的无偏估计量.

例 4 设总体方差 $D(X) = \sigma^2 < +\infty$，试证样本方差 $S^2 = \frac{1}{n-1}\sum_{i=1}^{n}(X_i - \overline{X})^2$ 是 σ^2 的无偏估计量.

证 设总体均值 $E(X)=\mu$，由于 $D(X)=\sigma^2<+\infty$，故 μ 存在且有限. 已知 $D(\overline{X})=\frac{\sigma^2}{n}$，

$$\begin{aligned}
E(S^2) &= E\left[\frac{1}{n-1}\sum_{i=1}^{n}(X_i-\overline{X})^2\right]\\
&= \frac{1}{n-1}E\left[\sum_{i=1}^{n}(X_i^2-2\overline{X}X_i+\overline{X}^2)\right]\\
&= \frac{1}{n-1}E\left[\sum_{i=1}^{n}(X_i^2)-2\overline{X}\sum_{i=1}^{n}X_i+n\overline{X}^2\right]\\
&= \frac{1}{n-1}\left[\sum_{i=1}^{n}E(X_i^2)-nE(\overline{X}^2)\right]\\
&= \frac{1}{n-1}\left[n(\sigma^2+\mu^2)-n\left(\frac{\sigma^2}{n}+\mu^2\right)\right]=\sigma^2,
\end{aligned}$$

即样本方差是总体方差的无偏估计量.

(2)**有效性** 设 $\hat{\theta}_1=\hat{\theta}(X_1,X_2,\cdots,X_n)$ 与 $\hat{\theta}_2=\hat{\theta}(X_1,X_2,\cdots,X_n)$ 都是待估计参数 θ 的无偏估计量. 若有

$$D(\hat{\theta}_1) < D(\hat{\theta}_2),$$

则称 $\hat{\theta}_1$ 较 $\hat{\theta}_2$ **有效**，这就是说，围绕着 θ 波动的估计量 $\hat{\theta}$ 的波动幅度越小越好.

例如，设 $X_1,X_2,\cdots,X_n$ 为总体 X 的样本，则 X_1，$\overline{X}=\frac{1}{n}\sum_{i=1}^{n}X_i$ 都是总体均值 $E(X)$ 的无偏估计量，但当 $n\geqslant 2$ 时，

$$D(X_1)=D(X)>D(\overline{X})=\frac{1}{n}D(X),$$

所以 $\overline{X}$ 比 X_1 有效.

习　题 8.1

1. 填空题.

(1)常用的点估计法即是矩估计法，顾名思义，矩估计法的做法是用________的 k 阶矩去近似________的同阶矩.

(2)可以证明，对于任何总体而言，只要其期望 μ 与方差 σ^2 都存在，则恒有期望的矩估计量 $\hat{\mu}=$________，方差的矩估计量 $\hat{\sigma}^2=$________.

(3)若总体 X 服从 $(0,\theta)$ 上的均匀分布，即 $X\sim U(0,\theta)$，则矩估计量 $\hat{\theta}=$________；若总体 $X\sim N(\mu,\sigma^2)$，则矩估计量 $\hat{\mu}=$________，$\hat{\sigma}^2=$________.

(4)若需要，样本二阶中心矩 $B_2=\frac{1}{n}\sum_{i=1}^{n}(X_i-\overline{X})^2$ 与样本方差 $S^2=\frac{1}{n-1}\sum_{i=1}^{n}(X_i-\overline{X})^2$ 都可作为总体方差 $D(X)=\sigma^2$ 的点估计，但________是无偏估计，________是有偏估计.

(5)总体 $X\sim N(\mu,\sigma^2)$，$X_1,X_2,\cdots,X_n$ 是其容量为 n 的样本. 可以验证，统计量 $\overline{X}$，$2\overline{X}-X_1$，$\frac{1}{2}X_1+\frac{2}{3}X_2-\frac{1}{6}X_3$ 都是 μ 的无偏估计量，但其中最有效的估计量是________.

2. 计算题.

(1)随机地取 8 只活塞环，测得它们的直径(单位：mm)为

74.001　74.005　74.003　74.001　74.000　73.993　74.006　74.002

试求总体均值 μ 及方差 σ^2 的矩估计值，并求样本方差 S^2.

(2)设总体 X 的概率密度 $f(x)=\begin{cases}\theta x^{\theta-1}, & 0<x<1,\\ 0, & 其他,\end{cases}$ 其中 $\theta>0$ 且为未知参数，再以 $X_1,\cdots,X_n$ 记为来自总体的简单样本. 试求 θ 的矩估计.

(3)设总体服从泊松分布 $P(\lambda)$，求 λ 的矩估计.

8.2　区 间 估 计

从前面的讨论可知，如果 $\hat{\theta}=\hat{\theta}(x_1,x_2,\cdots,x_n)$ 是未知参数 θ 的一个点估计，那么一旦获得样本的观测值，估计值就能给人们一个明确的数量概念，这是很有用的. 但是点估计只是参数 θ 的一种近似值，估计值本身既没有反映出这种近似的精确度，又没有给出误差的范围. 为了弥补这些不足，人们提出了另一种估计方法——**区间估计**. 区间估计要求根

据样本给出未知参数的一个范围,并保证参数以指定的较大的概率属于这个范围.

设总体 X 含有一个待估的参数 θ. 如果从样本 $x_1,x_2,\cdots,x_n$ 出发,找出两个统计量 $\theta_1=\theta_1(x_1,x_2,\cdots,x_n)$ 与 $\theta_2=\theta_2(x_1,x_2,\cdots,x_n)(\theta_1<\theta_2)$,使得区间 (θ_1,θ_2) 以 $1-\alpha(0<\alpha<1)$ 的概率包含这个待估参数 θ,即

$$P(\theta_1<\theta<\theta_2)\geqslant 1-\alpha,$$

则称区间 (θ_1,θ_2) 为 θ 的**置信区间**,$1-\alpha$ 为该区间的**置信度**或**置信水平**.

因为样本是随机抽取的,每次取得的样本值 $x_1,x_2,\cdots,x_n$ 是不同的,由此确定的区间 (θ_1,θ_2) 也不相同,所以区间 (θ_1,θ_2) 也是一个随机区间. 每个这样的区间或者包含 θ 的真值,或者不包含 θ 的真值. 置信度 $1-\alpha$ 给出了区间 (θ_1,θ_2) 包含真值 θ 的可靠程度,而 α 表示区间 (θ_1,θ_2) 不包含真值 θ 的可能性. 例如,若 $\alpha=5\%$,即置信度为 $1-\alpha=95\%$,这时重复抽样 100 次,则在得到的 100 个区间中,包含 θ 真值的有 95 个左右,不包含 θ 真值的仅有 5 个左右. 通常在实际应用中都采用 95% 的置信度. 一般来说,在样本容量一定的情况下,置信度不同,置信区间的长短就不同. 置信度越高,置信区间就越长,换句话说,若希望置信区间的可靠性越大,那么估出的范围就越大,反之亦然.

8.2.1　μ 的置信区间

设 $X_1,X_2,\cdots,X_n$ 为正态总体 $N(\mu,\sigma^2)$ 的样本,$\overline{X}$ 和 S^2 分别为样本均值和样本方差,求未知参数 μ 的置信区间.

1. σ^2 已知

由于 $\overline{X}=\frac{1}{n}\sum\limits_{i=1}^{n}X_i$ 是 μ 的无偏估计,且 $\overline{X}\sim N\left(\mu,\frac{\sigma^2}{n}\right)$,所以随机变量

$$U=\frac{\overline{X}-\mu}{\frac{\sigma}{\sqrt{n}}}\sim N(0,1).$$

对给定的 $\alpha(0<\alpha<1)$,查正态分布表,可得满足条件

$$P(|U|>u_{\frac{\alpha}{2}})=P\left(\left|\frac{\overline{X}-\mu}{\sigma}\sqrt{n}\right|>u_{\frac{\alpha}{2}}\right)=\alpha$$

的**双侧分位点** $u_{\frac{\alpha}{2}}$(见图 8-1).

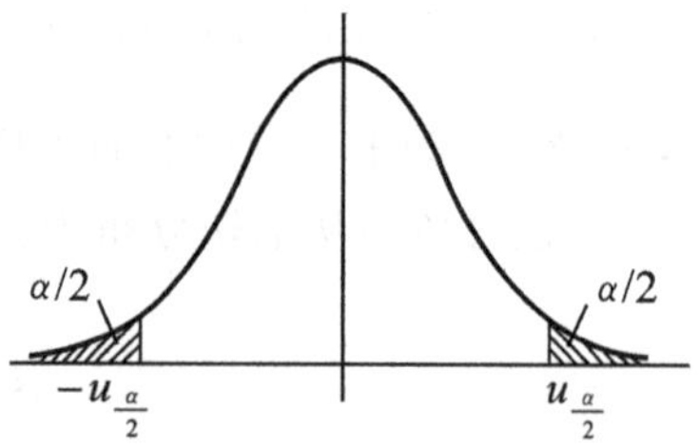

图 8-1

上式等价于

$$P\left(\overline{X}-\frac{\sigma}{\sqrt{n}}u_{\frac{\alpha}{2}}<\mu<\overline{X}+\frac{\sigma}{\sqrt{n}}u_{\frac{\alpha}{2}}\right)=1-\alpha.$$

由此得到 μ 的置信水平是 $1-\alpha$(简称 $1-\alpha$)的置信区间为

$$\left(\overline{X}-\frac{\sigma}{\sqrt{n}}u_{\frac{\alpha}{2}},\overline{X}+\frac{\sigma}{\sqrt{n}}u_{\frac{\alpha}{2}}\right).$$

例 1　已知幼儿的身高在正常情况下服从正态分布. 现从某一幼儿园 5 岁至 6 岁的

幼儿中随机地抽查了 9 人，其身高(单位:cm)分别为 115，120，131，115，109，115，105，110，115. 假设 5 岁至 6 岁幼儿身高总体的标准差 $\sigma=7$，在置信度为 95% 的条件下，试求出总体均值 μ 的置信区间.

解 这里 $1-\alpha=0.95$，$\alpha=0.05$，$\sigma=7$，$n=9$，查正态分布表，得 $u_{\frac{\alpha}{2}}=u_{0.025}=1.96$. 由给出的数据算出 $\bar{x}=115$，故当置信度为 95% 时 μ 的置信区间为

$$\left(115-1.96\frac{7}{\sqrt{9}},115+1.96\frac{7}{\sqrt{9}}\right),$$

即

$$(110.43,119.57).$$

这就是说，5 岁至 6 岁幼儿的平均身高估计在 110.43 cm 与 119.57 cm 之间，这个估计的可信度为 95%.

2. σ^2 未知

σ^2 未知时不能采用 $U=\dfrac{\overline{X}-\mu}{\frac{\sigma}{\sqrt{n}}}\sim N(0,1)$，因为其中含有未知参数 σ. 由于

$$S^2=\frac{1}{n-1}\sum_{i=1}^{n}(X_i-\overline{X})^2$$

是 σ^2 的无偏估计，故可将式 $U=\dfrac{\overline{X}-\mu}{\frac{\sigma}{\sqrt{n}}}\sim N(0,1)$ 中的 σ 换成

$$S=\sqrt{S^2},$$

随机变量

$$t=\frac{\overline{X}-\mu}{S/\sqrt{n}}\sim t(n-1)$$

对给定的 $\alpha(0<\alpha<1)$，查 t 分布表，可得 $t(n-1)$ 分布的双侧分位点 $t_{\frac{\alpha}{2}}(n-1)$（见图 8-2），使得

$$P(|t|<t_{\frac{\alpha}{2}}(n-1))=P\left(\left|\frac{\overline{X}-\mu}{\frac{S}{\sqrt{n}}}\right|<t_{\frac{\alpha}{2}}(n-1)\right)=1-\alpha,$$

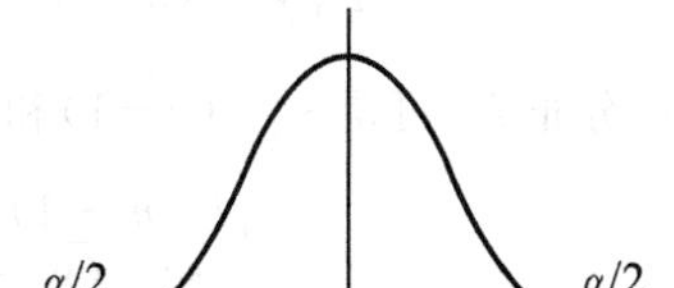

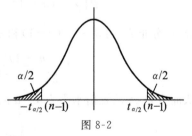

图 8-2

即

$$P\left(\overline{X}-\frac{S}{\sqrt{n}}t_{\frac{\alpha}{2}}(n-1)<\mu<\overline{X}+\frac{S}{\sqrt{n}}t_{\frac{\alpha}{2}}(n-1)\right)=1-\alpha.$$

所以，σ^2 未知时，μ 的置信水平为 $1-\alpha$ 的置信区间为

$$\left(\overline{X}-\frac{S}{\sqrt{n}}t_{\frac{\alpha}{2}}(n-1),\overline{X}+\frac{S}{\sqrt{n}}t_{\frac{\alpha}{2}}(n-1)\right).$$

例 2 用某种仪器间接测量温度，重复测量 7 次，测得温度（单位：℃）分别为 120.0，113.4，111.2，114.5，112.0，112.9，113.6. 设温度 $X\sim N(\mu,\sigma^2)$，在置信度为 95% 的条件下，试估计温度的真值所在的范围.

解 设 μ 为温度的真值，X 为测量值，在仪器没有系统偏差的情况下，即 $E(X)=\mu$ 时，重复测量 7 次，得到 X 的 7 个样本值. 问题就是在未知方差的情况下，找出 μ 的置信区间. 现已知 $n=7$，$\alpha=0.05$，由样本值算得 $\overline{X}=112.8$，$S^2=1.29$，查 t 分布表，得 $t_{0.025}(6)=2.447$，故当置信度为 95% 时 μ 的置信区间为

$$\left(112.8-2.447\times\sqrt{\frac{1.29}{7}},112.8+2.447\times\sqrt{\frac{1.29}{7}}\right),$$

即

$$(111.75,113.85).$$

8.2.2 方差的区间估计

设总体 $X\sim N(\mu,\sigma^2)$，$X_1,X_2,\cdots,X_n$ 是 X 的样本，对总体方差 σ^2 做区间估计，同样分成 μ 已知和 μ 未知两种情形. 此处，根据实际情况需要，只讨论 μ 未知的情况.

随机变量

$$\chi^2=\frac{(n-1)S^2}{\sigma^2}\sim\chi^2(n-1)$$

对给定的 $\alpha(0<\alpha<1)$，依 χ^2 分布上 α 分位点（见图 8-3）的定义

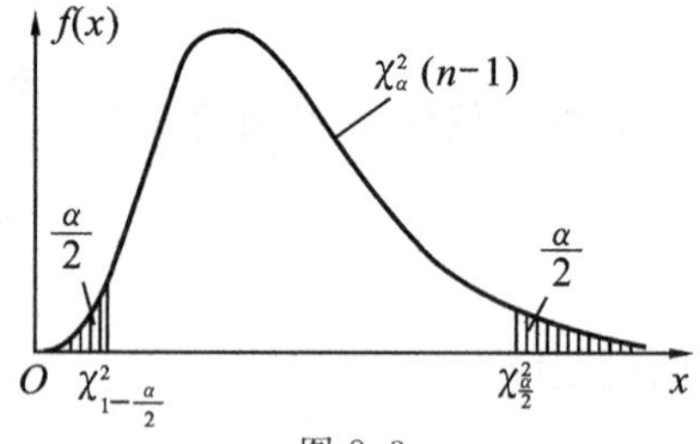

图 8-3

$$P\left(\chi^2_{1-\frac{\alpha}{2}}(n-1)<\frac{(n-1)S^2}{\sigma^2}<\chi^2_{\frac{\alpha}{2}}(n-1)\right)=1-\alpha,$$

查 χ^2 分布表，可得 $\chi^2_{\frac{\alpha}{2}}(n-1)$ 和 $\chi^2_{1-\frac{\alpha}{2}}(n-1)$ 的值. 于是

$$P\left(\frac{(n-1)S^2}{\chi^2_{\frac{\alpha}{2}}(n-1)}<\sigma^2<\frac{(n-1)S^2}{\chi^2_{1-\frac{\alpha}{2}}(n-1)}\right)=1-\alpha,$$

从而方差 σ^2 的置信水平为 $1-\alpha$ 的置信区间为

$$\left(\frac{(n-1)S^2}{\chi^2_{\frac{\alpha}{2}}(n-1)},\frac{(n-1)S^2}{\chi^2_{1-\frac{\alpha}{2}}(n-1)}\right),$$

标准差 σ 的置信水平为 $1-\alpha$ 的置信区间为

$$\left(\frac{\sqrt{(n-1)}S}{\sqrt{\chi^2_{\frac{\alpha}{2}}(n-1)}},\frac{\sqrt{(n-1)}S}{\sqrt{\chi^2_{1-\frac{\alpha}{2}}(n-1)}}\right).$$

例 3　从自动车床加工的一批零件中随机地抽取 16 件，测得各零件的长度如下(单位：cm)：

2.15　2.10　2.12　2.10　2.14　2.11　2.15　2.13

2.13　2.11　2.14　2.13　2.12　2.13　2.10　2.14

设零件长度服从正态分布，试求零件长度的标准差为 95%的置信区间.

解　这里 $\alpha=0.05, n=16$，查 χ^2 分布表，得

$$\chi^2_{0.025}(15)=27.488,\quad \chi^2_{0.975}(15)=6.262.$$

经计算，得

$$\overline{X}=2.15,\quad S^2=0.00293.$$

因此，当置信水平为 95%时零件长度的标准差的置信区间为

$$\left(\frac{\sqrt{15}}{\sqrt{27.488}}\times\sqrt{0.00293},\frac{\sqrt{15}}{\sqrt{6.262}}\times\sqrt{0.00293}\right),$$

即

$$(0.0127, 0.0265).$$

习　题 8.2

1. 选择题.

(1)设总体 $X\sim N(\mu,\sigma^2)$，当 σ^2 未知时，μ 的置信区间长度为 L_1，在置信度不变的条件下，用 σ^2 的无偏估计 S^2 作为 σ^2 的已知值，所得 μ 的置信区间长度为 L_2，则(　　).

A. $L_1=L_2$　　B. $L_1>L_2$　　C. $L_1<L_2$　　D. L_1 与 L_2 无一定序关系

(2)设正态总体均值 μ 的置信区间长度 $L=2\frac{S}{\sqrt{n}}t_\alpha(n-1)$，则其置信度为(　　).

A. $1-\alpha$　　B. α　　C. $1-\alpha/2$　　D. $1-2\alpha$

2. 计算题.

(1)设某地区 110 kV 电网电压在正常情况下服从正态分布，某日内测得 10 个电压数据(单位：kV)如下：

108.1　108.9　109.8　109.2　109.9

110.1　110.2　110.5　110.8　111.2

试以 95%的置信度估计电压均值和电压标准差的范围.

(2)已知某种果树产量服从正态分布，在正常年份产量方差为 400. 现随机地取 9 株，其产量(单位：kg)为

112　131　98　105　115　121　99　116　125

试问：若置信度为 0.95，这批果树每株的平均产量在什么范围内?

综合练习八

1. 填空题.

(1)若一个样本的观察值为0,0,1,1,0,1,则总体均值的矩估计值为________,总体方差的矩估计值为________.

(2)若由总体X(θ为未知参数)的样本观察值求得$P(35.5<\theta<45.5)=0.9$,则称________是θ的一个置信度为________的置信区间.

2. 选择题.

(1)总体未知参数θ的估计量$\hat{\theta}$是(　　).

A. 随机变量　　B. 总体　　C. θ　　D. 均值

(2)设0,1,0,1,1为来自两点分布总体$B(1,p)$的样本观察值,则p的矩估计值为(　　).

A. 1/5　　B. 2/5　　C. 3/5　　D. 4/5

(3)设0,2,2,3,3为来自均匀分布总体$U(0,\theta)$的样本观察值,则θ的矩估计值为(　　).

A. 1　　B. 2　　C. 3　　D. 4

(4)无论σ^2是否已知,正态总体均值μ的置信区间的中心都是(　　).

A. μ　　B. σ^2　　C. $\overline{X}$　　D. S^2

(5)当σ^2未知时,正态总体均值μ的置信度为$1-\alpha$的置信区间的长度是S的(　　)倍.

A. $2t_\alpha(n)$　　B. $\frac{2}{\sqrt{n}}t_{\alpha/2}(n-1)$　　C. $\frac{S}{\sqrt{n}}t_{\alpha/2}(n-1)$　　D. $\frac{S}{\sqrt{n-1}}$

3. 计算题.

(1)设$X_1,X_2,\cdots,X_n$为来自均匀分布总体$U(0,\theta)$的样本,试求未知参数θ的矩估计量.

(2)设总体X的概率密度函数为

$$f(x,\theta)=\begin{cases}\frac{1}{\theta}\mathrm{e}^{-\frac{x}{\theta}}, & x>0,\\ 0, & x\leqslant 0\end{cases}\quad(\theta>0),$$

试求θ的矩估计量.

(3)设总体$X\sim N(\mu,1)$,求μ的矩估计.

(4)设总体的数学期望μ和方差σ^2都存在,X_1,X_2,X_3为来自该总体的一个样本,验证下面估计量均为μ的无偏估计,并指出哪一个最好.

$$\hat{\mu}_1 = \frac{1}{5}X_1 + \frac{3}{10}X_2 + \frac{1}{2}X_3;$$

$$\hat{\mu}_2 = \frac{1}{3}X_1 + \frac{1}{4}X_2 + \frac{5}{12}X_3;$$

$$\hat{\mu}_3 = \frac{1}{3}X_1 + \frac{1}{6}X_2 + \frac{1}{2}X_3.$$

4. 应用题.

(1)设某种电子设备的寿命 T 服从参数为 λ 的指数分布，今从中随机抽取 10 件做寿命试验，结果（单位：h）如下：

1 050	1 100	1 080	1 120	1 200	1 250	1 040	1 130	1 300	1 200

求 λ 的矩估计.

(2)设轴承内环锻压零件的高度 $X \sim N(\mu, 0.4^2)$，现抽取了 20 只内环，测得其高度的算术平均值 $\bar{x} = 32.3$ mm，求内环高度的置信度为 95%的置信区间.

(3)随机地从一批钉子中抽出 16 枚，测得其长度（单位：cm）为

2.14	2.13	2.10	2.15	2.13	2.12	2.13	2.10
2.15	2.12	2.14	2.10	2.13	2.11	2.14	2.11

若钉长的分布为正态的，试对下面情况分别求出总体期望 μ 的置信度为 0.9 的置信区间：

①已知 $\sigma = 0.01$ cm；

② σ 未知.

(4)为了得到某种新型塑料抗压力的资料，现对 10 个试验条件做压力试验，得数据（单位：1 000 N/cm^2）如下：

49.3	48.6	47.5	48.0	51.2
45.6	47.7	49.5	46.0	50.6

若试验数据服从正态分布，试以 0.95 的置信度估计：

①该种塑料平均抗压力的区间；

②该种塑料抗压力方差的区间.

第 9 章　假 设 检 验

9.1　假设检验的概念

统计推断的另一类重要问题是假设检验问题. 在总体的分布函数完全未知或只知其形式但不知其参数的情况下，为了推断总体的某些性质，就需要提出某些关于总体的假设. 例如，提出总体服从泊松分布的假设，又如，对于正态总体提出数学期望等于 μ_0 的假设等. 假设检验就是根据样本对所提出的假设作出判断：是接受，还是拒绝. 这里，先结合例子来说明假设检验的基本思想和做法.

9.1.1　假设检验的基本思想

例 1　某厂有某种产品 200 件准备出厂，按国家规定的检验标准，次品率不超过 1% 才能出厂，现从 200 件产品中随机地任取 5 件，经检验发现其中含有次品. 问：能否允许这 200 件产品出厂？

若设这批产品的次品率为 p，那么问题也就是根据抽样的结果来判定 $p\leqslant 0.01$ 是否成立.

从直观上看，如果 $p\leqslant 0.01$，意味着这 200 件产品中最多有两件次品，在这种情况下，任取的 5 件产品中一般不应有次品，因此，结论是这 200 件产品不能出厂.

例 2　已知滚珠直径服从正态分布，现随机地从一批滚珠中抽取 6 个，测得它们的平均直径为 =14.9 mm，问能否认为这批滚珠的平均直径为 15.25 mm？

上述两个例子，都需要我们根据抽样的结果来判断“断言”是否正确. 这里称这类“断言”为“假设”，对“假设”问题的鉴定就称为“假设检验”.

如果 $p\leqslant 0.01$ 成立，看看会推出什么结果，再从概率的角度考察与抽样的结果是否一致. 如果不一致，则拒绝这个假设(即 $p\leqslant 0.01$)，否则不能拒绝即接受这个假设.

如果 $p\leqslant 0.01$ 成立，则 200 件产品中最多有两件次品，在此情况下，计算任取 5 件中有次品的概率.

$$P(\text{有次品})=1-P(\text{无次品}),$$

$$P(\text{无次品})=\begin{cases}\dfrac{C_{198}^{5}}{C_{200}^{5}}=0.950\,5, & \text{当 200 件中有 2 件次品时;}\\[2ex] \dfrac{C_{199}^{5}}{C_{200}^{5}}=0.975, & \text{当 200 件中有 1 件次品时;}\\[2ex] 1, & \text{当 200 件中没有次品时.}\end{cases}$$

可见，当 $p\leqslant 0.01$ 时，P(无次品)$\geqslant 0.9505\approx 0.95$，$P$(有次品)$\leqslant 1-0.950\approx 0.05$.

计算结果表明：在 $p\leqslant 0.01$ 的情况下，任取 5 件产品有次品的概率不超过 5%，即平均在 100 次这样的试验中，最多有 5 次出现次品. 因此，在一次试验中一般不会出现这种情况，而题述中这种“不合理”情况发生的根源显然在于 $p\leqslant 0.01$，因此认为假设“$p\leqslant 0.01$”是不能接受的，从而做出这批产品不能出厂的结论.

上面的推理有以下两个特点.

第一是用了反证法的思想. 为了判断一个“断言”是否成立，先假设该“断言”成立，然后分析由此会产生什么结果，如果导致了一个“不合理”的现象出现，就表明这个“断言”不成立，于是我们就认为这个“断言”不正确. 通常，我们称假设“断言”成立为**原假设**，记为 H_0；与之对立的“断言”称为**备择假设**或**备选假设**，记为 H_1.

值得注意的是，如果在原假设为真的前提下没有导致不合理的现象出现，并不说明原假设是正确的. 尽管我们有时在结论中说“接受”原假设，其实这是因为没有足够的理由拒绝而无可奈何地接受. 更恰当的说法应该是：认为原假设与实际情况没有显著差异.

第二是用了小概率原则. 前面所说的“不合理”现象并非是逻辑上的错误，而是违背了称之为**小概率原则**的常理；小概率事件在一次试验中是不大会发生的.

这一原则虽然在逻辑上不严谨，但人们在实践中常常不自觉地应用. 比如，在秋季一个万里无云的早晨，人们出门时不会带雨具，这说明人们认为今天不会下雨. 而这种“认为”并不是说绝对不可能下雨，而是说下雨的可能性很小.

那么多小的概率才算是小概率呢？这要依具体情况而定. 比如，即使下雨的概率达 20%，仍有人会因为它太小而不带雨具；但如果某航空公司的事故率为 1%，人们就会因它太大而不敢乘坐该公司的飞机. 大多数情况下认为概率不超过 5% 的事件是小概率事件. 在进行假设检验时，必须先确定小概率的临界值 α，即将不超过 α 的概率认为是小概率. 这个临界值 α 称为**显著水平**，也就是衡量原假设与实际情况的差异是否显著的标准.

9.1.2 两类错误

在例 1 中，当我们拒绝假设“$p\leqslant 0.01$”时，并不能保证结论 100% 正确，即存在“犯错误”的可能性. 这是由于：一方面，抽样具有随机性；另一方面，小概率事件不是不可能事件. 但是犯这类错误的可能性很小，即不超过 0.05，这类错误称为**第一类错误**，即“以真为假”的错误. $\alpha=0.05$，就是犯第一类错误的概率，所以我们说假设检验分析问题的方法是带有概率性质的反证法.

当然，我们总是希望 α 小些，但还有问题的另一方面，或称为“以假为真”，这类错误称为**第二类错误**. 对于例 1 的情况来说，如果抽取的 5 件产品中没有发现次品，即没有出现与假设 $p\leqslant 0.01$ 不一致的情况，如果接受这个假设，允许这批产品出厂，当这批产品的次品率实际上大于 0.01 时，就犯了“以假为真”的错误. 第二类错误的概率通常用 β 表示.

在试验中，希望 α 小的同时，β 也尽可能地小，但对于一定样本容量 n 来说，一般情况下，α 小时 β 就大，β 小时 α 就大，不能同时做到 α 与 β 都非常小. 在进行检验时，通常解决这个问题的方法是：先确定 α 的值（一般取 $\alpha=0.05$ 或 0.01），然后通过增加样本容量的方式来减小 β.

9.1.3 假设检验的基本步骤

根据前面所述的反证法思想及小概率原则，我们将假设检验的一般步骤归纳如下：

（1）根据实际问题提出原假设 H_0 和备择假设 H_1；

（2）根据检验对象，构造检验统计量 $T(X_1,X_2,\cdots,X_n)$，使当 H_0 为真时，T 有确定的分布；

（3）由给定的显著水平 α，确定 H_0 的拒绝域 W，使

$$P(T\in W)=\alpha;$$

（4）由样本观察值计算统计量观察值 t；

（5）作出判断，即当 $t\in W$ 时，拒绝 H_0，否则不拒绝 H_0，也就是认为在显著水平 α 下，H_0 与实际情况差异不显著.

其中（3）中的拒绝域常表现为临界值的形式，如 $W=\{T>\lambda\}$，$W=\{T<\lambda\}$，$W=\{|T|>\lambda\}$等.

9.2 关于正态总体的假设检验

本节介绍正态总体参数的常用假设检验方法.

9.2.1 期望的假设检验

设 $X_1,X_2,\cdots,X_n$ 为总体 $N\sim(\mu,\sigma^2)$ 的一个样本，在显著水平 α 下，讨论关于总体期望 μ 的假设检验.

1. 已知方差 σ^2，检验假设 $H_0:\mu=\mu_0$（μ_0 为已知）

例 1 已知滚珠直径服从正态分布，现随机从一批滚珠中抽取 6 个，测得它们的直径（单位：mm）为 14.70，15.21，14.90，14.91，15.32，15.32. 假设滚珠直径总体分布的方差为 0.05，问这一批滚珠的直径的平均值是否为 15.25 mm（$\alpha=0.05$）？

解 设滚珠的直径为 X，则 $X\sim N(\mu,\sigma^2)$，且由条件知 $\sigma^2=0.05$. 在 $\alpha=0.05$ 的情况下，检验假设 $H_0:\mu=\mu_0=15.25$ mm. 如果 H_0 成立，即总体期望 $\mu=\mu_0=15.25$ mm，则由抽样得到的样本平均观察值 $\bar{x}$ 与 μ 也不应相差太大，于是构造一个小概率事件，对给定的 $\alpha=0.05$，求 $x(x>0)$，即

$$P(|\bar{x}-\mu_0|>x)=\alpha,$$

$$P(|\bar{x}-\mu_0|>x)=P\left(\left|\frac{(\bar{x}-\mu_0)\sqrt{n}}{\sigma}\right|>\frac{x\sqrt{n}}{\sigma}\right).$$

因

$$U=\frac{(\bar{x}-\mu_0)\sqrt{n}}{\sigma}\sim N(0,1),$$

令

$$\lambda=\frac{x\sqrt{n}}{\sigma},$$

则

$$P(|U|>\lambda)=\alpha.$$

利用附录 B 的表 B1 可查出 λ.

$$P(|U|>\lambda)=1-P(|U|\leqslant\lambda)=1-\Phi(\lambda)+\Phi(-\lambda)$$
$$=2(1-\Phi(\lambda))=\alpha=0.05,$$
$$\Phi(\lambda)=1-\frac{\alpha}{2}=0.975,$$

所以

$$\lambda=1.96.$$
$$P\left(\left|\frac{(\bar{x}-\mu_0)\sqrt{n}}{\sigma}\right|>1.96\right)=0.05,$$

即

$$P\left(\bar{x}<\mu_0-\frac{\sigma}{\sqrt{n}}\times 1.96\text{ 或 }\bar{x}>\mu_0+\frac{\sigma}{\sqrt{n}}\times 1.96\right)=0.05.$$

将 $\mu_0=15.25,\sigma^2=0.05,n=6$ 代入,令 $W=\{\bar{x}<15.07$ 或 $\bar{x}>15.43\}$ 为**拒绝域**.

因

$$\bar{x}=\frac{1}{n}\sum_{i=1}^{n}x_i=\frac{1}{6}\sum_{i=1}^{6}x_i=15.06\in W,$$

说明小概率事件在这次抽样中发生了.因此必须拒绝假设 H_0,即不能认为 $\mu=\mu_0=15.25$ mm.

通过例子,我们可以归纳出方差已知时,期望的假设检验的一般步骤.

(1)提出原假设 $H_0:\mu=\mu_0$.

(2)对给定显著水平 α,求 λ,使 $P(|U|>\lambda)=\alpha$,其中 $U=\frac{(\bar{x}-\mu_0)\sqrt{n}}{\sigma}\sim N(0,1)$,则 λ 满足 $\Phi(\lambda)=1-\frac{\alpha}{2}$,由附录 B 的表 B1 查出 λ 的值.

(3)得拒绝域 $W=\left\{\bar{x}<\mu_0-\frac{\sigma}{\sqrt{n}}\lambda\text{ 或 }\bar{x}>\mu_0+\frac{\sigma}{\sqrt{n}}\lambda\right\}$,其中 μ_0,σ,n 均为已知.

(4)由样本观测值计算样本均值 $\bar{x}$.若 $\bar{x}\in W$,则拒绝 H_0;否则接受 H_0.

2. 未知方差 σ^2,检验假设 $H_0:\mu=\mu_0$

类似地,我们给出方差未知时,期望的假设检验的一般步骤.

（1）提出原假设 $H_0:\mu=\mu_0$.

（2）对给定的显著水平α，求λ，使$P(|T|>\lambda)=\alpha$，其中$T=\dfrac{(\overline{x}-\mu_0)\sqrt{n}}{s}\sim t(n-1)$，查$t$分布表可求出$\lambda$值.

（3）得到拒绝域$W=\left\{\overline{x}\leqslant\mu_0-\dfrac{s}{\sqrt{n}}\lambda \text{ 或 } \overline{x}>\mu_0+\dfrac{s}{\sqrt{n}}\lambda\right\}$.

（4）计算出观测样本均值$\overline{x}$. 若$\overline{x}\in W$，则拒绝假设H_0；否则接受假设H_0.

例 2 用某仪器间接测量温度，重复5次，所得数据为1 250 ℃，1 265 ℃，1 245 ℃，1 260 ℃，1 275 ℃，而用别的更精确的方法测得温度为1 277 ℃. 若测量值$x\sim N(\mu,\sigma^2)$，试问用此仪器间接测量温度有无系统的偏差($\alpha=0.05$)？

解 由条件可知，本题是在总体方差σ^2未知的情况下检验假设$H_0:\mu=\mu_0=1\ 277$ ℃.

由

$$P(|T|>\lambda)=0.05,$$

$$T=\frac{(\overline{x}-\mu_0)\sqrt{n}}{s}\sim t(4),$$

查表求得

$$\lambda=2.776.$$

又

$$\overline{x}=\frac{1}{5}\sum_{i=1}^{5}x_i=1\ 259,$$

$$s=\sqrt{\frac{1}{n-1}\sum_{i=1}^{5}(x_i-\overline{x})^2}=11.94,$$

所以拒绝域为

$$W=\left\{\overline{x}<1\ 277-\frac{11.94}{\sqrt{5}}\times 2.776 \text{ 或 } \overline{x}>1\ 277+\frac{11.94}{\sqrt{5}}\times 2.776\right\},$$

即

$$W=\{\overline{x}<1\ 262.177 \text{ 或 } \overline{x}>1\ 291.823\}.$$

由于$\overline{x}=1\ 259\in W$，故拒绝假设H_0，说明该仪器间接测量温度存在系统偏差.

上述对期望的假设检验，其拒绝域确定了样本均值左、右两个临界值点，故称之为**双侧检验**.

例 3 某工厂采用一种新方法处理废水，对处理后的水测量其所含某种有毒物质的质量浓度X，已知$X\sim N(\mu,\sigma^2)$，测量10个水样，得到以下数据：$\overline{x}=17.10$ mg/L，$s^2=2.90^2$. 而以前老方法处理废水后，该种有毒物质平均质量浓度为19 mg/L. 问新方法是否比老方法好($\alpha=0.05$)？

解 如果新方法比老方法好，即应在 $\mu<\mu_0=19$，故检验假设 $H_0:\mu<\mu_0=19$. 因 σ^2 未知，由 $\mu<\mu_0$，有

$$\bar{x}-\mu>\bar{x}-\mu_0,$$

所以

$$t=\frac{(\bar{x}-\mu)\sqrt{n}}{s}>\frac{(\bar{x}-\mu_0)\sqrt{n}}{s}.$$

对任意实数 λ， $$P(t>\lambda)\geqslant P\left(\frac{(\bar{x}-\mu_0)\sqrt{n}}{s}>\lambda\right),$$

但 $\frac{(\bar{x}-\mu_0)\sqrt{n}}{s}$ 分布未知，而

$$\frac{(\bar{x}-\mu)\sqrt{n}}{s}\sim t(9),$$

$$P\left(\frac{|\bar{x}-\mu_0|\sqrt{n}}{s}>\lambda\right)\leqslant P(T>\lambda)=0.05,$$

查表得 $\lambda=1.833$，从而

$$P\left(\frac{(\bar{x}-19)\sqrt{10}}{2.90}>1.833\right)\leqslant 0.05,$$

即

$$P\left(\bar{x}>19+\frac{2.90}{\sqrt{10}}\times 1.833\right)\leqslant 0.05.$$

故拒绝域为 $W=\{\bar{x}>20.68\}$，而抽样得 $\bar{x}=17.10\notin W$，故接受假设，认为新方法是比老方法好.

9.2.2 方差的假设检验

1. 未知期望 μ，检验假设 $H_0:\sigma^2=\sigma_0^2$（σ_0^2 为已知）

这时，假设检验的一般步骤为：

(1)提出原假设 $H_0:\sigma^2=\sigma_0^2$；

(2)对于给定的显著水平 α，求 $\lambda_1,\lambda_2\ (0<\lambda_1<\lambda_2)$，使 $P\{\omega<\lambda_1$ 或 $\omega>\lambda_2\}=\alpha$，$\omega=\frac{(n-1)s^2}{\sigma_0^2}\sim\chi^2(n-1)$，$\lambda_1,\lambda_2$ 分别满足

$$P(\omega>\lambda_2)=\frac{\alpha}{2},\quad P(\omega<\lambda_1)=1-\frac{\alpha}{2}.$$

查表可求 λ_1,λ_2 的值；

(3)得拒绝域 $W=\{\omega<\lambda_1$ 或 $\omega>\lambda_2\}$；

(4)由样本观测值计算出 s^2 的值及 $\omega=\dfrac{(n-1)s^2}{\sigma_0^2}$ 的值，如果 $\omega\in W$，则拒绝假设，否则接受假设.

例 4 某炼铁厂的铁水含碳量为 $X\sim N(\mu,\sigma^2)$，现对操作工艺作某些改进，然后抽测了5炉铁水，测得 $s^2=0.228^2$，由此是否可以认为新工艺炼出的铁水含碳量的方差 $\sigma^2=0.108^2$ $(\alpha=0.05)$?

解 设原假设为 $H_0:\sigma^2=\sigma_0^2=0.108^2$，且 μ 未知，$\alpha=0.05$，$P\{\omega<\lambda_1$ 或 $\omega>\lambda_2\}=0.05$，

$$\omega=\frac{(n-1)s^2}{\sigma_0^2}=\frac{4s^2}{\sigma_0^2}\sim\chi^2(4).$$

$$P(\omega<\lambda_1)=1-\frac{\alpha}{2}=0.975,\quad \lambda_1=0.484,$$

$$P(\omega>\lambda_2)=\frac{\alpha}{2}=0.025,\quad \lambda_2=11.1,$$

$$\omega=\frac{4\times 0.228^2}{0.108^2}=17.827.$$

拒绝域 $W=\{\omega<0.484$ 或 $\omega>11.1\}$.

因为 $\omega\in W$，故拒绝假设 H_0，认为新工艺不够稳定.

2. 未知期望 μ，检验假设 $H_0:\sigma^2\leqslant\sigma_0^2$

这时，假设检验的步骤为：

(1)提出原假设 $H_0:\sigma^2\leqslant\sigma_0^2$；

(2)若 $\sigma^2\leqslant\sigma_0^2$，则有 $\dfrac{1}{\sigma_0^2}\leqslant\dfrac{1}{\sigma^2}$，

$$\omega=\frac{(n-1)s^2}{\sigma_0^2}\leqslant\frac{(n-1)s^2}{\sigma^2}=W,$$

所以

$$P(\omega>\lambda)\leqslant P\{W>\lambda\},$$

$$\omega\sim\chi^2(n-1),$$

$$P\left(\omega=\frac{(n-1)s^2}{\sigma_0^2}>\lambda\right)\leqslant P(W>\lambda)=\alpha;$$

(3)得拒绝域 $W=\{\omega>\lambda\}$；

(4)计算 $\omega=\dfrac{(n-1)s^2}{\sigma_0^2}$，若 $\omega\in W$，则拒绝假设 H_0，否则接受假设.

例 5 用机器包装食盐，每袋盐净重 $x\sim N(\mu,\sigma^2)$，按质量标准规定每袋盐的标准重量为 500 g，标准差不能超过 10 g. 某日开工后，为检查包装机工作是否正常，从当日产品中任取 9 袋，测得净重分别为 497，507，510，475，484，488，524，491，515. 问包装机工作是

否正常?

解 包装机工作正常有两个条件:①每袋食盐的平均净重为500g;(2)各袋的净重相差不大.所以要检验两个假设:

$$H_0:\mu_0=500,\quad H'_0:\sigma^2\leqslant\sigma_0^2=10^2.$$

对 $H_0:\mu=\mu_0=500,\alpha=0.05,n=9,\sigma$ 未知,求 λ_1,使 $P(|t|>\lambda_1)=0.05$,其中 $t=\frac{(\bar{x}-\mu_0)\sqrt{n}}{s}\sim t(8)$,查表计算得

$$\lambda_1=2.306,\quad \bar{x}=499,\quad s^2=16.03^2.$$

从而得拒绝域 $W_1=\left\{\bar{x}<500-\frac{16.03}{3}\times2.306\text{ 或 }\bar{x}>500+\frac{16.03}{3}\times2.306\right\}$,即 $W_1=(\bar{x}<487.68$ 或 $\bar{x}>512.32)$,而 $\bar{x}=499\notin W_1$,故接受 H_0,即认为每袋盐的平均净重符合要求.

再检验 $H'_0:\sigma^2\leqslant\sigma_0^2=10^2$.

$$P\left(\omega=\frac{(n-1)s^2}{\sigma_0^2}>\lambda_2\right)\leqslant P(W>\lambda_2)=0.05,$$

$$\omega=\frac{(n-1)s^2}{\sigma_0^2}\sim\chi^2(8),$$

得 $\lambda=15.5$.

拒绝域为 $W_2=\{\omega>15.5\}$.

$$\omega=\frac{8\times16.03^2}{10^2}=20.56\in W_2,$$

所以拒绝 H'_0,即抽样表明各袋间的重量差别较大,包装机工作不够稳定.

综合练习九

1.选择题.

(1)设 $\overline{X}$ 和 S^2 是来自正态总体 $N(\mu,\sigma^2)$ 的样本均值和样本方差,样本容量为 n,$\left\{|\overline{X}-\mu_0|>t_{0.05}(n-1)\frac{S}{\sqrt{n}}\right\}$( ).

A.为 $H_0:\mu=\mu_0$ 的拒绝域 B.为 $H_0:\mu=\mu_1$ 的接受域

C.表示 μ 的一个置信区间 D.表示 σ^2 的一个置信区间

(2)对于显著水平 α 的检验结果而言,犯第一类(去真)错误的概率 P(拒绝 $H_0|H_0$ 为真)( ).

A. $\neq\alpha$ B. $=1-\alpha$ C. $>\alpha$ D. $\leqslant\alpha$

(3)对正态总体 $N(\mu,\sigma^2)$ 的假设检验问题(σ^2 未知)$H_0:\mu\leqslant1,H_1:\mu>1$.若取显著水平 $\alpha=0.05$,则其拒绝域为( ).

A. $|\overline{X}-1|>u_{0.05}$　　B. $\overline{X}>1+t_{0.05}(n-1)\dfrac{S}{\sqrt{n}}$

C. $|\overline{X}-1|>t_{0.025}\dfrac{S}{\sqrt{n-1}}$　　D. $\overline{X}<1-t_{0.05}(n-1)\dfrac{S}{\sqrt{n}}$

2. 填空题.

(1)假设检验所依据的原则是：________在一次试验中是不该发生的.

(2)设 α 和 β 分别为假设检验中犯第一类错误和犯第二类错误的概率，那么增大样本容量 n 可以减小________，但________会增大.

(3)对正态总体 $N(\mu,\sigma^2)$（μ 未知）中的 σ^2 检验时，检验统计量服从________分布.

3. 应用题.

(1)已知某电子器材厂生产一种云母带的厚度服从正态分布，其均值 $\mu=0.13$ mm，标准差 $\sigma=0.015$ mm. 某日开工后检查 10 处厚度，算出其平均值 $\overline{X}=0.146$ mm，若厚度的方差不变，试问该日云母带的厚度的平均值与 0.13 mm 有无显著差异（取 $\alpha=0.05$）？

(2)已知矿砂的标准镍含量为 3.25%. 某批矿砂的 5 个样品中的镍含量(%)经测定为

3.25　3.27　3.24　3.2　3.24

设测定值服从正态分布. 问在显著水平 $\alpha=0.01$ 下，能否认为这批矿砂的镍含量符合标准？

(3)从某种煤中取出 20 个样品，测量其发热量，计算平均发热量 $\overline{X}=2\,450$ kJ/kg，样本标准差 $s=42$ kJ/kg. 假设发热量服从正态分布，问在显著水平 $\alpha=0.05$ 下，能否认为发热量的均值是 2 480 kJ/kg？

(4)糖厂用自动打包机打包，每包标准质量为 50 kg，每天开工后需要检验一次打包机工作是否正常. 某日开工后测得 9 包的质量(单位：kg)如下：

49.65　49.35　50.25　50.6　49.15

49.85　49.75　51.05　50.25

问该日打包机工作是否正常（$\alpha=0.05$，已知包重服从正态分布）？

(5)从一批轴料中取 15 件测量其椭圆度，计算得样本标准差 $s=0.023$，问该批轴料椭圆度的总体方差与规定的 $\sigma^2=0.004$ 有无显著差异（$\alpha=0.05$，椭圆度服从正态分布）？

(6)从一批保险丝中抽取 10 根试验其熔化时间，结果(单位：ms)为

43　65　75　78　71　59　57　69　55　57

若熔化时间服从正态分布，问在显著水平 $\alpha=0.05$ 下，可否认为熔化时间的标准差为 9 ms？

第3篇 积分变换

在数学中，为了把较复杂的运算转化为较简单的运算，常常采取一种变换手段．例如数量的乘积或商可以通过对数变换转化成对数的和或差，然后再取反函数，即得到原来数量的乘积或商．这一方法的实质就是把较复杂的乘除运算通过对数变换转化为较简单的加减运算．再如解析几何中的坐标变换也属于这种情况．所谓积分变换，就是通过积分运算，把一个函数变成另一个函数的变换．

用积分变换去解微分方程，就如同用对数变换计算数量的乘积或商一样．

积分变换的理论和方法不仅在数学的许多分支中，而且在其他自然科学和各种工程技术领域中也有着广泛的应用，它已成为不可缺少的运算工具．

本篇将介绍最常用的两类积分变换：拉普拉斯变换和傅里叶变换．这里着重讨论它们的定义、性质及某些应用．

第 10 章　拉普拉斯变换

拉普拉斯(Laplace)变换是一种积分变换，它通过无限区间上的广义积分，实现了不同类型函数之间的转换，从而达到了简化问题、解决问题的目的. 拉普拉斯变换在信号处理、求解微分方程方面是强有力的工具，被广泛应用到电学、声学、振动力学等学科中.

对于本章内容涉及的有关复变函数论中的概念与理论，在这里不作深究，对本章出现的运算，只需按一元函数微分、积分的法则进行即可.

10.1　拉普拉斯变换的概念

10.1.1　拉普拉斯变换的定义

首先给出函数拉普拉斯变换与逆变换的概念.

定义　设函数 $f(t)$ 在区间 $[0,+\infty)$ 上有定义，如果含复参变量 s 的无穷积分

$$\int_0^{+\infty} e^{-st} f(t)\,dt = \lim_{T\to+\infty}\int_0^{T} e^{-st} f(t)\,dt$$

对 s 的某一取值范围是收敛的，则称

$$F(s) = \int_0^{+\infty} e^{-st} f(t)\,dt$$

为函数 $f(t)$ 的**拉普拉斯变换**，$f(t)$ 称为**象原函数**，$F(s)$ 称为**象函数**(其中 s 是复数，$s=\beta+i\omega$)，记作 $F(s)=\mathscr{L}[f(t)]$；相应的，称 $f(t)$ 为 $F(s)$ 的**拉普拉斯逆变换**，记作 $f(t)=\mathscr{L}^{-1}[F(s)]$.

注意　为研究方便，本章讨论的函数 $f(t)$ 总认为：当 $t<0$ 时，$f(t)\equiv 0$.

10.1.2　拉普拉斯变换存在定理

定理　如果 $f(t)$ 满足下列条件：

(1)在 $t\geqslant 0$ 的任一有限区间上分段连续；

(2)存在实常数 $a\geqslant 0$ 和 $A>0$，使得 t 充分大时，有

$$|f(t)|\leqslant Ae^{at},\quad 0\leqslant t<+\infty,$$

则 $f(t)$ 的拉普拉斯变换在半平面 $\mathrm{Re}(s)>a$ 上存在.

这里 a 称为 $f(t)$ 的**增长指数**. 当 $f(t)$ 是有界函数时，可取 $a=0$.

证　设 $s=\beta+i\omega$，则 $\mathrm{Re}(s)=\beta$. 当 $\beta>a$ 时，

$$\int_0^{+\infty} |e^{-st} f(t)|\,dt = \int_0^{+\infty} |e^{-st}|\cdot|f(t)|\,dt \leqslant \int_0^{+\infty} e^{-\beta t}\cdot Ae^{at}\,dt$$

$$=A\int_0^{+\infty} e^{-(\beta-a)t}dt = \frac{A}{\beta - a}.$$

因广义积分 $\int_0^{+\infty} e^{-st}f(t)dt$ 绝对收敛,从而该积分收敛,故 $F(s)$存在.

对于上述定理,可以这样简单地去理解,即一个函数即使它的绝对值随着 t 的增大而增大,但只要不比某个指数函数增长得快,则它的拉普拉斯变换就存在.常见的大部分函数都是满足这个条件的,如三角函数、指数函数和幂函数等.但必须注意的是,该定理的条件是充分的,而不是必要的.

例 1 求函数 $f(t)=1$ 的拉普拉斯变换.

解 由拉普拉斯变换的定义,有

$$F(s)=\mathscr{L}[1]=\int_0^{+\infty} e^{-st}dt = -\frac{1}{s}e^{-st}\Big|_0^{+\infty}$$
$$=\frac{1}{s} \quad (\mathrm{Re}(s)>0).$$

例 2 求函数 $f(t)=t$ 的拉普拉斯变换.

解 由拉普拉斯变换的定义,有

$$F(s)=\mathscr{L}[t]=\int_0^{+\infty} e^{-st}t\,dt = -\frac{1}{s}\int_0^{+\infty} t\,de^{-st}$$
$$=-\frac{1}{s}\left[te^{-st}\Big|_0^{+\infty} - \int_0^{+\infty} e^{-st}dt\right]$$
$$=\frac{1}{s^2} \quad (\mathrm{Re}(s)>0).$$

例 3 求函数 $f(t)=t^n$ 的拉普拉斯变换,其中 n 是正整数,$\mathrm{Re}(s)>0$.

解

$$F(s)=\mathscr{L}[t^n]=\int_0^{+\infty} e^{-st}t^n dt = \frac{1}{s}t^n e^{-st}\Big|_0^{+\infty} + \frac{n}{s}\int_0^{+\infty} e^{-st}t^{n-1}dt$$
$$=\frac{n}{s}\mathscr{L}[t^{n-1}] = \frac{n}{s}\cdot\frac{n-1}{s}\mathscr{L}[t^{n-2}] = \cdots$$
$$=\frac{n!}{s^n}\mathscr{L}[1] = \frac{n!}{s^{n+1}}.$$

例 4 求函数 $f(t)=e^{at}$ 的拉普拉斯变换(a 为复常数).

解

$$F(s)=\mathscr{L}[e^{at}]=\int_0^{+\infty} e^{-st}e^{at}dt = \int_0^{+\infty} e^{-(s-a)t}dt$$
$$=-\frac{1}{s-a}e^{-(s-a)t}\Big|_0^{+\infty}$$
$$=\frac{1}{s-a} \quad (\mathrm{Re}(s)>a).$$

一般的,对于以 T 为周期的函数 $f(t)$,即 $f(t+T)=f(t)(t>0)$,若 $f(t)$ 在一个周期上是分段连续的,则有

$$\mathscr{L}[f(t)]=\frac{1}{1-e^{-sT}}\int_0^T f(t)e^{-st}dt \quad (\mathrm{Re}(s)>0)$$

成立.这就是周期函数的拉普拉斯变换的公式.

例 5　求全波整流后的正弦波 $f(t)=|\sin\omega t|$ 的象函数.

解　$f(t)$ 的周期为 $T=\frac{\pi}{\omega}$,故有

$$\begin{aligned}\mathscr{L}[f(t)]&=\frac{1}{1-e^{-sT}}\int_0^T e^{-st}\sin\omega t\,dt\\&=\frac{1}{1-e^{-sT}}\left.\frac{e^{-st}(-s\sin\omega t-\omega\cos\omega t)}{s^2+\omega^2}\right|_0^T\\&=\frac{\omega}{s^2+\omega^2}\cdot\frac{1+e^{-sT}}{1-e^{-sT}}=\frac{\omega}{s^2+\omega^2}\mathrm{cth}\,\frac{s\pi}{2\omega}.\end{aligned}$$

通过上述几个例子的讨论,我们可以看出,对于在整个区间 $[0,+\infty)$ 上有定义的不同的函数 $f(t)$,它们的拉普拉斯变换很可能在 s 的不同区域上存在,例如 $f(t)=1$,$f(t)=t^n$(n 是正整数)等函数的拉普拉斯变换只在 $\mathrm{Re}(s)>0$ 有定义;而 $f(t)=e^{at}$ 的拉普拉斯变换只在 $\mathrm{Re}(s)>a$ 有定义.此外,对于某些函数,例如 $f(t)=e^{t^2}$,不满足定理的条件,它的拉普拉斯变换对于一切 s 值都不存在.由此可见,$F(s)$ 的定义域是随 $f(t)$ 而定的.

另外,若 s 为实数,$F(s)$ 的定义域可把上述结论中的 $\mathrm{Re}(s)$ 换为 s 即可.比如,若 s 为实数,则 $F(s)=\mathscr{L}[1]=\int_0^{+\infty}e^{-st}dt$ 的定义域即为 $s>0$.

我们通常接触到的函数大部分都能满足定理的条件,其拉普拉斯变换存在,且存在域通常是某个半平面.因此进行拉普拉斯变换时,常常不表出其存在域,只有非常必要时才特别加以注明.

一般常用函数的拉普拉斯变换可查**拉普拉斯变换简表**(见附录 C).请读者查表重新计算上述各例题.

习　题 10.1

1. 利用拉普拉斯变换的定义,求下列函数的拉普拉斯变换:

(1) $\sin\frac{t}{2}$;

(2) e^{-2t};

(3)t^2;

(4)$f(t)=\begin{cases}3, & 0\leqslant t<2,\\ -1, & 2\leqslant t<4,\\ 0, & t\geqslant 4;\end{cases}$

(5)$f(t)=\begin{cases}3, & 0\leqslant t<\dfrac{\pi}{2},\\ \cos t, & t\geqslant \dfrac{\pi}{2}.\end{cases}$

2. 设 $f(t)$是以 2π 为周期的函数,且在区间$[0,2\pi]$上取值为

$$f(t)=\begin{cases}\sin t, & 0\leqslant t<\pi,\\ 0, & \pi\leqslant t\leqslant 2\pi,\end{cases}$$

求 $\mathscr{L}[f(t)]$.

10.2 拉普拉斯变换的性质

利用定义直接借助于积分的计算来求一个函数的象函数,在大多数情况下是极其困难的.要简化各种函数的象函数的求解过程,就有必要介绍拉普拉斯变换的性质,利用这些性质,拉普拉斯变换才能成为解决实际问题的有力工具.

性质 1(线性性质) 设函数 $f_1(t),f_2(t)$满足定理的条件,则在它们的象函数的定义域的共同部分上,有

$$\mathscr{L}[C_1f_1(t)+C_2f_2(t)]=C_1\mathscr{L}[f_1(t)]+C_2\mathscr{L}[f_2(t)],$$

其中,C_1,C_2 是任意常数.

证 由定义得

$$\begin{aligned}\mathscr{L}[C_1f_1(t)+C_2f_2(t)]&=\int_0^{+\infty}e^{-st}[C_1f_1(t)+C_2f_2(t)]dt\\&=\int_0^{+\infty}e^{-st}C_1f_1(t)dt+\int_0^{+\infty}e^{-st}C_2f_2(t)dt\\&=C_1\int_0^{+\infty}e^{-st}f_1(t)dt+C_2\int_0^{+\infty}e^{-st}f_2(t)dt\\&=C_1\mathscr{L}[f_1(t)]+C_2\mathscr{L}[f_2(t)].\end{aligned}$$

性质 1 表明,函数线性组合的拉普拉斯变换,等于各函数拉普拉斯变换的线性组合.

例 1 求函数 $\cos\omega t+\mathrm{i}\sin\omega t$ 的拉普拉斯变换.

解 由性质 1 及欧拉公式,得

$$\begin{aligned}\mathscr{L}[\cos\omega t+\mathrm{i}\sin\omega t]&=\mathscr{L}[\cos\omega t]+\mathrm{i}\mathscr{L}[\sin\omega t]=\mathscr{L}[e^{\mathrm{i}\omega t}]\\&=\frac{1}{s-\mathrm{i}\omega}=\frac{s+\mathrm{i}\omega}{s^2+\omega^2}.\end{aligned}$$

再由复数相等的定义，得

$$\mathscr{L}[\cos\omega t]=\frac{s}{s^2+\omega^2},\quad \mathscr{L}[\sin\omega t]=\frac{\omega}{s^2+\omega^2}.$$

*例 2　求 $f_1(t)=\mathrm{sh}t, f_2(t)=\mathrm{ch}t$ 的拉普拉斯变换.

解　由性质 1，有

$$\mathscr{L}[\mathrm{sh}t]=\mathscr{L}\left[\frac{1}{2}(\mathrm{e}^t-\mathrm{e}^{-t})\right]=\frac{1}{2}\mathscr{L}[\mathrm{e}^t]-\frac{1}{2}\mathscr{L}[\mathrm{e}^{-t}]$$

$$=\frac{1}{2}\frac{1}{s-1}-\frac{1}{2}\frac{1}{s+1}=\frac{1}{s^2-1}.$$

$$\mathscr{L}[\mathrm{ch}t]=\mathscr{L}\left[\frac{1}{2}(\mathrm{e}^t+\mathrm{e}^{-t})\right]=\frac{1}{2}\mathscr{L}[\mathrm{e}^t]+\frac{1}{2}\mathscr{L}[\mathrm{e}^{-t}]$$

$$=\frac{1}{2}\frac{1}{s-1}+\frac{1}{2}\frac{1}{s+1}=\frac{s}{s^2-1}.$$

性质 2(象原函数的微分性质)　如果 $f'(t), f''(t), \cdots, f^{(n)}(t)$ 均满足定理的条件，则

$$\mathscr{L}[f'(t)]=s\mathscr{L}[f(t)]-f(0).$$

一般的，有

$$\mathscr{L}[f^{(n)}(t)]=s^n\mathscr{L}[f(t)]-s^{n-1}f(0)-s^{n-2}f'(0)-\cdots-f^{(n-1)}(0).$$

证　用数学归纳法证明.

当 $n=1$ 时，

$$\mathscr{L}[f'(t)]=\int_0^{+\infty}\mathrm{e}^{-st}f'(t)\mathrm{d}t=\int_0^{+\infty}\mathrm{e}^{-st}\mathrm{d}f(t)$$

$$=\mathrm{e}^{-st}f(t)\Big|_0^{+\infty}+s\int_0^{+\infty}\mathrm{e}^{-st}f(t)\mathrm{d}t$$

$$=s\mathscr{L}[f(t)]-f(0).$$

设 $n=k$ 时，有

$$\mathscr{L}[f^{(k)}(t)]=s^k\mathscr{L}[f(t)]-s^{k-1}f(0)-\cdots-f^{(k-1)}(0)$$

成立，当 $n=k+1$ 时，

$$\mathscr{L}[f^{(k+1)}(t)]=\mathscr{L}\{[f^{(k)}(t)]'\}=s\mathscr{L}[f^{(k)}(t)]-f^{(k)}(0)$$

$$=s\{s^k\mathscr{L}[f(t)]-s^{k-1}f(0)-\cdots-f^{(k-1)}(0)\}-f^{(k)}(0)$$

$$=s^{k+1}\mathscr{L}[f(t)]-s^kf(0)-\cdots-sf^{(k-1)}(0)-f^{(k)}(0).$$

因此，由数学归纳法，得

$$\mathscr{L}[f^{(n)}(t)]=s^n\mathscr{L}[f(t)]-s^{n-1}f(0)-s^{n-2}f'(0)-\cdots-f^{(n-1)}(0).$$

性质 2 表明，一个函数的导数的拉普拉斯变换等于这个函数的拉普拉斯变换乘以参数 s，再减去函数的初值.

例 3　已知 $f(t)=\cos t, f(0)=1, f'(0)=0$，试求它的二阶导函数的拉普拉斯变换.

解　由性质 2 知

$$\mathscr{L}[f''(t)]=s^2\mathscr{L}(\cos t)-sf(0)-f'(0)$$
$$=s^2\cdot\frac{s}{s^2+1}-s\cdot 1-0=-\frac{s}{s^2+1}.$$

性质3(象函数的微分性质) 如果 $\mathscr{L}[f(t)]=F(s)$,则

$$\frac{\mathrm{d}}{\mathrm{d}s}F(s)=-\mathscr{L}[tf(t)].$$

一般的,有

$$\frac{\mathrm{d}^n}{\mathrm{d}s^n}F(s)=(-1)^n\mathscr{L}[t^nf(t)].$$

事实上

$$\frac{\mathrm{d}}{\mathrm{d}s}F(s)=\frac{\mathrm{d}}{\mathrm{d}s}\int_0^{+\infty}\mathrm{e}^{-st}f(t)\mathrm{d}t=\int_0^{+\infty}\frac{\partial}{\partial s}\mathrm{e}^{-st}f(t)\mathrm{d}t$$
$$=-\int_0^{+\infty}t\mathrm{e}^{-st}f(t)\mathrm{d}t=-\mathscr{L}[tf(t)].$$

应用数学归纳法,可得

$$\frac{\mathrm{d}^n}{\mathrm{d}s^n}F(s)=(-1)^n\mathscr{L}[t^nf(t)].$$

性质3表明,一个函数与 t^n 的乘积的拉普拉斯变换等于其象函数的 n 阶导数与 $(-1)^n$ 的乘积.

例4 求函数 $f(t)=t^n\mathrm{e}^{at}$ 的拉普拉斯变换.

解 由性质3知,

$$\mathscr{L}[t^n\mathrm{e}^{at}]=(-1)^n\frac{\mathrm{d}^n}{\mathrm{d}s^n}F(s)=(-1)^n\frac{\mathrm{d}^n}{\mathrm{d}s^n}\mathscr{L}[\mathrm{e}^{at}]$$
$$=(-1)^n\frac{\mathrm{d}^n}{\mathrm{d}s^n}\left(\frac{1}{s-a}\right)$$
$$=\frac{n!}{(s-a)^{n+1}}.$$

例5 求 $\mathscr{L}[t\cos\omega t]$ 及 $\mathscr{L}[t\sin\omega t]$.

解 由性质3知,

$$\mathscr{L}[t\cos\omega t]=-\frac{\mathrm{d}}{\mathrm{d}s}\mathscr{L}[\cos\omega t]=-\frac{\mathrm{d}}{\mathrm{d}s}\left(\frac{s}{s^2+\omega^2}\right)=\frac{s^2-\omega^2}{(s^2+\omega^2)^2},$$
$$\mathscr{L}[t\sin\omega t]=-\frac{\mathrm{d}}{\mathrm{d}s}\left(\frac{\omega}{s^2+\omega^2}\right)=-\frac{-2\omega s}{(s^2+\omega^2)^2}=\frac{2\omega s}{(s^2+\omega^2)^2}.$$

性质4(积分性质) 如果 $\mathscr{L}[f(t)]=F(s)$,则

$$\mathscr{L}\left[\int_0^t f(t)\mathrm{d}t\right]=\frac{1}{s}F(s).$$

证 由于

$$\mathscr{L}\left[\int_0^t f(t)\mathrm{d}t\right] = \int_0^{+\infty}\left[\int_0^t f(\tau)\mathrm{d}\tau\right]\mathrm{e}^{-st}\mathrm{d}t,$$

分部积分，得

$$\mathscr{L}\left[\int_0^t f(t)\mathrm{d}t\right] = -\frac{\mathrm{e}^{-st}}{s}\int_0^t f(\tau)\mathrm{d}\tau\Big|_0^{+\infty} + \frac{1}{s}\int_0^{+\infty} f(t)\mathrm{e}^{-st}\mathrm{d}t$$
$$= \frac{1}{s}F(s).$$

重复应用性质 4，得

$$\mathscr{L}\left[\int_0^t \mathrm{d}t\int_0^t \mathrm{d}t\cdots\int_0^t f(t)\mathrm{d}t\right] = \frac{1}{s^n}F(s).$$

性质 4 表明，一个函数积分后再取拉普拉斯变换，等于这个函数的拉普拉斯变换除以参数 s.

例 6 求

$$f(t) = \int_0^t t\sin 2t\mathrm{d}t$$

的拉普拉斯变换.

解 由例 5 知

$$\mathscr{L}[t\sin 2t] = \frac{4s}{(s^2+4)^2}.$$

再由性质 4，得

$$\mathscr{L}[f(t)] = \frac{4}{(s^2+4)^2}.$$

性质 5(象函数的积分性质) 若 $\mathscr{L}[f(t)] = F(s)$，则

$$\int_s^{+\infty} F(s)\mathrm{d}s = \mathscr{L}\left[\frac{f(t)}{t}\right].$$

一般的，有

$$\int_s^{\infty}\mathrm{d}s\int_s^{\infty}\mathrm{d}s\cdots\int_s^{\infty} F(s)\mathrm{d}s = \mathscr{L}\left[\frac{f(t)}{t^n}\right].$$

证

$$\int_s^{\infty} F(s)\mathrm{d}s = \int_s^{\infty}\left[\int_0^{+\infty} f(t)\mathrm{e}^{-st}\mathrm{d}t\right]\mathrm{d}s = \int_0^{+\infty} f(t)\left[\int_s^{\infty}\mathrm{e}^{-st}\mathrm{d}s\right]\mathrm{d}t$$
$$= \int_0^{+\infty}\left(f(t)\cdot\left(-\frac{1}{t}\mathrm{e}^{-st}\right)\Big|_s^{\infty}\right)\mathrm{d}t = \int_0^{+\infty}\frac{f(t)}{t}\mathrm{e}^{-st}\mathrm{d}t$$
$$= \mathscr{L}\left[\frac{f(t)}{t}\right].$$

反复利用上式便可得到

$$\int_s^{\infty}\mathrm{d}s\int_s^{\infty}\mathrm{d}s\cdots\int_s^{\infty} F(s)\mathrm{d}s = \mathscr{L}\left[\frac{f(t)}{t^n}\right].$$

例 7 求

$$f(t)=\frac{\sin t}{t}$$

的拉普拉斯变换.

解 由 $\mathscr{L}[\sin t]=\dfrac{1}{1+s^2}$ 及象函数的积分性质,得

$$\mathscr{L}\left[\frac{\sin t}{t}\right]=\int_s^{\infty}\frac{1}{1+s^2}\mathrm{d}s=\operatorname{arccot}s.$$

性质 6(位移性质) 如果 $F(s)=\mathscr{L}[f(t)]$,则

$$\mathscr{L}[\mathrm{e}^{at}f(t)]=F(s-a).$$

证 由定义,有

$$\begin{aligned}\mathscr{L}[\mathrm{e}^{at}f(t)]&=\int_0^{+\infty}\mathrm{e}^{-st}\mathrm{e}^{at}f(t)\mathrm{d}t=\int_0^{+\infty}\mathrm{e}^{-(s-a)t}f(t)\mathrm{d}t\\&=F(s-a).\end{aligned}$$

性质 6 表明,一个函数乘以 e^{at} 的拉普拉斯变换等于其象函数作位移 a.

例 8 求 $\mathscr{L}[\mathrm{e}^{at}\cos\omega t]$ 及 $\mathscr{L}[\mathrm{e}^{at}\sin\omega t]$.

解 因 $\mathscr{L}[\cos\omega t]=\dfrac{s}{s^2+\omega^2}$,$\mathscr{L}[\sin\omega t]=\dfrac{\omega}{s^2+\omega^2}$,故由性质 6,有

$$\mathscr{L}[\mathrm{e}^{at}\cos\omega t]=\frac{s-a}{(s-a)^2+\omega^2},\quad \mathscr{L}[\mathrm{e}^{at}\sin\omega t]=\frac{\omega}{(s-a)^2+\omega^2}.$$

性质 7(延迟性质) 设 $F(s)=\mathscr{L}[f(t)]$,$t<0$ 时 $f(t)=0$,则对任一非负实数 τ,有

$$\mathscr{L}[f(t-\tau)]=\mathrm{e}^{-s\tau}F(s).$$

证 由定义,有

$$\begin{aligned}\mathscr{L}[f(t-\tau)]&=\int_0^{+\infty}f(t-\tau)\mathrm{e}^{-st}\mathrm{d}t\\&=\int_0^{\tau}f(t-\tau)\mathrm{e}^{-st}\mathrm{d}t+\int_{\tau}^{+\infty}f(t-\tau)\mathrm{e}^{-st}\mathrm{d}t\\&=I_1+I_2.\end{aligned}$$

因为 $t<\tau$ 时,$f(t-\tau)=0$,故

$$I_1=\int_0^{\tau}f(t-\tau)\mathrm{e}^{-st}\mathrm{d}t=0.$$

对 I_2 作变换 $t-\tau=u$,则

$$I_2=\int_0^{+\infty}f(u)\mathrm{e}^{-s(u+\tau)}\mathrm{d}u=\mathrm{e}^{-s\tau}\int_0^{+\infty}f(u)\mathrm{e}^{-su}\mathrm{d}u=\mathrm{e}^{-s\tau}F(s).$$

因此

$$\mathscr{L}[f(t-\tau)]=\mathrm{e}^{-s\tau}F(s).$$

从几何上看,$f(t-\tau)$ 的图像是 $f(t)$ 的图像沿 t 轴向右平移 τ 个单位所得的. 性质 7

表明,时间函数延迟 τ 的拉普拉斯变换,等于它的象函数乘以指数因子 $e^{-\tau s}$.

例 9 求函数

$$f(t)=\frac{u(t)-u(t-a)}{a}$$

的拉普拉斯变换,其中 $u(t)$ 为单位阶跃函数,即

$$u(t)=\begin{cases}0, & t<0,\\ 1, & t\geqslant 0.\end{cases}$$

解 由拉普拉斯变换简表得

$$\mathscr{L}[u(t)]=\frac{1}{s}.$$

根据性质 7,有

$$\mathscr{L}[u(t-a)]=e^{-as}\cdot\frac{1}{s},$$

故

$$\begin{aligned}\mathscr{L}[f(t)]&=\frac{1}{a}\{\mathscr{L}[u(t)]-\mathscr{L}[u(t-a)]\}\\&=\frac{1}{a}\left(\frac{1}{s}-e^{-as}\cdot\frac{1}{s}\right)=\frac{1-e^{-as}}{as}.\end{aligned}$$

例 10 求

$$f(t)=\begin{cases}\sin t, & 0\leqslant t\leqslant\pi,\\ 0, & \text{其他}\end{cases}$$

的拉普拉斯变换.

解 设

$$f_1(t)=\begin{cases}\sin t, & t\geqslant 0,\\ 0, & t<0,\end{cases}$$

故

$$f_1(t-\pi)=\begin{cases}-\sin t, & t\geqslant\pi,\\ 0, & t<\pi.\end{cases}$$

因此

$$f(t)=f_1(t)+f_1(t-\pi).$$

于是

$$\begin{aligned}\mathscr{L}[f(t)]&=\mathscr{L}[\sin t]+\mathscr{L}[\sin(t-\pi)]\\&=\frac{1}{s^2+1}+\frac{1}{s^2+1}e^{-\pi t}=\frac{1}{s^2+1}(1+e^{-\pi t}).\end{aligned}$$

对于性质 7,要特别强调当 $t<0$ 时 $f(t)=0$ 这一约定,因此在利用本性质求逆变换时,应为 $\mathscr{L}^{-1}[e^{-\tau s}F(s)]=f(t-\tau)u(t-\tau)$.

例 11 求

$$f(t)=t\int_0^t e^{-3t}\sin 2t\,dt$$

的拉普拉斯变换.

解 因

$$\mathscr{L}[\sin 2t]=\frac{2}{s^2+4},$$

故

$$\mathscr{L}[\mathrm{e}^{-3t}\sin 2t]=\frac{2}{(s+3)^2+4},$$

$$\mathscr{L}\left[\int_0^t \mathrm{e}^{-3t}\sin 2t\mathrm{d}t\right]=\frac{2}{s[(s+3)^2+4]},$$

$$\mathscr{L}\left[t\int_0^t \mathrm{e}^{-3t}\sin 2t\mathrm{d}t\right]=-\frac{\mathrm{d}}{\mathrm{d}s}\left(\frac{2}{s[(s+3)^2+4]}\right)=\frac{6s^2+24s+26}{s^2[(s+3)^2+4]^2}.$$

***性质 8** $\mathscr{L}[f(t)*g(t)]=\mathscr{L}[f(t)]\cdot\mathscr{L}[g(t)],$

式中

$$f(t)*g(t)=\int_0^t f(u)g(t-u)\mathrm{d}u=\int_0^t f(t-u)g(u)\mathrm{d}u,$$

称为函数 $f(t)$ 和 $g(t)$ 的**褶积(或卷积)**.

习 题 10.2

1. 利用拉普拉斯变换的性质,求下列函数的拉普拉斯变换:

(1) $f(t)=t^2+3t+2$;

(2) $f(t)=5\sin 2t-3\cos 2t$;

(3) $f(t)=1-t\mathrm{e}^t$;

(4) $f(t)=\mathrm{e}^{-2t}\sin 6t$;

(5) $f(t)=\mathrm{e}^{-4t}\cos 4t$;

(6) $f(t)=u(3t-5)$;

(7) $f(t)=\dfrac{\sin kt}{t}$;

(8) $\displaystyle\int_0^t \frac{\mathrm{e}^{-3t}\sin 2t}{t}\mathrm{d}t$.

2. 求下列函数在区间 $[0,+\infty)$ 上的卷积:

(1) $1*u(t)$;

(2) t^m*t^n (m,n 为正整数);

(3) $\sin kt*\sin kt$ ($k\neq 0$);

(4) $t*\mathrm{sh}t$.

10.3　拉普拉斯逆变换

前面主要介绍由已知函数 $f(t)$ 求其象函数 $\mathscr{L}[f(t)]=F(s)$，但在很多实际应用中常常遇到与此相反的问题，即已知象函数 $F(s)$，要求象原函数 $f(t)$. 对此类问题常借助于拉普拉斯变换简表以及拉普拉斯变换的性质来解决.

例 1　求 $\mathscr{L}^{-1}\left[\dfrac{k}{s^2+k^2}\right]$ 和 $\mathscr{L}^{-1}\left[\dfrac{s}{s^2+k^2}\right]$　$(k\neq 0)$.

解　根据拉普拉斯变换简表中的公式 5 和公式 6，令 $k=a$，得

$$\mathscr{L}^{-1}\left[\frac{k}{s^2+k^2}\right]=\sin kt.$$

同理，

$$\mathscr{L}^{-1}\left[\frac{s}{s^2+k^2}\right]=\cos kt.$$

例 2　求 $F(s)=\dfrac{2s-5}{s^2-5s+6}$ 的拉普拉斯逆变换.

解　因
$$F(s)=\frac{2s-5}{s^2-5s+6}=\frac{(s-3)+(s-2)}{(s-3)(s-2)}=\frac{1}{s-3}+\frac{1}{s-2},$$

故由拉普拉斯变换公式 2 及拉普拉斯变换的线性性质，得

$$\begin{aligned}f(t)&=\mathscr{L}^{-1}[F(s)]=\mathscr{L}^{-1}\left[\frac{1}{s-3}\right]+\mathscr{L}^{-1}\left[\frac{1}{s-2}\right]\\&=e^{3t}+e^{2t}.\end{aligned}$$

例 3　求 $F(s)=\dfrac{s^2}{(s+2)(s^2+s+2)}$ 的拉普拉斯逆变换.

解　因

$$\begin{aligned}F(s)&=\frac{s^2}{(s+2)(s^2+s+2)}=\frac{(s^2+s+2)-(s+2)}{(s+2)(s^2+s+2)}=\frac{1}{s+2}-\frac{1}{s^2+s+2}\\&=\frac{1}{s+2}-\frac{1}{\left(s+\frac{1}{2}\right)^2+\frac{7}{4}}=\frac{1}{s+2}-\sqrt{\frac{4}{7}}\cdot\frac{\sqrt{\frac{7}{4}}}{\left(s+\frac{1}{2}\right)^2+\frac{7}{4}},\end{aligned}$$

故由拉普拉斯变换公式 2 及公式 15，得

$$f(t)=\mathscr{L}^{-1}[F(s)]=\mathscr{L}^{-1}\left[\frac{1}{s+2}\right]-\sqrt{\frac{4}{7}}\mathscr{L}^{-1}\left[\frac{\sqrt{\frac{7}{4}}}{\left(s+\frac{1}{2}\right)^2+\frac{7}{4}}\right]$$

$$=\mathrm{e}^{-2t}-\sqrt{\frac{4}{7}}\mathrm{e}^{-\frac{1}{2}t}\sin\sqrt{\frac{7}{4}}t.$$

当象函数化成部分分式比较复杂时，可以采用待定系数法来分解.

例 4 求 $F(s)=\dfrac{s+2}{s^3+6s^2+9s}$ 的象原函数.

解 因

$$F(s)=\frac{s+2}{s^3+6s^2+9s}=\frac{s+2}{s(s+3)^2},$$

故设

$$F(s)=\frac{A}{s}+\frac{B}{(s+3)^2}+\frac{C}{s+3},$$

其中 A,B,C 为待定常数.

通分后比较等号两边的分子，得

$$A(s+3)^2+Bs+Cs(s+3)=s+2.$$

令 $s=0$，则有 $9A=2$，于是 $A=\dfrac{2}{9}$；令 $s=-3$，则 $3B=1$，于是 $B=\dfrac{1}{3}$；令 $s=1$，则有 $16A+B+4C=3$，于是 $C=-\dfrac{2}{9}$.

因此

$$F(s)=\frac{s+2}{s^3+6s^2+9s}=\frac{2}{9}\cdot\frac{1}{s}+\frac{1}{3}\cdot\frac{1}{(s+3)^2}-\frac{2}{9}\cdot\frac{1}{s+3},$$

于是

$$\begin{aligned}f(t)&=\mathscr{L}^{-1}\left[\frac{s+2}{s^3+6s^2+9s}\right]\\&=\frac{2}{9}\mathscr{L}^{-1}\left[\frac{1}{s}\right]+\frac{1}{3}\mathscr{L}^{-1}\left[\frac{1}{(s+3)^2}\right]-\frac{2}{9}\mathscr{L}^{-1}\left[\frac{1}{s+3}\right]\\&=\frac{2}{9}+\frac{1}{3}t\mathrm{e}^{-3t}-\frac{2}{9}\mathrm{e}^{-3t}.\end{aligned}$$

例 5 求

$$F(s)=\frac{s^2+2a^2}{(s^2+a^2)^2}\mathrm{e}^{-\tau s}\quad(\tau>0)$$

的拉普拉斯逆变换.

解 令 $F_1(s)=\dfrac{s^2+2a^2}{(s^2+a^2)^2}$，则

$$F_1(s)=\frac{(s^2+a^2)+a^2}{(s^2+a^2)^2}=\frac{1}{s^2+a^2}+\frac{a^2}{(s^2+a^2)^2}.$$

由拉普拉斯变换公式 5 和公式 29 有

$$\begin{aligned}\mathscr{L}^{-1}[F_1(s)] &= \frac{1}{a}\mathscr{L}^{-1}\left[\frac{a}{s^2+a^2}\right]+a^2\mathscr{L}^{-1}\left[\frac{1}{(s^2+a^2)^2}\right]\\ &= \frac{3}{2a}\sin at-\frac{1}{2}t\cos at.\end{aligned}$$

再由拉普拉斯变换的性质 7(延迟性质),得

$$\begin{aligned}\mathscr{L}^{-1}[F(s)] &= \mathscr{L}^{-1}[F_1(s)\mathrm{e}^{-\tau s}]\\ &= \left[\frac{3}{2a}\sin a(t-\tau)-\frac{1}{2}(t-\tau)\cos a(t-\tau)\right]u(t-\tau)\\ &= \begin{cases}\dfrac{3}{2a}\sin a(t-\tau)-\dfrac{1}{2}(t-\tau)\cos a(t-\tau), & t\geqslant\tau,\\ 0, & t<\tau.\end{cases}\end{aligned}$$

例 6 求

$$F(s)=\ln\frac{s^2-1}{s^2}$$

的拉普拉斯逆变换.

解 因

$$\frac{\mathrm{d}}{\mathrm{d}s}F(s)=\frac{2}{s(s^2-1)}=\frac{1}{s+1}+\frac{1}{s-1}-\frac{2}{s},$$

故由拉普拉斯变换的性质 3(象函数的微分性质),得

$$\mathscr{L}^{-1}\left[\frac{\mathrm{d}}{\mathrm{d}s}F(s)\right]=\mathscr{L}^{-1}\left[\frac{1}{s+1}\right]+\mathscr{L}^{-1}\left[\frac{1}{s-1}\right]-2\mathscr{L}^{-1}\left[\frac{1}{s}\right],$$

即

$$-tf(t)=\mathrm{e}^t+\mathrm{e}^{-t}-2,$$

于是

$$f(t)=\mathscr{L}^{-1}[F(s)]=\frac{2-\mathrm{e}^t-\mathrm{e}^{-t}}{t}.$$

习 题 10.3

求下列象函数 $F(s)$ 的拉普拉斯逆变换:

(1) $\dfrac{1}{s^2+a^2}$;　　(2) $\dfrac{s}{(s-a)(s-b)}$;

(3) $\dfrac{s+c}{(s+a)(s+b)^2}$;　　(4) $\dfrac{s}{(s^2+1)(s^2+4)}$;

(5) $\dfrac{1}{s^4+5s^2+1}$;　　(6) $\dfrac{s+1}{9s^2+6s+5}$;

(7) $\dfrac{1+\mathrm{e}^{-2t}}{s^2}$;　　(8) $\ln\dfrac{s^2-1}{s^2}$.

10.4 拉普拉斯变换的应用

10.4.1 用于解常系数微分方程

对于给定的常系数 n 阶线性常微分方程初值问题，

$$\begin{cases} a_0 y^{(n)} + a_1 y^{(n-1)} + a_2 y^{(n-2)} + \cdots + a_{n-1} y' + a_n y = f(x), \\ y(0) = y_0, y'(0) = y_1, \cdots, y^{(n-1)}(0) = y_{n-1}, \end{cases}$$

其中 $a_0 \neq 0, a_i (i=1,2,\cdots,n)$ 为常数，$f(t)$ 是某些常见函数，如多项式、指数函数、正弦函数、余弦函数以及这些函数的简单复合，只要 $f(t)$ 满足拉普拉斯变换存在定理的条件，并假设 $y(t)$ 满足拉普拉斯变换微分性质中的条件，我们就可以利用原方程的初始条件，根据拉普拉斯变换的微分性质和线性性质，对原方程两端取拉普拉斯变换，把原方程化为象函数的代数方程. 从代数方程中解出象函数，然后取它的拉普拉斯逆变换，从而得出原方程的解.

例 1 求微分方程

$$y'' + a^2 y = t$$

满足 $y(0)=b, y'(0)=c$ 的解，其中 a,b,c 是常数.

解 设 $\mathscr{L}[f(t)]=F(s)$，将所给微分方程两边取拉普拉斯变换，得

$$s^2 Y(s) - sy(0) - y'(0) + a^2 Y(s) = \frac{1}{s^2},$$

其中 $Y(s)=\mathscr{L}[y(t)]$. 代入初始条件，得

$$Y(s) = \frac{bs+c}{s^2+a^2} + \frac{\frac{1}{s^2}}{s^2+a^2} = \frac{bs}{s^2+a^2} + \frac{c}{s^2+a^2} + \frac{1}{a^2}\left(\frac{1}{s^2} - \frac{1}{s^2+a^2}\right).$$

对上式取拉普拉斯逆变换，便得所求微分方程的解为

$$y(t) = b\cos at + \frac{c}{a}\sin at + \frac{1}{a^2}\left(t - \frac{1}{a}\sin at\right).$$

例 2 求微分方程

$$y'' - 2y' + 2y = 2e^t \cos t$$

满足 $y(0)=y'(0)=0$ 的解.

解 对给定的微分方程两边取拉普拉斯变换，得

$$s^2 Y(s) - 2sY(s) + 2Y(s) = \frac{2(s-1)}{(s-1)^2+1}.$$

解出 $Y(s)$，得

$$Y(s) = \frac{2(s-1)}{[(s-1)^2+1]^2} = -\frac{d}{ds}\left(\frac{1}{(s-1)^2+1}\right).$$

由于

$$\mathscr{L}^{-1}\left[\frac{1}{(s-1)^2+1}\right]=\mathrm{c}^t\sin t,$$

故
$$\mathscr{L}^{-1}\left[\frac{\mathrm{d}}{\mathrm{d}s}\left(\frac{1}{(s-1)^2+1}\right)\right]=-te^t\sin t,$$

于是
$$\mathscr{L}^{-1}[Y(s)]=te^t\sin t.$$

因此所求微分方程的解为

$$y(t)=te^t\sin t.$$

由上面两例可以看出，应用拉普拉斯变换求解微分方程时，已将初始条件用上，因此求出的结果就是满足初始条件的特解了，这样就简化了求解微分方程时先求通解再求特解的步骤.

例 3　求微分方程组

$$\begin{cases}x'+x-y=\mathrm{e}^t,\\ y'+3x-2y=2\mathrm{e}^t\end{cases}$$

满足初始条件 $x(0)=y(0)=1$ 的解.

解　设 $\mathscr{L}[x(t)]=X(s)$，$\mathscr{L}[y(t)]=Y(s)$.

对方程组的每个方程两端取拉普拉斯变换，得

$$\begin{cases}(s+1)X(s)-Y(s)-1=\dfrac{1}{s-1},\\ (s-2)Y(s)+3X(s)-1=\dfrac{2}{s-1}.\end{cases}$$

解出象函数 $X(s)$ 和 $Y(s)$，即

$$X(s)=Y(s)=\frac{1}{s-1}.$$

再取拉普拉斯逆变换，求得原方程组的解为

$$x(t)=y(t)=\mathrm{e}^t.$$

例 4　在如图 10-1 所示的 R，C 并联电路中，外加电流为单位脉冲函数 $\delta(t)$ 的电流源，电容 C 上初始电压为零，求电路中的电压 $u(t)$.

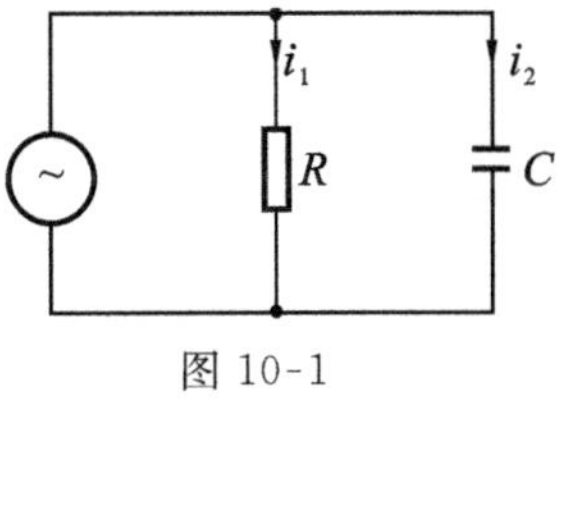

图 10-1

解　设流经电阻 R 和电容 C 的电流分别为 $i_1(t)$ 和 $i_2(t)$.

由电学原理知

$$i_1(t)=\frac{u(t)}{R},\quad i_2(t)=C\frac{\mathrm{d}u}{\mathrm{d}t}.$$

根据电学上的基尔霍夫定律，有

$$\begin{cases}C\dfrac{\mathrm{d}u}{\mathrm{d}t}+\dfrac{u}{R}=\delta(t),\\u(0)=0.\end{cases}$$

这就是该电路电压应满足的微分方程.

设 $\mathscr{L}[u(t)]=U(s)$,对微分方程两端取拉普拉斯变换,得

$$CsU(s)+\frac{U(s)}{R}=1,$$

解得

$$U(s)=\frac{1}{\dfrac{1}{R}+Cs}=\frac{1}{C}\cdot\frac{1}{s+\dfrac{1}{RC}}.$$

取拉普拉斯逆变换,有

$$u(t)=\mathscr{L}^{-1}[U(s)]=\frac{1}{C}\mathrm{e}^{-\frac{1}{RC}t}.$$

该解的物理意义是:由于在一瞬间电路受单位脉冲电流的作用,使电容的电压由零跃变到$\dfrac{1}{C}$,然后电容 C 向电阻 R 按指数衰减规律放电.

10.4.2 其他方面的应用

拉普拉斯变换在电路分析和自动控制理论中有着非常广泛的应用,下面介绍这方面的几个例子.

例 5 设因果信号

$$f_1(t)=\mathrm{e}^{at}u(t)=\begin{cases}0, & t<0,\\ \mathrm{e}^{at}, & t>0,\end{cases}$$

a 为实数,求其拉普拉斯变换.

解 由定义,有

$$\begin{aligned}F(s)&=\int_0^{+\infty}\mathrm{e}^{at}\mathrm{e}^{-st}\,\mathrm{d}t=\left.\frac{\mathrm{e}^{-(s-a)t}}{-(s-a)}\right|_0^{+\infty}\\&=\frac{1}{s-a}\left[1-\lim_{t\to+\infty}\mathrm{e}^{-(\beta-a)t}\cdot\mathrm{e}^{-\mathrm{i}\omega t}\right]\\&=\begin{cases}\dfrac{1}{s-a}, & \mathrm{Re}(s)=\beta>a,\\ \text{不定}, & \beta=a,\\ \text{无界}, & \beta<a,\end{cases}\end{aligned}$$

因此,对于因果信号,仅当 $\mathrm{Re}(s)=\beta>a$ 时,其拉普拉斯变换存在.

注 本题可直接查拉普拉斯变换简表的公式 2 写出.

例 6 求矩形脉冲信号

$$f(t)=g_\tau\left(t-\frac{\tau}{2}\right)=\begin{cases}1, & 0<t<\tau,\\ 0, & \text{其他}\end{cases}$$

的象函数.

解法 1 因

$$\mathscr{L}[f(t)]=\int_0^{+\infty}f(t)\mathrm{e}^{-st}\mathrm{d}t=\int_0^{\tau}\mathrm{e}^{-st}\mathrm{d}t=\frac{1-\mathrm{e}^{-\tau s}}{s},$$

故矩形脉冲的象函数为

$$\mathscr{L}\left[g_\tau\left(t-\frac{\tau}{2}\right)\right]=\frac{1-\mathrm{e}^{-\tau s}}{s}\quad(\mathrm{Re}(s)>-\infty).$$

解法 2 因 $f(t)=1-u(t-\tau)$,故

$$\begin{aligned}\mathscr{L}[f(t)]&=\frac{1}{s}-\mathrm{e}^{-\tau s}\mathscr{L}[u(t)]\\&=\frac{1}{s}(1-\mathrm{e}^{-\tau s}).\end{aligned}$$

例 7 求在 $t=0$ 时接入的周期性单位冲激序列 $\sum\limits_{n=0}^{\infty}\delta(t-nT)$ 的象函数.

解 在 $t=0$ 时接入的周期性冲激序列可写为

$$\sum_{n=0}^{\infty}\delta(t-nT)=\delta(t)+\delta(t-T)+\cdots+\delta(t-nT)+\cdots,$$

由拉普拉斯变换公式及性质 7(延迟性质),得

$$\begin{aligned}\mathscr{L}[\delta(t)]&=1,\\ \mathscr{L}[\delta(t-T)]&=\mathrm{e}^{-Ts},\\ &\vdots\\ \mathscr{L}[\delta(t-nT)]&=\mathrm{e}^{-nTs},\\ &\vdots\end{aligned}$$

因此

$$\mathscr{L}\left[\sum_{n=0}^{\infty}\delta(t-nT)\right]=1+\mathrm{e}^{-Ts}+\cdots+\mathrm{e}^{-nTs}+\cdots=\frac{1}{1-\mathrm{e}^{-Ts}}\quad(\mathrm{Re}(s)>0).$$

习 题 10.4

1. 用拉普拉斯变换解下列微分方程:

(1) $y'''-3y''+3y'-y=1, y''(0)=y'(0)=1, y(0)=2$;

(2) $y''+3y'+y=3\cos t, y(0)=0, y'(0)=1$;

(3) $y''+3y'+2y=u(t-1), y(0)=0, y'(0)=1$；

(4) $y^{(4)}+y'''=\cos t, y(0)=y'(0)=y'''(0)=0, y''(0)=c$（$c$ 为常数）.

2. 解下列微分方程组：

(1) $\begin{cases} y''-x''+x'-y=e^t-2, x(0)=x'(0)=0, \\ 2y''-x''-2y'+x=-t, y(0)=y'(0)=0; \end{cases}$

(2) $\begin{cases} x''+y''+x+y=0, x(0)=y(0)=0, \\ 2x''-y''-x+y=\sin t, x'(0)=y'(0)=-1; \end{cases}$

(3) $\begin{cases} x'+y''=\delta(t-1), x(0)=y(0)=0, \\ 2x+y'''=2u(t-1), y'(0)=y''(0)=0. \end{cases}$

综合练习十

1. 填空题.

(1) $u(t)$的拉普拉斯变换为______；e^{kt} 的拉普拉斯变换为______；$\delta(t)$的拉普拉斯变换为______.

(2) $\sin kt$ 的拉普拉斯变换为________；$\cos kt$ 的拉普拉斯变换为________.

(3) 设 $F(s)$为 $f(t)$的拉普拉斯变换，则 $e^{at}f(t)$的拉普拉斯变换为________.

(4) 若 $F(s)$为 $f(t)$的拉普拉斯变换，则 $f'(t)$的拉普拉斯变换为________；$\int_0^t f(t)\,dt$ 的拉普拉斯变换为________.

2. 计算题.

(1) 求 $\cos^2 t$ 的拉普拉斯变换.

(2) 求 $t\cos t$ 的拉普拉斯变换.

(3) 设 $f(t)=\begin{cases} 3, & 0\leqslant t<2, \\ -1, & 2\leqslant t<4, \\ 0, & t\geqslant 4, \end{cases}$ 求 $f(t)$的拉普拉斯变换.

(4) 求 $\delta(t)\cos t-\sin t\cdot u(t)$的拉普拉斯变换.

(5) 求 $e^{-4t}\cos 4t$ 的拉普拉斯变换.

(6) 求 $te^{-3t}\sin 2t$ 的拉普拉斯变换.

(7) 求 $t\int_0^t e^{-3t}\sin 2t\,dt$ 的拉普拉斯变换.

(8) 求 $\int_0^t te^{-3t}\sin 2t\,dt$ 的拉普拉斯变换.

(9) 求下列函数的拉普拉斯逆变换：

①$\frac{1}{s^2+a^2}$ $(a>0)$；

②$\frac{1}{s+1}-\frac{1}{s-1}$；

③$\frac{1}{s(s-1)}$；

④$\frac{2s+3}{s^2+9}$.

(10)用拉普拉斯变换解下列微分方程：

①$y''-2y'+y=\mathrm{e}^t, y'(0)=y(0)=0$；

②$y''+3y'+y=3\cos t, y(0)=0, y'(0)=1$.

第 11 章　傅里叶变换

本章介绍的傅里叶(Fourier)变换(又称傅氏变换)是一种对连续函数的积分变换,它通过特定形式的积分建立了函数之间的对应关系.它既能简化计算(如求解微分方程、化卷积为乘积等),又具有明确的物理意义(从频谱的角度来描述函数的特征),因而在许多领域被广泛地应用,如电力工程、通信与控制领域,以及其他许多数学、物理和工程技术领域.

11.1　傅里叶变换的概念及单位脉冲函数

11.1.1　傅里叶变换的概念

为了给出傅里叶变换和傅里叶逆变换的定义,我们不加证明地直接给出下面的傅里叶积分定理.

傅里叶积分定理　设 $f(x)$ 在 $(-\infty, +\infty)$ 上满足下列条件:

(1) $f(x)$ 在任何有限区间上都满足展开为傅里叶级数的条件,即只存在有限个第一类间断点和有限个极值点;

(2) $f(x)$ 在 $(-\infty, +\infty)$ 上绝对可积,即积分 $\int_{-\infty}^{+\infty} |f(x)| \mathrm{d}x$ 收敛.

则在连续点处

$$f(x) = \frac{1}{2\pi}\int_{-\infty}^{+\infty} \mathrm{e}^{\mathrm{j}\omega x} \mathrm{d}\omega \int_{-\infty}^{+\infty} f(t)\mathrm{e}^{-\mathrm{j}\omega t} \mathrm{d}t,$$

而在间断点处

$$\frac{f(x+0)+f(x-0)}{2} = \frac{1}{2\pi}\int_{-\infty}^{+\infty} \mathrm{e}^{\mathrm{j}\omega x} \mathrm{d}\omega \int_{-\infty}^{+\infty} f(t)\mathrm{e}^{-\mathrm{j}\omega t} \mathrm{d}t.$$

定义 1　设 $f(t)$ 与 $F(\omega)$ 都是在 $(-\infty, +\infty)$ 上的绝对可积函数,称

$$\int_{-\infty}^{+\infty} f(t)\mathrm{e}^{-\mathrm{j}\omega t} \mathrm{d}t$$

为 $f(t)$ 的傅里叶变换,称

$$\frac{1}{2\pi}\int_{-\infty}^{+\infty} F(\omega)\mathrm{e}^{\mathrm{j}\omega t} \mathrm{d}\omega$$

为 $F(\omega)$ 的傅里叶逆变换,分别记为 $\mathscr{F}[f(t)]$ 和 $\mathscr{F}^{-1}[F(\omega)]$,即

$$\mathscr{F}[f(t)] = \int_{-\infty}^{+\infty} f(t)\mathrm{e}^{-\mathrm{j}\omega t} \mathrm{d}t,$$

$$\mathscr{F}^{-1}[F(\omega)]=\frac{1}{2\pi}\int_{-\infty}^{+\infty}F(\omega)e^{j\omega t}d\omega.$$

如果 $f(x)$ 满足傅里叶积分定理条件，那么在连续点处

$$f(t)=\mathscr{F}^{-1}[\mathscr{F}[f(t)]],$$

这就是傅里叶变换的反演公式.

例 1　求 $f(t)=\begin{cases}e^{-\beta t}, & t>0,\\ 0, & t<0\end{cases}$ $(\beta>0)$ 的傅里叶变换.

解　根据傅里叶变换的定义，有

$$\mathscr{F}[f(t)]=\int_{0}^{+\infty}e^{-\beta t}e^{-j\omega t}dt=\int_{0}^{+\infty}e^{-(\beta+j\omega)t}dt=\frac{1}{\beta+j\omega}.$$

例 2　求 $f(t)=e^{-\beta|t|}$ $(\beta>0)$ 的傅里叶变换，并证明

$$\int_{0}^{+\infty}\frac{\cos\omega t}{\beta^2+\omega^2}d\omega=\frac{\pi}{2\beta}e^{-\beta|t|}.$$

解　根据傅里叶变换的定义，有

$$\begin{aligned}\mathscr{F}[f(t)]&=\int_{-\infty}^{+\infty}e^{-\beta|t|}e^{-j\omega t}dt\\&=\int_{-\infty}^{0}e^{\beta t}e^{-j\omega t}dt+\int_{0}^{+\infty}e^{-\beta t}e^{-j\omega t}dt\\&=\frac{2\beta}{\beta^2+\omega^2}.\end{aligned}$$

$f(t)$ 在 $(-\infty,+\infty)$ 上连续，且只有一个极大值点 $t=0$，而

$$\int_{-\infty}^{+\infty}e^{-\beta|t|}dt=2\int_{0}^{+\infty}e^{-\beta t}dt=\frac{2}{\beta}$$

存在，所以根据傅里叶变换的反演公式，有

$$\begin{aligned}f(t)&=\mathscr{F}^{-1}\left[\frac{2\beta}{\beta^2+\omega^2}\right]\\&=\frac{1}{2\pi}\int_{-\infty}^{+\infty}\frac{2\beta}{\beta^2+\omega^2}e^{j\omega t}d\omega\\&=\frac{1}{\pi}\int_{-\infty}^{+\infty}\frac{\beta}{\beta^2+\omega^2}(\cos\omega t+i\sin\omega t)d\omega\\&=\frac{2\beta}{\pi}\int_{0}^{+\infty}\frac{\cos\omega t}{\beta^2+\omega^2}d\omega.\end{aligned}$$

于是

$$\int_{0}^{+\infty}\frac{\cos\omega t}{\beta^2+\omega^2}d\omega=\frac{\pi}{2\beta}f(t)=\frac{\pi}{2\beta}e^{-\beta|t|}.$$

在无线电技术、声学、振动理论中，傅里叶变换和频谱概念有着密切的联系. 时间变量的函数 $f(t)$ 的傅里叶变换 $F(\omega)$ 称为 $f(t)$ 的频谱函数，频谱函数的模 $|F(\omega)|$ 称为振幅频谱(简称为频谱).

例 3 求矩形脉冲函数

$$f_\tau(t)=\begin{cases}E, & |t|<\dfrac{\tau}{2},\\ 0, & |t|>\dfrac{\tau}{2}\end{cases}\quad (E>0)$$

的频谱函数.

解 根据频谱函数的定义,有

$$F(\omega)=\int_{-\infty}^{+\infty}f_\tau(t)\mathrm{e}^{-\mathrm{j}\omega t}\,\mathrm{d}t=\int_{-\frac{\tau}{2}}^{\frac{\tau}{2}}E\mathrm{e}^{-\mathrm{j}\omega t}\,\mathrm{d}t$$

$$=-\frac{E\mathrm{e}^{-\mathrm{j}\omega t}}{\mathrm{i}\omega}\Bigg|_{-\frac{\tau}{2}}^{\frac{\tau}{2}}=\frac{2E}{\omega}\sin\frac{\omega\tau}{2},$$

故频谱为

$$|F(\omega)|=2E\left|\frac{1}{\omega}\sin\frac{\omega\tau}{2}\right|.$$

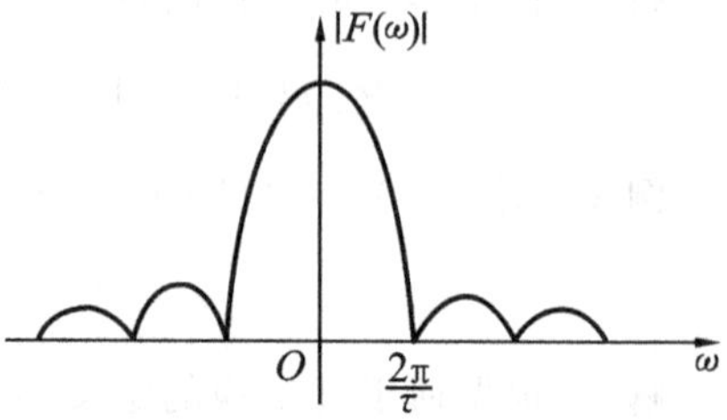

图 11-1

频谱图如图 11-1 所示.

11.1.2 单位脉冲函数(δ 函数)

在物理学和工程技术领域,有许多物理现象具有脉冲性质,它们仅在某一点或某一瞬间出现,如点电荷、脉冲电流、瞬时冲击力等,这些物理量都不能用通常意义上的函数来研究.狄拉克(Dirac)最先于 1930 年在量子力学中引入了 δ 函数,以后 δ 函数便成为物理学中一个非常有用的工具.它虽然完全不同于普通函数,不能用通常意义上的值对应关系来定义,但却反映了现实世界中一种量的关系,给物理学和工程技术中的不连续的量提供了方便的描述方法,从而促进了人们对这种函数的研究,并建立了严格的理论体系.

1. δ 函数的定义

定义 2 我们可以简单地定义单位脉冲函数 $\delta(t)$ 是满足下面两个条件的函数:

(1) 当 $t\neq 0$ 时,$\delta(t)=0$;

(2) $\int_{-\infty}^{+\infty}\delta(t)\,\mathrm{d}t=1$.

这是由狄拉克给出的一种直观的定义方式.

这里需要指出的是,上述定义方式在理论上是不严格的,它只是对 δ 函数的某种描述.事实上,δ 函数并不是经典意义上的函数,而是一个广义函数,因此,关于 δ 函数的严格定义可参阅有关广义函数方面的书籍.另外,δ 函数在现实生活中也是不存在的,它是数学抽象的结果. 有时人们将 δ 函数直观地理解为 $\delta(t)=\lim\limits_{\varepsilon\to 0}\delta_\varepsilon(t)$，其中 $\delta_\varepsilon(t)$ 是宽度为 ε、高度为 $1/\varepsilon$ 的矩形脉冲函数(见图 11-2).

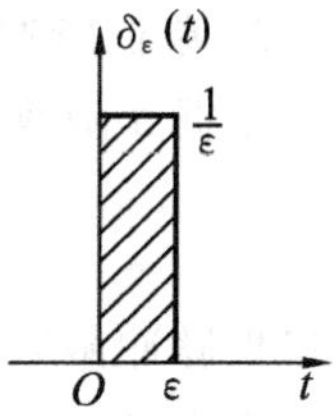

图 11-2

2. δ 函数的性质

下面不加证明地直接给出 δ 函数的几个基本性质.

性质 1 设 $f(t)$ 是定义在实数域 $\mathbf{R}$ 上的有界函数，且在 $t=0$ 处连续，则

$$\int_{-\infty}^{+\infty}\delta(t)f(t)\mathrm{d}t=f(0).$$

一般的，若 $f(t)$ 在点 $t=t_0$ 处连续，则

$$\int_{-\infty}^{+\infty}\delta(t-t_0)f(t)\mathrm{d}t=f(t_0).$$

此性质称为**筛选性质**. 其中式 $\int_{-\infty}^{+\infty}\delta(t)f(t)\mathrm{d}t=f(0)$ 给出了 δ 函数与其他函数的运算关系，它也常常被人们用来定义 δ 函数，即采用检验的方式来考察某个函数是否为 δ 函数.

性质 2 δ 函数为偶函数，即 $\delta(t)=\delta(-t)$.

性质 3 设 $u(t)$ 为**单位阶跃函数**，即

$$u(t)=\begin{cases}1, & t>0,\\ 0, & t<0,\end{cases}$$

则有
$$\int_{-\infty}^{t}\delta(t)\mathrm{d}t=u(t),\quad \frac{\mathrm{d}u(t)}{\mathrm{d}t}=\delta(t).$$

在图像上，人们常常采用一个从原点出发长度为 1 的有向线段来表示 δ 函数(见图 11-3)，其中有向线段的长度代表 δ 函数的积分值，称为**冲激强度**. 图 11-4(a) 与图 11-4(b) 则分别为函数 $A\delta(t)$ 与 $\delta(t-t_0)$ 的图像表示，其中 A 为 $A\delta(t)$ 的冲击强度.

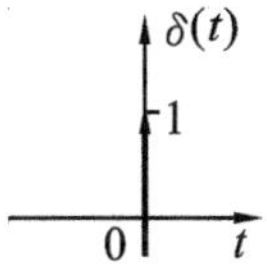

图 11-3

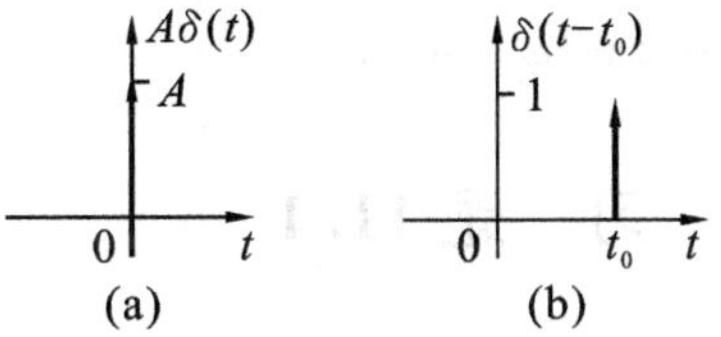

图 11-4

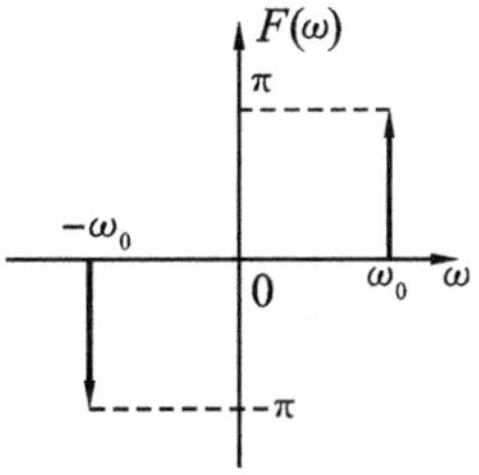

图 11-5

例 4 给出函数 $F(\omega)=\pi(\delta(\omega-\omega_0)-\delta(\omega+\omega_0))$ 的图像表示，其中 $\omega_0>0$.

解 函数 $F(\omega)=\pi(\delta(\omega-\omega_0)-\delta(\omega+\omega_0))$ 在 ω_0 与 $-\omega_0$ 处的冲击强度分别为 π 和 $-\pi$，其图像如图 11-5 所示.

本例显示，利用单位脉冲函数可以将离散值以连续形式表达，从而可以统一地对其进行处理.

3. 单位脉冲函数的傅氏变换

根据 δ 函数的定义，可以容易地得出 δ 函数的傅氏变换为

$$F(\omega)=\mathscr{F}[\delta(t)]=\int_{-\infty}^{+\infty}\delta(t)\mathrm{e}^{-\mathrm{j}\omega t}\mathrm{d}t=\mathrm{e}^{-\mathrm{j}\omega t}\Big|_{t=0}=1,$$

即单位脉冲函数包含各种频率分量且它们具有相等的幅度，称此为**均匀频谱**或**白色频谱**. 由此得出，$\delta(t)$ 与 1 构成傅氏变换对，其逆变换公式为

$$\mathscr{F}^{-1}[1]=\frac{1}{2\pi}\int_{-\infty}^{+\infty}\mathrm{e}^{\mathrm{j}\omega t}\mathrm{d}\omega=\delta(t).$$

这是一个关于 δ 函数的重要公式.

需要注意的是，这里 $\delta(t)$ 的傅氏变换仍采用傅氏变换的古典定义，但此时的广义积分是根据 δ 函数的定义和运算性质直接给出的，而不是普通意义上的积分值，故称 $\delta(t)$ 的傅氏变换是一种**广义的傅氏变换**. 运用这一概念，我们可以对一些常用的函数，如常数、单位阶跃函数以及正、余弦函数进行傅氏变换，尽管它们并不满足绝对可积的条件. 下面通过一个例子给予说明.

例 5 分别求函数 $f_1(t)=1$ 与 $f_2(t)=\mathrm{e}^{\mathrm{j}\omega_0 t}$ 的傅氏变换.

解 由傅氏变换的定义以及式 $\mathscr{F}^{-1}[1]=\frac{1}{2\pi}\int_{-\infty}^{+\infty}\mathrm{e}^{\mathrm{j}\omega t}\mathrm{d}\omega=\delta(t)$，有

$$\begin{aligned}F_1(\omega)&=\mathscr{F}[f_1(t)]\\&=\int_{-\infty}^{+\infty}\mathrm{e}^{-\mathrm{j}\omega t}\mathrm{d}t\\&=2\pi\delta(\omega),\end{aligned}$$

$$\begin{aligned}F_2(\omega)&=\mathscr{F}[f_2(t)]\\&=\int_{-\infty}^{+\infty}\mathrm{e}^{\mathrm{j}\omega_0 t}\mathrm{e}^{-\mathrm{j}\omega t}\mathrm{d}t=\int_{-\infty}^{+\infty}\mathrm{e}^{\mathrm{j}(\omega_0-\omega)t}\mathrm{d}t\\&=2\pi\delta(\omega_0-\omega)\\&=2\pi\delta(\omega-\omega_0).\end{aligned}$$

习 题 11.1

1. 求下列函数的傅氏变换：

(1) $f(t)=\begin{cases}-1, & -1<t<0,\\ 1, & 0<t<1,\\ 0 & \text{其他};\end{cases}$ (2) $f(t)=\begin{cases}\mathrm{e}^t, & t\leqslant 0,\\ 0, & t>0;\end{cases}$

(3) $f(t)=\begin{cases}1-t^2, & |t|\leqslant 1,\\ 0, & |t|>1.\end{cases}$

2. 已知某函数的傅氏变换为 $F(\omega)=\dfrac{\sin\omega}{\omega}$，求该函数 $f(t)$.

3. 已知某函数的傅氏变换为 $F(\omega)=\pi[\delta(\omega+\omega_0)+\delta(\omega-\omega_0)]$，求该函数 $f(t)$.

11.2　傅里叶变换的性质

下面将介绍傅里叶变换的几个重要性质，假定所考虑的函数满足傅里叶积分定理的条件.

1. 线性性质

设 $F_1(\omega)=\mathscr{F}[f_1(t)]$，$F_2(\omega)=\mathscr{F}[f_2(t)]$，$\alpha,\beta$ 是常数，则

$$\mathscr{F}[\alpha f_1(t)+\beta f_2(t)]=\alpha F_1(\omega)+\beta F_2(\omega).$$

这个性质的作用是很显然的，它表明了函数线性组合的傅氏变换等于各函数傅氏变换的线性组合. 它的证明只需根据定义就可推出.

同样，傅氏逆变换亦具有类似的线性性质，即

$$\mathscr{F}^{-1}[\alpha F_1(\omega)+\beta F_2(\omega)]=\alpha f_1(t)+\beta f_2(t).$$

2. 位移性质

$$\mathscr{F}[f(t\pm t_0)]=e^{\pm j\omega t_0}\mathscr{F}[f(t)].$$

它表明时间函数 $f(t)$ 沿 t 轴向左或向右位移 t_0 的傅氏变换等于 $f(t)$ 的傅氏变换乘以因子 $e^{j\omega t_0}$ 或 $e^{-j\omega t_0}$.

证　由傅氏变换的定义，可知

$$\begin{aligned}\mathscr{F}[f(t\pm t_0)]&=\int_{-\infty}^{+\infty}f(t\pm t_0)e^{-j\omega t}dt\\&\xlongequal{令 t\pm t_0=u}\int_{-\infty}^{+\infty}f(u)e^{-j\omega(u\mp t_0)}du\\&=e^{\pm j\omega t_0}\int_{-\infty}^{+\infty}f(u)e^{-j\omega t}du\\&=e^{\pm j\omega t_0}\mathscr{F}[f(t)].\end{aligned}$$

同样，傅氏逆变换亦具有类似的位移性质，即

$$\mathscr{F}^{-1}[F(\omega\mp\omega_0)]=f(t)e^{\pm j\omega_0 t}.$$

它表明频谱函数 $F(\omega)$ 沿 ω 轴向右或向左位移 ω_0 的傅氏逆变换等于原来的函数 $f(t)$ 乘以因子 $e^{j\omega_0 t}$ 或 $e^{-j\omega_0 t}$.

例 1　求矩形单脉冲 $f(t)=\begin{cases}E, & 0<t<\tau,\\ 0, & 其他\end{cases}$ 的频谱函数.

解　根据傅氏变换的定义，有

$$F(\omega)=\int_{-\infty}^{+\infty}f(t)\mathrm{e}^{-\mathrm{j}\omega t}\mathrm{d}t=\int_0^{\tau}E\mathrm{e}^{-\mathrm{j}\omega t}\mathrm{d}t$$
$$=-\frac{E}{\mathrm{j}\omega}\mathrm{e}^{-\mathrm{j}\omega t}\Big|_0^{\tau}=\frac{E}{\mathrm{j}\omega}(1-\cos\omega\tau+\mathrm{j}\sin\omega\tau)$$
$$=\frac{2E}{\omega}\mathrm{e}^{-\mathrm{j}\frac{\omega\tau}{2}}\sin\frac{\omega\tau}{2}.$$

如果我们根据第3篇11.1节例3介绍的矩形单脉冲

$$f_1(t)=\begin{cases}E, & -\frac{\tau}{2}<t<\frac{\tau}{2},\\ 0, & \text{其他}\end{cases}$$

的频谱函数

$$F_1(\omega)=\frac{2E}{\omega}\sin\frac{\omega\tau}{2},$$

利用位移性质，就可以很方便地得到上述 $F(\omega)$. 因为 $f(t)$ 可以由 $f_1(t)$ 在时间轴上向右平移 $\frac{\tau}{2}$ 得到，所以

$$F(\omega)=\mathscr{F}[f(t)]=\mathscr{F}\left[f_1\left(t-\frac{\tau}{2}\right)\right]=\mathrm{e}^{-\mathrm{j}\omega\frac{\tau}{2}}F_1(\omega)$$
$$=\frac{2E}{\omega}\mathrm{e}^{-\mathrm{j}\frac{\omega\tau}{2}}\sin\frac{\omega\tau}{2},$$

且
$$|F(\omega)|=|F_1(\omega)|=\frac{2E}{\omega}\left|\sin\frac{\omega\tau}{2}\right|.$$

两种解法的结果一致.

3. 微分性质

如果 $f(t)$ 在 $(-\infty,+\infty)$ 上连续或只有有限个可去间断点，且当 $|t|\to+\infty$ 时，$f(t)\to 0$，则

$$\mathscr{F}[f'(t)]=\mathrm{j}\omega\mathscr{F}[f(t)].$$

证 由傅氏变换的定义，并利用分部积分可得

$$\mathscr{F}[f'(t)]=\int_{-\infty}^{+\infty}f'(t)\mathrm{e}^{-\mathrm{j}\omega t}\mathrm{d}t$$
$$=f(t)\mathrm{e}^{-\mathrm{j}\omega t}\Big|_{-\infty}^{+\infty}+\mathrm{j}\omega\int_{-\infty}^{+\infty}f(t)\mathrm{e}^{-\mathrm{j}\omega t}\mathrm{d}t$$
$$=\mathrm{j}\omega\mathscr{F}[f(t)].$$

它表明一个函数的导数的傅氏变换等于这个函数的傅氏变换乘以因子 $\mathrm{j}\omega$.

推论 若 $f^{(k)}(t)(k=1,2,\cdots,n)$ 在 $(-\infty,+\infty)$ 上连续或只有有限个可去间断点，且 $\lim\limits_{|t|\to+\infty}f^{(k)}(t)=0(k=0,1,2,\cdots,n-1)$，则有

$$\mathscr{F}[f^{(n)}(t)]=(\mathrm{j}\omega)^n\mathscr{F}[f(t)].$$

同样,我们还能得到象函数的导数公式.设 $\mathscr{F}[f(t)]=F(\omega)$,则

$$\frac{\mathrm{d}}{\mathrm{d}\omega}F(\omega)=\mathscr{F}[-\mathrm{j}tf(t)].$$

一般的,有

$$\frac{\mathrm{d}^n}{\mathrm{d}\omega^n}F(\omega)=(-\mathrm{j})^n\mathscr{F}[t^nf(t)].$$

4. 积分性质

如果当 $t\to+\infty$ 时,$g(t)=\int_{-\infty}^{t}f(t)\mathrm{d}t\to 0$,则

$$\mathscr{F}\left[\int_{-\infty}^{t}f(t)\mathrm{d}t\right]=\frac{1}{\mathrm{j}\omega}\mathscr{F}[f(t)].$$

证 因为
$$\frac{\mathrm{d}}{\mathrm{d}t}\int_{-\infty}^{t}f(t)\mathrm{d}t=f(t),$$

所以
$$\mathscr{F}\left[\frac{\mathrm{d}}{\mathrm{d}t}\int_{-\infty}^{t}f(t)\mathrm{d}t\right]=\mathscr{F}[f(t)].$$

又根据上述微分性质得

$$\mathscr{F}\left[\frac{\mathrm{d}}{\mathrm{d}t}\int_{-\infty}^{t}f(t)\mathrm{d}t\right]=\mathrm{j}\omega\mathscr{F}\left[\int_{-\infty}^{t}f(t)\mathrm{d}t\right],$$

故

$$\mathscr{F}\left[\int_{-\infty}^{t}f(t)\mathrm{d}t\right]=\frac{1}{\mathrm{j}\omega}\mathscr{F}[f(t)].$$

它表明一个函数积分后的傅氏变换等于这个函数的傅氏变换除以因子 $\mathrm{j}\omega$.

例 2 求微分积分方程

$$ax'(t)+bx(t)+c\int_{-\infty}^{t}x(t)\mathrm{d}t=h(t)$$

的解,其中 $-\infty<t<+\infty$,a,b,c 均为常数.

解 根据傅氏变换的微分性质和积分性质,且记

$$\mathscr{F}[x(t)]=X(\omega),\quad \mathscr{F}[h(t)]=H(\omega).$$

在原方程式两边取傅氏变换,可得

$$a\mathrm{j}\omega X(\omega)+bX(\omega)+\frac{c}{\mathrm{j}\omega}X(\omega)=H(\omega),$$

$$X(\omega)=\frac{H(\omega)}{b+\mathrm{j}\left(a\omega-\frac{c}{\omega}\right)},$$

求上式的傅氏逆变换,可得

$$x(t)=\frac{1}{2\pi}\int_{-\infty}^{+\infty}X(\omega)\mathrm{e}^{\mathrm{j}\omega t}\mathrm{d}\omega.$$

运用傅氏变换的线性性质、微分性质及积分性质，可以把线性常系数微分方程转化为代数方程，通过解代数方程与求傅氏逆变换，就可以得到此微分方程的解. 另外，傅氏变换还是求解数学物理方程的方法之一，其计算过程与解常微分方程大体相似，在这里就不举例了.

5. 卷积性质

(1) 卷积的概念.

若已知函数 $f_1(t)$，$f_2(t)$，则积分

$$\int_{-\infty}^{+\infty} f_1(\tau) f_2(t-\tau)\mathrm{d}\tau$$

称为函数 $f_1(t)$ 与 $f_2(t)$ 的**卷积**，记为 $f_1(t) * f_2(t)$，即

$$\int_{-\infty}^{+\infty} f_1(\tau) f_2(t-\tau)\mathrm{d}\tau = f_1(t) * f_2(t).$$

显然，

$$f_1(t) * f_2(t) = f_2(t) * f_1(t),$$

即卷积满足交换律.

对于卷积，不等式

$$| f_1(t) * f_2(t) | \leqslant | f_1(t) | * | f_2(t) |$$

成立，即函数卷积的绝对值小于等于函数绝对值的卷积.

例 3 证明

$$f_1(t) * [f_2(t) + f_3(t)] = f_1(t) * f_2(t) + f_1(t) * f_3(t).$$

证 根据卷积的定义，有

$$\begin{aligned} f_1(t) * [f_2(t) + f_3(t)] &= \int_{-\infty}^{+\infty} f_1(\tau)[f_2(t-\tau) + f_3(t-\tau)]\mathrm{d}\tau \\ &= \int_{-\infty}^{+\infty} f_1(\tau) f_2(t-\tau)\mathrm{d}\tau + \int_{-\infty}^{+\infty} f_1(\tau) f_3(t-\tau)\mathrm{d}\tau \\ &= f_1(t) * f_2(t) + f_1(t) * f_3(t), \end{aligned}$$

即卷积也满足加法的分配律.

例 4 若 $f_1(t) = \begin{cases} 0, & t < 0, \\ 1, & t \geqslant 0, \end{cases}$ $f_2(t) = \begin{cases} 0, & t < 0, \\ \mathrm{e}^{-t}, & t \geqslant 0, \end{cases}$ 求 $f_1(t)$ 与 $f_2(t)$ 的卷积.

解 按卷积的定义，有

$$f_1(t) * f_2(t) = \int_{-\infty}^{+\infty} f_1(\tau) f_2(t-\tau)\mathrm{d}\tau.$$

我们可以用图 11-6(a) 和图 11-6(b) 来表示 $f_1(\tau)$ 和 $f_2(t-\tau)$ 的图像，而它们的乘积 $f_1(\tau) f_2(t-\tau) \neq 0$ 的区间从图 11-6 中可以看出，在 $t \geqslant 0$ 时，为$[0,t]$. 所以

$$\begin{aligned} f_1(t) * f_2(t) &= \int_{-\infty}^{+\infty} f_1(\tau) f_2(t-\tau)\mathrm{d}\tau \\ &= \int_0^t 1 \cdot \mathrm{e}^{-(t-\tau)}\mathrm{d}\tau = \mathrm{e}^{-t}\int_0^t \mathrm{e}^{\tau}\mathrm{d}\tau \\ &= \mathrm{e}^{-t}(\mathrm{e}^t - 1) = 1 - \mathrm{e}^{-t}. \end{aligned}$$

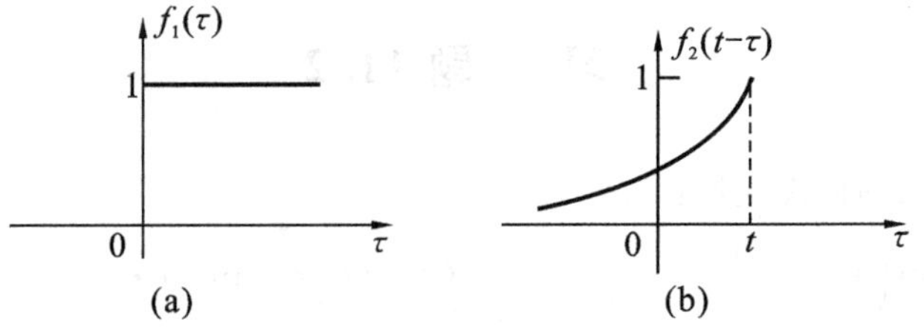

图 11-6

同样，$f_2(t) * f_1(t)$ 亦得到上述的结果，读者可自己演算一下.

卷积在傅氏分析的应用中，有着十分重要的作用，这是由下面的卷积定理所决定的.

(2) 卷积定理.

卷积定理　假定 $f_1(t)$，$f_2(t)$ 都满足傅氏积分定理中的条件，且 $\mathscr{F}[f_1(t)] = F_1(\omega)$，$\mathscr{F}[f_2(t)] = F_2(\omega)$，则

$$\mathscr{F}[f_1(t) * f_2(t)] = F_1(\omega) \cdot F_2(\omega),$$
$$\mathscr{F}^{-1}[F_1(\omega) \cdot F_2(\omega)] = f_1(t) * f_2(t).$$

证　按傅氏变换的定义，有

$$\begin{aligned}\mathscr{F}[f_1(t) * f_2(t)] &= \int_{-\infty}^{+\infty} [f_1(t) * f_2(t)] e^{-j\omega t} dt \\ &= \int_{-\infty}^{+\infty} \left[\int_{-\infty}^{+\infty} f_1(\tau) f_2(t-\tau) d\tau\right] e^{-j\omega t} dt \\ &= \int_{-\infty}^{+\infty}\int_{-\infty}^{+\infty} f_1(\tau) e^{-j\omega\tau} f_2(t-\tau) e^{-j\omega(t-\tau)} d\tau dt \\ &= \int_{-\infty}^{+\infty} f_1(\tau) e^{-j\omega\tau} \left[\int_{-\infty}^{+\infty} f_2(t-\tau) e^{-j\omega(t-\tau)} dt\right] d\tau \\ &= F_1(\omega) \cdot F_2(\omega).\end{aligned}$$

这个性质表明，两个函数卷积的傅氏变换等于这两个函数傅氏变换的乘积.

同理可得

$$\mathscr{F}[f_1(t) \cdot f_2(t)] = \frac{1}{2\pi} F_1(\omega) * F_2(\omega),$$

即两个函数乘积的傅氏变换等于这两个函数傅氏变换的卷积除以 2π.

不难推证，若 $f_k(t)(k = 1,2,\cdots,n)$ 满足傅氏积分定理中的条件，且 $\mathscr{F}[f_k(t)] = F_k(\omega)\ (k = 1,2,\cdots,n)$，则有

$$\mathscr{F}[f_1(t) \cdot f_2(t) \cdot \cdots \cdot f_n(t)] = \frac{1}{(2\pi)^{n-1}} F_1(\omega) * F_2(\omega) * \cdots * F_n(\omega).$$

从上面可以看出，卷积并不总是很容易计算的，但卷积定理提供了卷积计算的简便方法，即化卷积运算为乘积运算. 这就使得卷积在线性系统分析中成为特别有用的方法.

习　题 11.2

1. 求下列函数的傅氏变换：

(1) $f(t)=\sin\left(5t+\frac{\pi}{3}\right)$；　　(2) $f(t)=\sin\omega_0 t\cdot u(t)$；

(3) $f(t)=e^{j\omega_0 t}t\cdot u(t)$.

2. 设 $f_1(t)=\begin{cases}0, & t<0,\\ 1, & t\geqslant 0,\end{cases}$　$f_2(t)=\begin{cases}0, & t<0,\\ e^{-t}, & t\geqslant 0,\end{cases}$求 $f_1(t)*f_2(t)$.

11.3　傅里叶变换的应用

在前面几节中已经通过一些例子介绍了傅里叶变换在频谱分析中的应用，下面再给出一个讨论在信息传输中不失真问题的例子.

任何信息的传输，不论是电话、电视还是无线电通信，一个基本问题是要求不失真地传输信号. 所谓信号不失真是指输出信号与输入信号相比，只是大小和出现时间不同，而没有波形上的变化. 设输入信号为 $f(t)$，输出信号为 $g(t)$，信号不失真的条件就是

$$g(t)=Kf(t-t_0),$$

其中 K 为常数，t_0 是滞后时间. 从频率响应来看，为了使信号不失真，应该对电路的传输函数 $H(\omega)$ 提出一定的条件.

设 $F(\omega)$ 和 $G(\omega)$ 分别是输入信号 $f(t)$ 和输出信号 $g(t)$ 的傅里叶变换，于是根据式 $g(t)=Kf(t-t_0)$，利用傅里叶变换的位移性质可得 $G(\omega)=Ke^{-j\omega t_0}F(\omega)$. 所以要求传输函数 $H(\omega)=Ke^{-j\omega t_0}$. 这说明，如果要求信号通过线性电路时不发生任何失真，在信号的全部通频带内，电路的频率响应必须具有恒定的幅度特性和线性的位相特性.

最后介绍应用傅里叶变换求解某些数学物理方程的方法. 在应用傅里叶变换求解数学物理方程时，首先将未知函数看做某个自变量的一元函数，对方程两端取傅里叶变换，把偏微分方程转化成未知函数为象函数的常微分方程，再利用所给的条件求解常微分方程，求出象函数后，再求傅里叶逆变换.

例 1　求解半平面 $y>0$ 上膜平衡 Laplace 方程的 Dirichlet 问题，即

$$\frac{\partial^2 u}{\partial x^2}+\frac{\partial^2 u}{\partial y^2}=0\quad(-\infty<x<+\infty,y>0),$$

$$u(x,0)=f(x)\quad(-\infty<x<+\infty),$$

其中 $x^2+y^2\to\infty$ 时 $u\to 0$，$|x|\to\infty$ 时 $\frac{\partial u}{\partial x}\to 0$.

解　设 $U(\omega,y)=\mathscr{F}[u(x,y)]$，即 $U(\omega,y)$ 是 $u(x,y)$ 作为 x 的一元函数的傅里叶变

换，再设 $F(\omega)=\mathscr{F}[f(x)]$. 因为当 $|x|\to\infty$ 时，$u\to 0$，$\dfrac{\partial u}{\partial x}\to 0$，所以由傅里叶变换的微分性质，可知

$$\mathscr{F}\left[\frac{\partial^2 u}{\partial x^2}\right]=(\mathrm{j}\omega)^2\mathscr{F}[u(x,y)]=-\omega^2U(\omega,y),$$

又因为

$$\mathscr{F}\left[\frac{\partial^2 u}{\partial y^2}\right]=\int_{-\infty}^{+\infty}\frac{\partial^2 u(x,y)}{\partial y^2}\mathrm{e}^{-\mathrm{j}\omega x}\,\mathrm{d}x=\frac{\partial^2 U(\omega,y)}{\partial y^2},$$

故对方程 $\dfrac{\partial^2 u}{\partial x^2}+\dfrac{\partial^2 u}{\partial y^2}=0$ 两端取傅里叶变换，得 $U_{yy}-\omega^2U=0$，这是一个以 ω 为参数的二阶常微分方程，求其解为 $U(\omega,y)=A(\omega)\mathrm{e}^{\omega y}+B(\omega)\mathrm{e}^{-\omega y}$.

由于 $|y|\to\infty$ 时 $u\to 0$，可知 $U(\omega,y)\to 0$. 所以：

当 $\omega>0$ 时，$A(\omega)=0$，$B(\omega)=U(\omega,0)$；

当 $\omega<0$ 时，$B(\omega)=0$，$A(\omega)=U(\omega,0)$.

于是 $U(\omega,y)=U(\omega,0)\mathrm{e}^{-|\omega|y}$. 对式 $u(x,0)=f(x)$ 两端取傅里叶变换得

$$U(\omega,0)=F(\omega),$$

因此 $U(\omega,y)=F(\omega)\mathrm{e}^{-|\omega|y}\ (y>0)$. 再求傅里叶逆变换得到所求的 Laplace 方程 Dirichlet 问题的解为

$$\begin{aligned}u(x,y)&=\frac{1}{2\pi}\int_{-\infty}^{+\infty}\mathrm{e}^{-|\omega|y}F(\omega)\mathrm{e}^{\mathrm{j}\omega x}\,\mathrm{d}\omega\\&=\frac{1}{2\pi}\int_{-\infty}^{+\infty}\mathrm{e}^{-|\omega|y}\left[\int_{-\infty}^{+\infty}f(t)\mathrm{e}^{\mathrm{j}\omega t}\,\mathrm{d}t\right]\mathrm{e}^{\mathrm{j}\omega x}\,\mathrm{d}\omega\\&=\frac{1}{2\pi}\int_{-\infty}^{+\infty}f(t)\left[\int_{-\infty}^{+\infty}\mathrm{e}^{\mathrm{j}\omega(x-t)-|\omega|y}\,\mathrm{d}\omega\right]\mathrm{d}t\\&=\frac{y}{\pi}\int_{-\infty}^{+\infty}\frac{f(t)}{y^2+(x-t)^2}\mathrm{d}t\quad(y>0).\end{aligned}$$

综合练习十一

1. 利用定义求下列函数的傅氏变换：

(1) $f(t)=\begin{cases}4, & 0\leqslant|t|\leqslant 2,\\ 0, & \text{其他};\end{cases}$

(2) $f(t)=\begin{cases}\sin t, & |t|<\pi,\\ 0, & |t|>\pi;\end{cases}$

(3) $f(t)=\begin{cases}\dfrac{b}{2}\left(1+\cos\dfrac{\pi t}{a}\right), & |t|<a,\\ 0, & |t|>a.\end{cases}$

2. 利用性质求下列函数的傅氏变换：

(1) $f(t)=u(t)t^n$；

(2) $f(t)=u(t)\mathrm{e}^{-t}\sin 2t$；

(3) $f(t)=u(t)\sin^2 t$；

(4) $f(t)=t^2\sin t$.

3. 设 $f_1(t)=\mathrm{e}^{-t}u(t)$，$f_2(t)=\begin{cases}\sin t, & 0\leqslant t\leqslant \dfrac{\pi}{2},\\ 0, & \text{其他},\end{cases}$ 求 $f_1(t)*f_2(t)$.

附录 A　希腊字母及常用数学公式

一、希 腊 字 母

字	母	读音	字	母	读音
A	α	alpha	N	ν	nu
B	β	beta	Ξ	ξ	xi
Γ	γ	gamma	O	o	omicron
Δ	δ	delta	Π	π	pi
E	ε	epsilon	P	ρ	rho
Z	ζ	zeta	Σ	σ	sigma
H	η	eta	T	τ	tau
Θ	θ	theta	Υ	υ	upsilon
I	ι	iota	Φ	φ	phi
K	κ	kappa	X	χ	chi
Λ	λ	lambda	Ψ	ψ	psi
M	μ	mu	Ω	ω	omega

二、常用数学公式

（一）代　　数

1. 指数和对数运算

$a^x a^y = a^{x+y}$　　　$\dfrac{a^x}{a^y} = a^{x-y}$

$(a^x)^y = a^{xy}$　　　$\sqrt[y]{a^x} = a^{\frac{x}{y}}$

$\log_a 1 = 0$　　　$\log_a a = 1$

$\log_a (N_1 N_2) = \log_a N_1 + \log_a N_2$　　　$\log_a \dfrac{N_1}{N_2} = \log_a N_1 - \log_a N_2$

$\log_a N^n = n\log_a N$　　　　$\log_a \sqrt[n]{N} = \frac{1}{n}\log_a N$

$\log_b N = \frac{\log_a N}{\log_a b}$　　　　$e \doteq 2.7183$

$\lg e \doteq 0.4343$　　　　$\ln 10 \doteq 2.3026$

2. 有限项数项级数

(1) $1 + 2 + 3 + \cdots + (n-1) + n = \frac{n(n+1)}{2}$

(2) $p + (p+1) + (p+2) + \cdots + (n-1) + n = \frac{(n+p)(n-p+1)}{2}$

(3) $1 + 3 + 5 + \cdots + (2n-3) + (2n-1) = n^2$

(4) $2 + 4 + 6 + \cdots + (2n-2) + 2n = n(n+1)$

(5) $1^2 + 2^2 + 3^2 + \cdots + (n-1)^2 + n^2 = \frac{n(n+1)(2n+1)}{6}$

(6) $1^3 + 2^3 + 3^3 + \cdots + (n-1)^3 + n^3 = \frac{n^2(n+1)^2}{4}$

(7) $1^2 + 3^2 + 5^2 + \cdots + (2n-1)^2 = \frac{n(4n^2-1)}{3}$

(8) $1^3 + 3^3 + 5^3 + \cdots + (2n-1)^3 = n^2(2n^2-1)$

(9) $a + (a+d) + (a+2d) + \cdots + [a+(n-1)d] = n\left(a + \frac{n-1}{2}d\right)$

(10) $a + aq + aq^2 + \cdots + aq^{n-1} = a\frac{1-q^n}{1-q} \quad (q \neq 1)$

3. 牛顿公式

$$(a+b)^n = a^n + na^{n-1}b + \frac{n(n-1)}{2!}a^{n-2}b^2 + \frac{n(n-1)(n-2)}{3!}a^{n-3}b^3 + \cdots + \frac{n(n-1)\cdots(n-m+1)}{m!}a^{n-m}b^m + \cdots + nab^{n-1} + b^n$$

$$(a-b)^n = a^n - na^{n-1}b + \frac{n(n-1)}{2!}a^{n-2}b^2 - \frac{n(n-1)(n-2)}{3!}a^{n-3}b^3 + \cdots + (-1)^m\frac{n(n-1)\cdots(n-m+1)}{m!}a^{n-m}b^m + \cdots + (-1)^n b^n$$

4. 因式分解公式

$(x \pm y)^2 = x^2 \pm 2xy + y^2$

$(x + y + z)^2 = x^2 + y^2 + z^2 + 2xy + 2xz + 2yz$

$(x \pm y)^3 = x^3 \pm 3x^2y + 3xy^2 \pm y^3$

$(x \pm y)^n$ 按“牛顿公式”展开

$(x+y)(x-y)=x^2-y^2$

$x^n-y^n=(x-y)(x^{n-1}+x^{n-2}y+x^{n-3}y^2+\cdots+xy^{n-2}+y^{n-1})$　（n为正整数）

$x^n+y^n=(x+y)(x^{n-1}-x^{n-2}y+x^{n-3}y^2-\cdots-xy^{n-2}+y^{n-1})$　（n是奇数）

$x^n-y^n=(x+y)(x^{n-1}-x^{n-2}y+x^{n-3}y^2-\cdots+xy^{n-2}-y^{n-1})$　（n是偶数）

（二）三角函数

1. 基本公式

$\sin^2\alpha+\cos^2\alpha=1$　　$\dfrac{\sin\alpha}{\cos\alpha}=\tan\alpha$　　$\csc\alpha=\dfrac{1}{\sin\alpha}$　　$1+\tan^2\alpha=\sec^2\alpha$

$\dfrac{\cos\alpha}{\sin\alpha}=\cot\alpha$　　$\sec\alpha=\dfrac{1}{\cos\alpha}$　　$1+\cot^2\alpha=\csc^2\alpha$　　$\cot\alpha=\dfrac{1}{\tan\alpha}$

2. 约化公式

函数 \ 角度关系	$\beta=\frac{\pi}{2}\pm\alpha$	$\beta=\pi\pm\alpha$	$\beta=\frac{3}{2}\pi\pm\alpha$	$\beta=2\pi-\alpha$
$\sin\beta$	$+\cos\alpha$	$\mp\sin\alpha$	$-\cos\alpha$	$-\sin\alpha$
$\cos\beta$	$\mp\sin\alpha$	$-\cos\alpha$	$\pm\sin\alpha$	$+\cos\alpha$
$\tan\beta$	$\mp\cot\alpha$	$\pm\tan\alpha$	$\mp\cot\alpha$	$-\tan\alpha$
$\cot\beta$	$\mp\tan\alpha$	$\pm\cot\alpha$	$\mp\tan\alpha$	$-\cot\alpha$

3. 和差公式

$\sin(\alpha\pm\beta)=\sin\alpha\cos\beta\pm\cos\alpha\sin\beta$

$\cos(\alpha\pm\beta)=\cos\alpha\cos\beta\mp\sin\alpha\sin\beta$

$$\tan(\alpha\pm\beta)=\frac{\tan\alpha\pm\tan\beta}{1\mp\tan\alpha\tan\beta}$$

$$\cot(\alpha\pm\beta)=\frac{\cot\alpha\cot\beta\mp 1}{\cot\beta\pm\cot\alpha}$$

$$\sin\alpha+\sin\beta=2\sin\frac{\alpha+\beta}{2}\cos\frac{\alpha-\beta}{2}$$

$$\sin\alpha-\sin\beta=2\cos\frac{\alpha+\beta}{2}\sin\frac{\alpha-\beta}{2}$$

$$\cos\alpha+\cos\beta=2\cos\frac{\alpha+\beta}{2}\cos\frac{\alpha-\beta}{2}$$

$$\cos\alpha-\cos\beta=-2\sin\frac{\alpha+\beta}{2}\sin\frac{\alpha-\beta}{2}$$

$$\cos A\cos B=\frac{1}{2}[\cos(A-B)+\cos(A+B)]$$

$$\sin A\sin B=\frac{1}{2}[\cos(A-B)-\cos(A+B)]$$

$$\sin A\cos B = \frac{1}{2}[\sin(A-B)+\sin(A+B)]$$

4. 倍角和半角公式

$$\sin 2\alpha = 2\sin\alpha\cos\alpha \qquad \tan 2\alpha = \frac{2\tan\alpha}{1-\tan^2\alpha} \qquad \cot 2\alpha = \frac{\cot^2\alpha - 1}{2\cot\alpha}$$

$$\cos 2\alpha = \cos^2\alpha - \sin^2\alpha \qquad \sin\frac{\alpha}{2} = \sqrt{\frac{1-\cos\alpha}{2}} \qquad \tan\frac{\alpha}{2} = \sqrt{\frac{1-\cos\alpha}{1+\cos\alpha}}$$

$$\cos\frac{\alpha}{2} = \sqrt{\frac{1+\cos\alpha}{2}} \qquad \cot\frac{\alpha}{2} = \sqrt{\frac{1+\cos\alpha}{1-\cos\alpha}}$$

5. 双曲函数和反双曲函数

(1) $\mathrm{sh}x = \frac{e^x - e^{-x}}{2}$ $\qquad \mathrm{ch}x = \frac{e^x + e^{-x}}{2}$ $\qquad \mathrm{th}x = \frac{e^x - e^{-x}}{e^x + e^{-x}}$

$\mathrm{sech}x = \frac{1}{\mathrm{ch}x}$ $\qquad \mathrm{csch}x = \frac{1}{\mathrm{sh}x}$ $\qquad \mathrm{coth}x = \frac{1}{\mathrm{th}x}$

(2) $\mathrm{ch}^2 x - \mathrm{sh}^2 x = 1$ $\qquad \mathrm{sech}^2 x + \mathrm{th}^2 x = 1$ $\qquad \mathrm{coth}^2 x - \mathrm{csch}^2 x = 1$

$\frac{\mathrm{sh}x}{\mathrm{ch}x} = \mathrm{th}x$ $\qquad \frac{\mathrm{ch}x}{\mathrm{sh}x} = \mathrm{coth}x$

附录 B　常见分布表

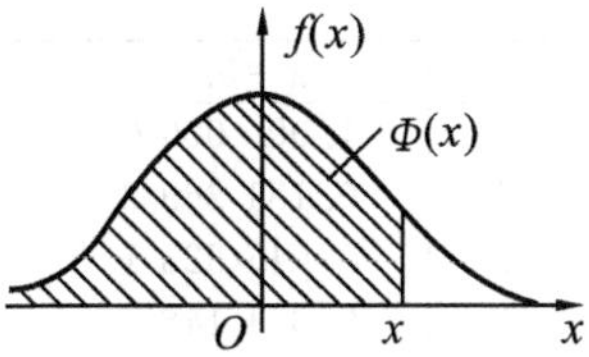

表B1　标准正态分布表

$$\Phi(x)=\int_{-\infty}^{x}\frac{1}{\sqrt{2\pi}}e^{-\frac{u^2}{2}}du$$

x	0	1	2	3	4	5	6	7	8	9
0.0	0.500 0	0.504 0	0.508 0	0.512 0	0.516 0	0.519 9	0.523 9	0.527 9	0.531 9	0.535 9
0.1	0.539 8	0.543 8	0.547 8	0.551 7	0.555 7	0.559 6	0.563 6	0.567 5	0.571 4	0.575 3
0.2	0.579 3	0.583 2	0.587 1	0.591 0	0.594 8	0.598 7	0.602 6	0.606 4	0.610 3	0.614 1
0.3	0.617 9	0.621 7	0.625 5	0.629 3	0.633 1	0.636 8	0.640 6	0.644 3	0.648 0	0.651 7
0.4	0.655 4	0.659 1	0.662 8	0.666 4	0.670 0	0.673 6	0.677 2	0.680 8	0.684 4	0.687 9
0.5	0.691 5	0.695 0	0.698 5	0.701 9	0.705 4	0.708 8	0.712 3	0.715 7	0.719 0	0.722 4
0.6	0.725 7	0.729 1	0.732 4	0.735 7	0.738 9	0.742 2	0.745 4	0.748 6	0.751 7	0.754 9
0.7	0.758 0	0.761 1	0.764 2	0.767 3	0.770 3	0.773 4	0.776 4	0.779 4	0.782 3	0.785 2
0.8	0.788 1	0.791 0	0.793 9	0.796 7	0.799 5	0.802 3	0.805 1	0.807 8	0.810 6	0.813 3
0.9	0.815 9	0.818 6	0.821 2	0.823 8	0.826 4	0.828 9	0.831 5	0.834 0	0.836 5	0.838 9
1.0	0.841 3	0.843 8	0.841 6	0.848 5	0.850 8	0.853 1	0.855 4	0.857 7	0.859 9	0.862 1
1.1	0.864 3	0.866 5	0.868 6	0.870 8	0.872 9	0.874 9	0.877 0	0.879 0	0.881 0	0.883 0
1.2	0.884 9	0.886 9	0.888 8	0.890 7	0.892 5	0.894 4	0.896 2	0.898 0	0.899 7	0.901 5
1.3	0.903 2	0.904 9	0.906 6	0.908 2	0.909 9	0.911 5	0.913 1	0.914 7	0.916 2	0.917 7
1.4	0.919 2	0.920 7	0.922 2	0.923 6	0.925 1	0.926 5	0.927 8	0.929 2	0.930 6	0.931 9
1.5	0.933 2	0.934 5	0.935 7	0.937 0	0.938 2	0.939 4	0.940 6	0.941 8	0.943 0	0.944 1
1.6	0.945 2	0.946 3	0.947 4	0.948 4	0.949 5	0.950 5	0.951 5	0.952 5	0.953 5	0.954 5
1.7	0.955 4	0.956 4	0.957 3	0.958 2	0.959 1	0.959 9	0.960 8	0.961 6	0.962 5	0.963 3
1.8	0.964 1	0.964 8	0.965 6	0.966 4	0.967 1	0.967 8	0.968 6	0.969 3	0.970 0	0.970 6
1.9	0.971 3	0.971 9	0.972 6	0.973 2	0.973 8	0.974 4	0.975 0	0.975 6	0.976 2	0.976 7
2.0	0.977 2	0.977 8	0.978 3	0.978 8	0.979 3	0.979 8	0.980 3	0.980 8	0.981 2	0.981 7
2.1	0.982 1	0.982 6	0.983 0	0.983 4	0.983 8	0.984 2	0.984 6	0.985 0	0.985 4	0.985 7
2.2	0.986 1	0.986 4	0.986 8	0.987 1	0.987 4	0.987 8	0.988 1	0.988 4	0.988 7	0.989 0
2.3	0.989 3	0.989 6	0.989 8	0.990 1	0.990 4	0.990 6	0.990 9	0.991 1	0.991 3	0.991 6
2.4	0.991 8	0.992 0	0.992 2	0.992 5	0.992 7	0.992 9	0.993 1	0.993 2	0.993 4	0.993 6
2.5	0.993 8	0.994 0	0.994 1	0.994 3	0.994 5	0.994 6	0.994 8	0.994 9	0.995 1	0.995 2
2.6	0.995 3	0.995 5	0.995 6	0.995 7	0.995 9	0.996 0	0.996 1	0.996 2	0.996 3	0.996 4
2.7	0.996 5	0.996 6	0.996 7	0.996 8	0.996 9	0.997 0	0.997 1	0.997 2	0.997 3	0.997 4
2.8	0.997 4	0.997 5	0.997 6	0.997 7	0.997 7	0.997 8	0.997 9	0.997 9	0.998 0	0.998 1
2.9	0.998 1	0.998 2	0.998 2	0.998 3	0.998 4	0.998 4	0.998 5	0.998 5	0.998 6	0.998 6
*3.0	0.998 7	0.999 0	0.999 3	0.999 5	0.999 7	0.999 8	0.999 8	0.999 9	0.999 9	1.000 0

α	0.10	0.05	0.025	0.01	0.005	0.002 5	0.001	0.000 5
u_α	1.282	1.645	1.960	2.326	2.576	2.808	3.090	3.291

* 注：本行所列的函数值依次为 $\Phi(3.0)$，$\Phi(3.1)$，$\Phi(3.2)$，…，$\Phi(3.9)$.

表B 2　泊松分布表

$$P=\sum_{r=x}^{\infty}\frac{e^{-\lambda}\lambda^{r}}{r!}$$

x	$\lambda=0.2$	$\lambda=0.3$	$\lambda=0.4$	$\lambda=0.5$	$\lambda=0.6$
0	1.000 000 0	1.000 000 0	1.000 000 0	1.000 000 0	1.000 000 0
1	0.181 269 2	0.259 181 8	0.329 680 0	0.323 469	0.451 188
2	0.017 523 1	0.036 936 3	0.061 551 9	0.090 204	0.121 901
3	0.001 148 5	0.003 599 5	0.007 926 3	0.014 388	0.023 115
4	0.000 056 8	0.000 265 8	0.000 776 3	0.001 752	0.003 358
5	0.000 002 3	0.000 015 8	0.000 061 2	0.000 172	0.000 394
6	0.000 000 1	0.000 000 8	0.000 004 0	0.000 014	0.000 039
7			0.000 000 2	0.000 001	0.000 003

x	$\lambda=0.7$	$\lambda=0.8$	$\lambda=0.9$	$\lambda=1.0$	$\lambda=1.2$
0	1.000 000 0	1.000 000 0	1.000 000 0	1.000 000 0	1.000 000 0
1	0.503 415	0.550 671	0.593 430	0.632 121	0.698 806
2	0.155 805	0.191 208	0.227 518	0.264 241	0.337 373
3	0.034 142	0.047 423	0.062 857	0.080 301	0.120 513
4	0.005 753	0.009 080	0.013 459	0.018 988	0.033 769
5	0.000 786	0.001 411	0.002 344	0.003 660	0.007 746
6	0.000 090	0.000 184	0.000 343	0.000 594	0.001 500
7	0.000 009	0.000 021	0.000 043	0.000 083	0.000 251
8	0.000 001	0.000 002	0.000 005	0.000 010	0.000 037
9				0.000 001	0.000 005
10					0.000 001

x	$\lambda=1.4$	$\lambda=1.6$	$\lambda=1.8$		
0	1.000 000	1.000 000	1.000 000		
1	0.753 403	0.798 103	0.834 701		
2	0.408 167	0.475 069	0.537 163		
3	0.166 502	0.216 642	0.269 379		
4	0.053 725	0.078 813	0.108 708		
5	0.014 253	0.023 682	0.036 407		
6	0.003 201	0.006 040	0.010 378		
7	0.000 622	0.001 336	0.002 569		
8	0.000 107	0.000 260	0.000 562		
9	0.000 016	0.000 045	0.000 110		
10	0.000 002	0.000 007	0.000 019		
11		0.000 001	0.000 003		

续表

x	$\lambda=2.5$	$\lambda=3.0$	$\lambda=3.5$	$\lambda=4.0$	$\lambda=4.5$	$\lambda=5.0$
0	1.000 000 0	1.000 000 0	1.000 000 0	1.000 000 0	1.000 000 0	1.000 000 0
1	0.917 915	0.950 213	0.969 803	0.981 684	0.988 891	0.993 262
2	0.712 703	0.800 852	0.864 112	0.908 422	0.938 901	0.959 572
3	0.456 187	0.576 810	0.679 153	0.761 897	0.826 422	0.875 348
4	0.242 424	0.352 768	0.463 367	0.566 530	0.657 704	0.734 974
5	0.108 822	0.184 737	0.274 555	0.371 163	0.467 896	0.559 507
6	0.042 021	0.083 918	0.142 386	0.214 870	0.297 070	0.384 039
7	0.014 187	0.033 509	0.065 288	0.110 674	0.168 949	0.237 817
8	0.004 247	0.011 905	0.026 739	0.051 134	0.086 586	0.133 372
9	0.001 140	0.003 803	0.009 874	0.021 363	0.040 257	0.068 094
10	0.000 277	0.001 102	0.003 315	0.008 132	0.017 093	0.031 828
11	0.000 062	0.000 292	0.001 019	0.002 840	0.006 669	0.013 695
12	0.000 013	0.000 071	0.000 289	0.000 915	0.002 404	0.005 453
13	0.000 002	0.000 16	0.000 076	0.000 274	0.000 805	0.002 019
14		0.000 003	0.000 019	0.000 076	0.000 252	0.000 698
15		0.000 001	0.000 004	0.000 020	0.000 074	0.000 226
16			0.000 001	0.000 005	0.000 020	0.000 069
17				0.000 001	0.000 005	0.000 020
18					0.000 001	0.000 005
19						0.000 001

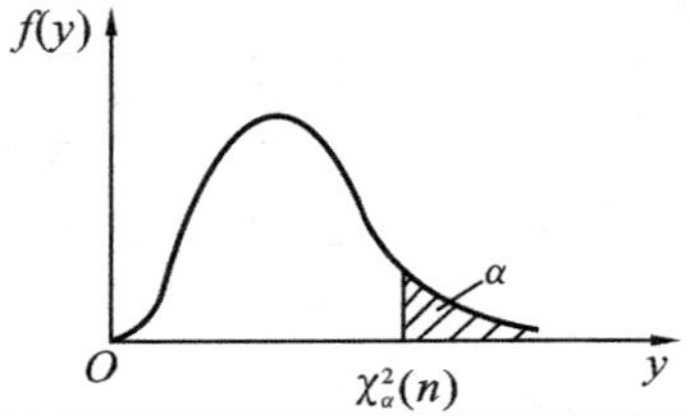

表B3 χ^2分布表

$$P\left\{\chi^2(n) > \chi_\alpha^2(n)\right\} = \alpha$$

n	α=0.995	0.99	0.975	0.95	0.90	0.75	0.25	0.10	0.05	0.025	0.01	0.005
1	—	—	0.001	0.004	0.016	0.102	1.323	2.706	3.841	5.024	6.635	7.879
2	0.010	0.020	0.051	0.103	0.211	0.575	2.773	4.605	5.991	7.378	9.210	10.597
3	0.072	0.115	0.216	0.352	0.584	1.213	4.108	6.251	7.815	9.348	11.345	12.838
4	0.207	0.297	0.484	0.711	1.064	1.923	5.385	7.779	9.488	11.143	13.277	14.860
5	0.412	0.554	0.831	1.145	1.610	2.675	6.626	9.236	11.071	12.833	15.086	16.750
6	0.676	0.872	1.237	1.635	2.204	3.455	7.841	10.645	12.592	14.449	16.812	18.548
7	0.989	1.239	1.690	2.167	2.833	4.255	9.037	12.017	14.067	16.013	18.475	20.278
8	1.344	1.646	2.180	2.733	3.490	5.071	10.219	13.362	15.507	17.535	20.090	21.955
9	1.735	2.088	2.700	3.325	4.168	5.899	11.389	14.684	16.919	19.023	21.666	23.589
10	2.156	2.558	3.247	3.940	4.865	6.737	12.549	15.987	18.307	20.483	23.209	25.188
11	2.603	3.053	3.816	4.575	5.578	7.584	13.701	17.275	19.675	21.920	24.725	26.757
12	3.074	3.571	4.404	5.226	6.304	8.438	14.845	18.549	21.026	23.337	26.217	28.299
13	3.565	4.107	5.009	5.892	7.042	9.299	15.984	19.812	22.362	24.736	27.688	29.819
14	4.075	4.660	5.629	6.571	7.790	10.165	17.117	21.064	23.685	26.119	29.141	31.319
15	4.601	5.229	6.262	7.261	8.547	11.037	18.245	22.307	24.996	27.488	30.578	32.801
16	5.142	5.812	6.908	7.962	9.312	11.912	19.369	23.542	26.296	28.845	32.000	34.267
17	5.697	6.408	7.564	8.672	10.085	12.792	20.489	24.769	27.587	30.191	33.409	35.718
18	6.265	7.015	8.231	9.390	10.865	13.675	21.605	25.989	28.869	31.526	34.805	37.156
19	6.844	7.633	8.907	10.117	11.651	14.562	22.718	27.204	30.144	32.852	36.191	38.582
20	7.434	8.260	9.591	10.851	12.443	15.452	23.828	28.412	31.410	34.170	37.566	39.997

续表

n	α=0.995	0.99	0.975	0.95	0.90	0.75	0.25	0.10	0.05	0.025	0.01	0.005
21	8.034	8.897	10.283	11.591	13.240	16.344	24.935	29.615	32.671	35.479	38.932	41.401
22	8.643	9.542	10.982	12.338	14.042	17.240	26.039	30.813	33.924	36.781	40.289	42.796
23	9.260	10.196	11.689	13.091	14.848	18.137	27.141	32.007	35.172	38.076	41.638	44.181
24	9.886	10.856	12.401	13.848	15.659	19.037	28.241	33.196	36.415	39.364	42.980	45.559
25	10.520	11.524	13.120	14.611	16.473	19.939	29.339	34.382	37.652	40.646	44.314	36.928
26	11.160	12.198	13.844	15.379	17.292	20.843	30.435	35.563	38.885	41.923	45.642	48.290
27	11.808	12.879	14.573	16.151	18.114	21.749	31.528	36.741	40.113	43.194	45.963	49.645
28	12.461	13.565	15.308	16.928	18.939	22.657	32.620	37.916	41.337	44.461	48.278	50.993
29	13.121	14.257	16.047	17.708	19.768	23.567	33.711	39.087	42.557	45.722	47.588	52.336
30	13.787	14.954	16.791	18.493	20.599	24.478	34.800	40.256	43.773	46.979	50.892	53.672
31	14.458	15.655	17.539	19.281	20.434	25.390	35.887	41.422	44.985	48.232	52.191	55.003
32	15.134	16.362	18.291	20.072	22.271	26.304	36.973	42.585	46.194	49.480	53.486	56.328
33	15.815	17.074	19.047	20.867	23.110	27.219	38.058	43.745	47.400	50.725	54.776	57.648
34	16.501	17.789	19.806	21.664	23.952	28.136	39.141	44.903	48.602	51.966	56.061	58.964
35	17.192	18.509	20.569	22.465	24.797	29.054	40.223	46.059	49.802	53.203	57.342	60.275
36	17.887	19.233	21.336	23.269	25.643	29.973	41.304	47.212	50.998	54.437	58.619	61.581
37	18.586	19.960	22.106	24.075	26.492	30.893	42.383	48.363	52.192	55.668	59.892	62.883
38	19.289	20.691	22.878	24.884	27.343	31.815	43.462	49.513	53.384	56.896	61.162	64.181
39	19.996	21.426	23.654	25.695	28.196	32.737	44.539	50.660	54.572	58.120	62.428	65.476
40	20.707	22.164	24.433	26.509	29.051	33.660	45.616	51.805	55.758	59.342	63.691	66.766
41	21.421	22.906	25.215	27.326	29.907	34.585	46.692	52.949	56.942	60.561	64.950	68.053
42	22.138	23.650	25.999	28.144	30.765	35.510	47.766	54.090	58.124	61.777	66.206	69.336
43	22.859	24.398	26.785	28.965	31.625	36.436	48.840	55.230	59.304	62.990	67.459	70.616
44	23.548	25.148	27.575	29.787	32.487	37.363	49.913	56.369	60.481	64.201	68.710	71.893
45	24.311	25.901	28.366	30.612	33.350	38.291	50.985	57.505	61.656	65.410	69.957	73.166

表B4　t 分布表

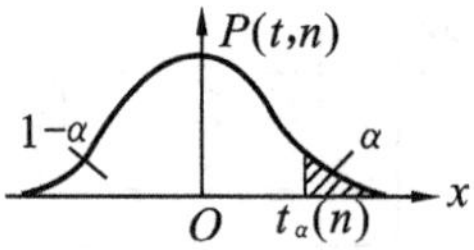

$P\{t(n)>t_{\alpha}(n)\}=\alpha$

n	α=0.25	0.10	0.05	0.025	0.01	0.005
1	1.000 0	3.077 7	6.313 8	12.706 2	31.820 7	63.657 4
2	0.816 5	1.885 6	2.920 0	4.302 7	6.964 6	9.924 8
3	0.764 9	1.637 7	2.353 4	3.182 4	4.540 7	5.840 9
4	0.740 7	1.533 2	2.131 8	2.776 4	3.746 9	4.604 1
5	0.726 7	1.475 9	2.015 0	2.570 6	3.364 9	4.032 2
6	0.717 6	1.439 8	1.943 2	2.446 9	3.142 7	3.707 4
7	0.711 1	1.414 9	1.894 6	2.364 6	2.998 0	3.499 5
8	0.706 4	1.396 8	1.859 5	2.306 0	2.896 5	3.355 4
9	0.702 7	1.383 0	1.833 1	2.262 2	2.821 4	3.249 8
10	0.699 8	1.372 2	1.812 5	2.228 1	2.763 8	3.169 3
11	0.697 4	1.363 4	1.795 9	2.201 0	2.718 1	3.105 8
12	0.695 5	1.356 2	1.782 3	2.178 8	2.681 0	3.054 5
13	0.693 8	1.350 2	1.770 9	2.160 4	2.650 3	3.012 3
14	0.692 4	1.345 0	1.761 3	2.144 8	2.624 5	2.976 8
15	0.691 2	1.340 6	1.753 1	2.131 5	2.602 5	2.946 7
16	0.690 1	1.336 8	1.745 9	2.119 9	2.583 5	2.920 8
17	0.689 3	1.333 4	1.739 6	2.109 8	2.566 9	2.898 2
18	0.688 4	1.330 4	1.734 1	2.100 9	2.552 4	2.878 4
19	0.687 6	1.327 7	1.729 1	2.093 0	2.539 5	2.860 9
20	0.687 0	1.325 3	1.724 7	2.086 0	2.528 0	2.845 3
21	0.686 4	1.323 2	1.720 7	2.079 6	2.517 7	2.831 4
22	0.685 8	1.321 2	1.717 1	2.073 9	2.508 3	2.818 8
23	0.685 3	1.319 5	1.713 9	2.068 7	2.499 9	2.807 3
24	0.684 8	1.317 8	1.710 9	2.063 9	2.492 2	2.796 9
25	0.634 4	1.316 3	1.708 1	2.059 5	2.485 7	2.787 4
26	0.684 0	1.315 0	1.705 6	2.055 5	2.478 6	2.778 7
27	0.683 7	1.313 7	1.703 3	2.051 8	2.472 7	2.770 7
28	0.683 4	1.312 5	1.701 1	2.048 4	2.467 1	2.763 3
29	0.683 0	1.311 4	1.699 1	2.045 2	2.462 0	2.756 4
30	0.682 8	1.310 4	1.697 3	2.042 3	2.457 3	2.750 0
31	0.682 5	1.309 5	1.695 5	2.039 5	2.452 8	2.744 0
32	0.682 2	1.308 6	1.693 9	2.036 9	2.448 7	2.738 5
33	0.682 0	1.307 7	1.692 4	2.034 5	2.444 8	2.733 3
34	0.681 8	1.307 0	1.690 9	2.032 2	2.441 1	2.728 4
35	0.681 6	1.306 2	1.688 96	2.030 1	2.437 7	2.723 8
36	0.681 4	1.305 5	1.688 3	2.028 1	2.424 5	2.719 5
37	0.681 2	1.304 9	1.687 1	2.026 2	2.431 4	2.715 4
38	0.681 0	1.304 2	1.686 0	2.024 4	2.428 6	2.711 6
39	0.680 8	1.303 6	1.684 9	2.022 7	2.425 8	2.707 9
40	0.680 7	1.303 1	1.683 9	2.021 1	2.423 3	2.704 5
41	0.680 5	1.302 5	1.682 9	2.019 5	2.420 8	2.701 2
42	0.680 4	1.302 0	1.682 0	2.018 1	2.418 5	2.698 1
43	0.680 2	1.301 6	1.681 1	2.016 7	2.416 3	2.695 1
44	0.680 1	1.301 1	1.680 2	2.015 4	2.414 1	2.692 3
45	0.680 0	1.300 6	1.679 4	2.014 1	2.412 1	2.689 6

附录 C　拉普拉斯变换简表

	$f(t)$	$F(s)$
1	1	$\frac{1}{s}$
2	e^{at}	$\frac{1}{s-a}$
3	$t^m \quad (m>-1)$	$\frac{\Gamma(m+1)}{s^{m+1}}$ *
4	$t^m e^{at} \quad (m>-1)$	$\frac{\Gamma(m+1)}{(s-a)^{m+1}}$
5	$\sin at$	$\frac{a}{s^2+a^2}$
6	$\cos at$	$\frac{s}{s^2+a^2}$
7	$\mathrm{sh}\, at$	$\frac{a}{s^2-a^2}$
8	$\mathrm{ch}\, at$	$\frac{s}{s^2-a^2}$
9	$t\sin at$	$\frac{2as}{(s+a^2)^2}$
10	$t\cos at$	$\frac{s^2-a^2}{(s^2+a^2)^2}$
11	$t\,\mathrm{sh}\, at$	$\frac{2as}{(s^2-a^2)^2}$
12	$t\,\mathrm{ch}\, at$	$\frac{s^2+a^2}{(s^2-a^2)^2}$
13	$t^m \sin at \quad (m>-1)$	$\frac{\Gamma(m+1)}{2\mathrm{i}(s^2+a^2)^{m+1}} \cdot [(s+\mathrm{i}a)^{m+1}-(s-\mathrm{i}a)^{m+1}]$
14	$t^m \cos at \quad (m>-1)$	$\frac{\Gamma(m+1)}{2(s^2+a^2)^{m+1}} \cdot [(s+\mathrm{i}a)^{m+1}+(s-\mathrm{i}a)^{m+1}]$
15	$e^{-bt}\sin at$	$\frac{a}{(s+b)^2+a^2}$
16	$e^{-bt}\cos at$	$\frac{s+b}{(s+b)^2+a^2}$
17	$e^{-bt}\sin(at+c)$	$\frac{(s+b)\sin c+a\cos c}{(s+b)^2+a^2}$
18	$\sin^2 t$	$\frac{1}{2}\left(\frac{1}{s}-\frac{s}{s^2+4}\right)$

* $m+1$ 为正整数时，$\Gamma(m+1)=m!$.

续表

	$f(t)$	$F(s)$
19	$\cos^2 t$	$\frac{1}{2}\left(\frac{1}{s}+\frac{s}{s^2+4}\right)$
20	$\sin at \sin at$	$\frac{2abs}{[s^2+(a+b)^2][s^2+(a-b)^2]}$
21	$e^{at}-e^{bt}$	$\frac{a-b}{(s-a)(s-b)}$
22	$ae^{at}-be^{bt}$	$\frac{(a-b)s}{(s-a)(s-b)}$
23	$\frac{1}{a}\sin at-\frac{1}{b}\sin bt$	$\frac{b^2-a^2}{(s^2+a^2)(s^2+b^2)}$
24	$\cos at-\cos bt$	$\frac{(b^2-a^2)s}{(s^2+a^2)(s^2+b^2)}$
25	$\frac{1}{a^2}(1-\cos at)$	$\frac{1}{s(s^2+a^2)}$
26	$\frac{1}{a^3}(at-\sin at)$	$\frac{1}{s^2(s^2+a^2)}$
27	$\frac{1}{a^4}(\cos at-1)+\frac{1}{2a^2}t^2$	$\frac{1}{s^3(s^2+a^2)}$
28	$\frac{1}{a^4}(\mathrm{ch}\, at-1)-\frac{1}{2a^2}t^2$	$\frac{1}{s^3(s^2-a^2)}$
29	$\frac{1}{2a^3}(\sin at-at\cos at)$	$\frac{1}{(s^2+a^2)^2}$
30	$\frac{1}{2a}(\sin at+at\cos at)$	$\frac{s^2}{(s^2+a^2)^2}$
31	$\frac{1}{a^4}(1-\cos at)-\frac{1}{2a^3}t\sin at$	$\frac{1}{s(s^2+a^2)^2}$
32	$(1-at)e^{-at}$	$\frac{s}{(s+a)^2}$
33	$t\left(1-\frac{a}{2}t\right)e^{-at}$	$\frac{s}{(s+a)^3}$
34	$\frac{1}{a}(1-e^{-at})$	$\frac{1}{s(s+a)}$
35①	$\frac{1}{ab}+\frac{1}{b-a}\left(\frac{e^{-bt}}{b}-\frac{e^{-at}}{a}\right)$	$\frac{1}{s(s+a)(s+b)}$
36①	$\frac{e^{-at}}{(b-a)(c-a)}+\frac{e^{-bt}}{(a-b)(c-b)}+\frac{e^{-ct}}{(a-c)(b-c)}$	$\frac{1}{(s+a)(s+b)(s+c)}$
37①	$\frac{ae^{-at}}{(c-a)(a-b)}+\frac{be^{-bt}}{(a-b)(b-c)}+\frac{ce^{-ct}}{(b-c)(c-a)}$	$\frac{s}{(s+a)(s+b)(s+c)}$

续表

	$f(t)$	$F(s)$
38①	$\frac{a^2\mathrm{e}^{-at}}{(c-a)(b-a)}+\frac{b^2\mathrm{e}^{-bt}}{(a-b)(c-b)}+\frac{c^2\mathrm{e}^{-ct}}{(b-c)(a-c)}$	$\frac{s^2}{(s+a)(s+b)(s+c)}$
39①	$\frac{\mathrm{e}^{-at}-\mathrm{e}^{-bt}[1-(a-b)t]}{(a-b)^2}$	$\frac{1}{(s+a)(s+b)^2}$
40①	$\frac{[a-b(a-b)t]\mathrm{e}^{-bt}-a\mathrm{e}^{-at}}{(a-b)^2}$	$\frac{s}{(s+a)(s+b)^2}$
41	$\mathrm{e}^{-at}-\mathrm{e}^{\frac{at}{2}}\left(\cos\frac{\sqrt{3}at}{2}-\sqrt{3}\sin\frac{\sqrt{3}at}{2}\right)$	$\frac{3a^2}{s^3+a^3}$
42	$\sin at\,\mathrm{ch}\,at-\cos at\,\mathrm{sh}\,at$	$\frac{4s^3}{s^4+4a^4}$
43	$\frac{1}{2a^2}\sin at\,\mathrm{sh}\,at$	$\frac{s}{s^4+4a^4}$
44	$\frac{1}{2a^3}(\mathrm{sh}\,at-\sin at)$	$\frac{1}{s^4-a^4}$
45	$\frac{1}{2a^2}(\mathrm{ch}\,at-\cos at)$	$\frac{s}{s^4-a^4}$
46	$\frac{1}{\sqrt{\pi t}}$	$\frac{1}{\sqrt{s}}$
47	$2\sqrt{\frac{t}{\pi}}$	$\frac{1}{s\sqrt{s}}$
48	$\frac{1}{\sqrt{\pi t}}\mathrm{e}^{at}(1+2at)$	$\frac{s}{(s-a)\sqrt{s-a}}$
49	$\frac{1}{2\sqrt{\pi t}}(\mathrm{e}^{bt}-\mathrm{e}^{at})$	$\sqrt{s-a}-\sqrt{s-b}$
50	$\frac{1}{\sqrt{\pi t}}\cos 2\sqrt{at}$	$\frac{1}{\sqrt{s}}\mathrm{e}^{-\frac{a}{s}}$
51	$\frac{1}{\sqrt{\pi t}}\mathrm{ch}2\sqrt{at}$	$\frac{1}{\sqrt{s}}\mathrm{e}^{\frac{a}{s}}$
52	$\frac{1}{\sqrt{\pi t}}\sin 2\sqrt{at}$	$\frac{1}{s\sqrt{s}}\mathrm{e}^{-\frac{a}{s}}$
53	$\frac{1}{\sqrt{\pi t}}\mathrm{sh}2\sqrt{at}$	$\frac{1}{s\sqrt{s}}\mathrm{e}^{\frac{a}{s}}$
54	$\frac{1}{t}(\mathrm{e}^{bt}-\mathrm{e}^{at})$	$\ln\frac{\mathrm{e}-a}{s-b}$
55	$\frac{2}{t}\mathrm{sh}\,at$	$\ln\frac{s+a}{s-a}=2\mathrm{Arth}\frac{a}{s}$
56	$\frac{2}{t}(1-\cos at)$	$\ln\frac{s^2+a^2}{s^2}$

续表

	$f(t)$	$F(s)$
57	$\frac{2}{t}(1-\mathrm{ch}at)$	$\ln\frac{s^2-a^2}{s^2}$
58	$\frac{1}{t}\sin at$	$\mathrm{arctan}at\,\frac{a}{s}$
59	$\frac{1}{t}(\mathrm{ch}at-\cos bt)$	$\ln\sqrt{\frac{s^2+b^2}{s^2-a^2}}$
60[2]	$\frac{1}{\pi t}\sin(2a\sqrt{t})$	$\mathrm{erf}\left(\frac{a}{s}\right)$
61[2]	$\frac{1}{\sqrt{\pi t}}e^{-2a\sqrt{t}}$	$\frac{1}{\sqrt{s}}e^{\frac{a^2}{s}}\quad\mathrm{erf}\left(\frac{a}{\sqrt{s}}\right)$
62	$\mathrm{erfc}\left(\frac{a}{2\sqrt{t}}\right)$	$\frac{1}{s}e^{-a\sqrt{s}}$
63	$\mathrm{erf}\left(\frac{t}{2a}\right)$	$\frac{1}{s}e^{a^2s^2}\,\mathrm{erfc}(as)$
64	$\frac{1}{\sqrt{\pi t}}e^{-2\sqrt{at}}$	$\frac{1}{\sqrt{s}}e^{\frac{a}{s}}\,\mathrm{erfc}\left(\sqrt{\frac{a}{s}}\right)$
65	$\frac{1}{\sqrt{\pi(t+a)}}$	$\frac{1}{\sqrt{s}}e^{as}\,\mathrm{erfc}(\sqrt{as})$
66	$\frac{1}{\sqrt{a}}\mathrm{erfc}(\sqrt{at})$	$\frac{1}{s\sqrt{s+a}}$
67	$\frac{1}{\sqrt{a}}e^{at}\,\mathrm{erfc}(\sqrt{at})$	$\frac{1}{\sqrt{s}(s-a)}$
68	$u(t)$	$\frac{1}{s}$
69	$tu(t)$	$\frac{1}{s^2}$
70	$t^m u(t)\quad(m>-1)$	$\frac{1}{s^{m+1}}\Gamma(m+1)$
71	$\delta(t)$	1
72	$\delta'(t)$	s
73	$\mathrm{sgn}t$	$\frac{2}{s}$
74[3]	$J_0(at)$	$\frac{1}{\sqrt{s^2+a^2}}$
75[3]	$I_0(at)$	$\frac{1}{\sqrt{s^2-a^2}}$

续表

	$f(t)$	$F(s)$
76	$J_0(2\sqrt{at})$	$\frac{1}{s}e^{-\frac{a}{s}}$
77	$e^{-bt}I_0(at)$	$\frac{1}{\sqrt{(s+b)^2-a^2}}$
78	$tJ_0(at)$	$\frac{s}{(s^2+a^2)^{s/2}}$
79	$tI_0(at)$	$\frac{s}{(s^2-a^2)^{s/2}}$
80	$J_0(a\sqrt{t(t+2b)})$	$\frac{1}{\sqrt{s^2+a^2}}e^{b(s-\sqrt{s^2+a^2})}$

①式中 a,b,c 为不相等的常数.

② $\mathrm{erf}(x)=\frac{2}{\sqrt{\pi}}\int_0^x e^{-t^2}\,dt$,称为误差函数.

$\mathrm{erfc}(x)=1-\mathrm{erf}(x)=\frac{2}{\sqrt{\pi}}\int_x^{+\infty}e^{-t^2}\,dt$,称为余误差函数.

③$I_n(x)=i^{-n}J_n(jx)$,J_n 称为第一类 n 阶贝塞尔(Bessel)函数.I_n 称为第一类 n 阶变形的贝塞尔函数,或称为虚宗量的贝塞尔函数.

习题参考答案

第1篇　线性代数

习　题 1.1

1.(1)1；　(2)$2x^2-7x+2$；　(3)18；　(4)$4a$.

2. $\begin{vmatrix} 0 & 4 \\ 0 & 3 \end{vmatrix}$；　$(-1)^{3+1}\begin{vmatrix} 0 & 4 \\ 0 & 3 \end{vmatrix}$.

3. $-2\begin{vmatrix} 6 & 8 & 0 \\ 5 & 3 & -2 \\ 0 & 4 & -3 \end{vmatrix}$，$-196$.

4. -15.

习　题 1.2

1.(1)0；　(2)0；　(3)160；　(4)-26.

2.(1)-24；　(2)48；　(3)-340.

3. -12.

4. $x_1=0, x_2=1$.

习　题 1.3

1. (1)$x=3, y=-1$；　(2)$x_1=\frac{21}{13}, x_2=\frac{110}{39}, x_3=\frac{145}{39}$.

2. $k=4$ 或 $k=-1$.

3. $k\neq-2$ 且 $k\neq1$.

综合练习一

1. (1)0；　(2)$k=1$ 或 $k=3$；　(3)$k\neq0$ 且 $k\neq2$；　(4)$|a_2|$.

2.(1)-4；　(2)$3abc-a^3-b^3-c^3$；　(3)48；　(4)0.

3. $x_1=1, x_2=2, x_3=3, x_4=-1$.

4. $\lambda=1$ 或 $\mu=0$.

习　题 2.1

1. $a=0, b=1, c=-3, d=0$.

2. (1)古式椅子订货量为 10 把；（2)是.

习　题 2.2

1. (1) $\begin{bmatrix} 6 & 5 & 4 & 3 \\ 5 & 1 & -1 & 6 \\ 2 & -2 & 9 & 5 \end{bmatrix}$；（2）$\begin{bmatrix} 4 & 1 & 0 & -1 \\ 3 & 0 & 0 & 6 \\ 3 & -2 & 3 & 2 \end{bmatrix}$；（3）$\begin{bmatrix} 2 & -3 & 5 & 5 \\ 9 & -1 & -2 & 3 \\ 8 & 0 & 10 & 7 \\ 17 & 1 & 2 & 6 \end{bmatrix}$.

2. $\begin{bmatrix} 2 & 3 & -2 & 2 \\ 2 & -2 & 1 & -1 \\ \frac{1}{2} & -1 & -\frac{7}{2} & -1 \end{bmatrix}$.

3. (1) $\begin{bmatrix} 3 & 3 \\ 7 & 5 \end{bmatrix}$；（2）$\begin{bmatrix} 3 \\ 18 \\ -13 \end{bmatrix}$；（3）$-5$；（4）$\begin{bmatrix} 22 & 6 & 3 \\ 7 & 7 & 10 \\ 0 & 9 & 16 \end{bmatrix}$；

(5) $\begin{bmatrix} -4 & 12 & 8 & 20 \\ 0 & 0 & 0 & 0 \\ -7 & 21 & 14 & 35 \\ 3 & -9 & -6 & -15 \end{bmatrix}$；（6）$\sum_{i,j=1}^{3} a_{ij}x_ix_j$.

4. (1) $\boldsymbol{B}=\begin{bmatrix} b_{11} & b_{12} \\ b_{21} & b_{22} \end{bmatrix}$ ($b_{12}=0, b_{11}=b_{22}, b_{21}$ 为任意实数).

(2) $\boldsymbol{B}=\begin{bmatrix} b_{11} & b_{12} & b_{13} \\ b_{21} & b_{22} & b_{23} \\ b_{31} & b_{32} & b_{33} \end{bmatrix}$ ($b_{21}=b_{31}=0, b_{12}=b_{23}, b_{32}=0, b_{11}=b_{22}=b_{33}$).

5. (1) $\begin{bmatrix} 10 & 10 & 14 \\ 15 & 38 & 15 \\ 18 & 16 & 22 \end{bmatrix}$,付订货款后家具的库存量；（2）$\begin{bmatrix} 7 & 10 & 12.5 \\ 15 & 10 & 9.5 \\ 12 & 32 & 10.5 \\ 9 & 4 & 19 \end{bmatrix}$.

6. $\boldsymbol{B}^2=\boldsymbol{E}$.

7. (1)×；（2）√；（3）√；（4）×.

综合练习二

1. (1)×； (2)×； (3)×.

2. (1) $\begin{bmatrix} -7 & 6 \\ 1 & -8 \end{bmatrix}$, $\begin{bmatrix} 6 & 6 \\ 5 & -2 \end{bmatrix}$； (2) $a^2+b^2+c^2$； (3) -16； (4) 16.

3. (1) $\begin{bmatrix} 35 \\ 6 \\ 49 \end{bmatrix}$； (2) $\begin{bmatrix} 6 & -7 & 8 \\ 20 & -5 & -6 \end{bmatrix}$；

(3) $\begin{bmatrix} 1 & 0 & 0 \\ 0 & 1 & 0 \\ 0 & 0 & 1 \end{bmatrix}$.

4. $\dfrac{1}{3}\begin{bmatrix} 1 & -2 & 2 \\ 1 & 1 & 1 \end{bmatrix}$.

5. -21.

6. 2^{n+3}.

习　题 3.1

1. (1)×； (2)√.

2. (1) $\begin{bmatrix} 1 & 1 & 2 & 1 \\ 0 & 1 & 1 & -1 \\ 0 & 0 & 1 & -1 \\ 0 & 0 & 0 & 1 \end{bmatrix}$, $\begin{bmatrix} 1 & 0 & 0 & 0 \\ 0 & 1 & 0 & 0 \\ 0 & 0 & 1 & 0 \\ 0 & 0 & 0 & 1 \end{bmatrix}$；

(2) $\begin{bmatrix} 1 & -2 & 0 & 2 & -14 \\ 0 & 1 & 0 & -1 & 3 \\ 0 & 0 & 1 & -2 & 6 \\ 0 & 0 & 0 & 0 & 0 \end{bmatrix}$, $\begin{bmatrix} 1 & 0 & 0 & 0 & -8 \\ 0 & 1 & 0 & -1 & 3 \\ 0 & 0 & 1 & -2 & 6 \\ 0 & 0 & 0 & 0 & 0 \end{bmatrix}$；

(3) $\begin{bmatrix} 1 & 2 & -7 & 1 \\ 0 & 1 & -2 & 1 \\ 0 & 0 & 2 & 6 \end{bmatrix}$, $\begin{bmatrix} 1 & 0 & 0 & 8 \\ 0 & 1 & 0 & 7 \\ 0 & 0 & 1 & 3 \end{bmatrix}$；

(4) $\begin{bmatrix} 1 & 2 & 0 & -1 \\ 0 & -3 & 3 & 2 \\ 0 & 0 & 0 & 0 \end{bmatrix}$, $\begin{bmatrix} 1 & 0 & 2 & \frac{1}{3} \\ 0 & 1 & -1 & \frac{2}{3} \\ 0 & 0 & 0 & 0 \end{bmatrix}$.

习　题 3.2

1.(1)2；(2)3；(3)3；(4)4.

2.(1)×；(2)√；(3)×；(4)×；(5)√.

习　题 3.3

1. (1)$\begin{bmatrix} -2 & 1 \\ \frac{3}{2} & -\frac{1}{2} \end{bmatrix}$；(2)$\begin{bmatrix} \frac{1}{3} & 0 \\ 0 & \frac{1}{4} \end{bmatrix}$；(3)$\begin{bmatrix} 0 & \frac{1}{2} \\ 1 & 0 \end{bmatrix}$；(4)$\begin{bmatrix} \frac{1}{3} & 0 & 0 \\ 0 & 1 & 0 \\ 0 & 0 & \frac{1}{6} \end{bmatrix}$；

(5)$\begin{bmatrix} 2 & -\frac{1}{3} & -\frac{4}{3} \\ 1 & \frac{1}{3} & -\frac{2}{3} \\ -1 & 0 & 1 \end{bmatrix}$；(6)$\begin{bmatrix} 2 & -1 & -1 \\ 3 & -1 & -2 \\ -1 & 1 & 1 \end{bmatrix}$；(7)$\begin{bmatrix} 1 & -1 & 0 & 0 \\ 0 & 1 & -1 & 0 \\ 0 & 0 & 1 & -1 \\ 0 & 0 & 0 & 1 \end{bmatrix}$；

(8)$\begin{bmatrix} 2 & -1 & 0 & 0 \\ -1 & 1 & 0 & 0 \\ -1 & 1 & 2 & -3 \\ 1 & -2 & -1 & 2 \end{bmatrix}$.

2.(1)$\begin{bmatrix} -2 & -2 \\ 1 & 0 \end{bmatrix}$；(2)$\begin{bmatrix} 2 & -23 \\ 0 & 8 \end{bmatrix}$；(3)$\begin{bmatrix} 1 \\ 3 \\ 2 \end{bmatrix}$；(4)$\begin{bmatrix} 0 & -3 \\ -1 & -2 \\ 1 & 4 \end{bmatrix}$.

3. $\boldsymbol{A}=\begin{bmatrix} 1 & 4 \\ 2 & 3 \end{bmatrix}$.

4.(1)$(\boldsymbol{A}+\boldsymbol{E})^2$；(2)$\dfrac{\boldsymbol{A}-2\boldsymbol{E}}{2}$.

习　题 3.4

1.(1)无解；(2)无解；(3)有解；(4)有解.

2.(1)无解；(2)$\begin{bmatrix} x_1 \\ x_2 \\ x_3 \end{bmatrix}=\begin{bmatrix} -1 \\ 2 \\ 0 \end{bmatrix}+k\begin{bmatrix} -2 \\ 1 \\ 1 \end{bmatrix}$（$k$ 为任意常数）；

(3) $\begin{bmatrix} x_1 \\ x_2 \\ x_3 \\ x_4 \end{bmatrix} = \begin{bmatrix} -\frac{11}{5} \\ \frac{7}{5} \\ 2 \\ 0 \end{bmatrix} + k\begin{bmatrix} 1 \\ 0 \\ 0 \\ 1 \end{bmatrix}$ (k 为任意常数);

(4) $\begin{bmatrix} x_1 \\ x_2 \\ x_3 \\ x_4 \end{bmatrix} = \begin{bmatrix} \frac{1}{2} \\ 0 \\ 0 \\ 0 \end{bmatrix} + k_1\begin{bmatrix} -\frac{1}{2} \\ 1 \\ 0 \\ 0 \end{bmatrix} + k_2\begin{bmatrix} \frac{1}{2} \\ 0 \\ 1 \\ 0 \end{bmatrix} + k_3\begin{bmatrix} -\frac{1}{2} \\ 0 \\ 0 \\ 1 \end{bmatrix}$ (k_1,k_2,k_3 为任意常数).

3. $\lambda=5$, $\begin{bmatrix} x_1 \\ x_2 \\ x_3 \\ x_4 \end{bmatrix} = \begin{bmatrix} \frac{4}{5} \\ \frac{3}{5} \\ 0 \\ 0 \end{bmatrix} + k_1\begin{bmatrix} -\frac{1}{5} \\ \frac{3}{5} \\ 1 \\ 0 \end{bmatrix} + k_2\begin{bmatrix} -\frac{6}{5} \\ -\frac{7}{5} \\ 0 \\ 1 \end{bmatrix}$ (k_1,k_2 为任意常数).

4. (1)$a\neq 1$ 时,方程组有唯一解;

(2)$a=1,b\neq -1$ 时,方程组无解;

(3)$a=1,b=-1$ 时,方程组有无穷多解

$$\begin{bmatrix} x_1 \\ x_2 \\ x_3 \\ x_4 \end{bmatrix} = \begin{bmatrix} -1 \\ 1 \\ 0 \\ 0 \end{bmatrix} + k\begin{bmatrix} 1 \\ -2 \\ 1 \\ 0 \end{bmatrix} \ (k \text{ 为任意常数}).$$

综合练习三

1. (1)单位矩阵经一次初等变换所得到的矩阵; (2)=; (3)零解,非零解;

(4)非零解; (5)=,<; (6) $\begin{bmatrix} x_1 \\ x_2 \\ x_3 \end{bmatrix} = k_1\begin{bmatrix} -1 \\ 1 \\ 0 \end{bmatrix} + k_2\begin{bmatrix} -1 \\ 0 \\ 1 \end{bmatrix} + \begin{bmatrix} 1 \\ 0 \\ 0 \end{bmatrix}$ (k_1,k_2 为任意常数).

2. (1) $\begin{bmatrix} 1 & 0 & 0 & 5 \\ 0 & 0 & 1 & -3 \\ 0 & 0 & 0 & 0 \end{bmatrix}$; (2) $\begin{bmatrix} 0 & 1 & 0 & 5 \\ 0 & 0 & 1 & 3 \\ 0 & 0 & 0 & 0 \end{bmatrix}$.

3. (1) $\begin{bmatrix} \frac{7}{6} & \frac{2}{3} & -\frac{3}{2} \\ -1 & -1 & 2 \\ -\frac{1}{2} & 0 & \frac{1}{2} \end{bmatrix}$； (2) $\begin{bmatrix} 1 & 1 & -2 & -4 \\ 0 & 1 & 0 & -1 \\ -1 & -1 & 3 & 6 \\ 2 & 1 & -6 & -10 \end{bmatrix}$.

4. (1)3； (2)2.

5. (1) $\begin{bmatrix} x_1 \\ x_2 \\ x_3 \\ x_4 \\ x_5 \end{bmatrix}=k_1\begin{bmatrix} -1 \\ 1 \\ 0 \\ 0 \\ 0 \end{bmatrix}+k_2\begin{bmatrix} -1 \\ 0 \\ -1 \\ 0 \\ 1 \end{bmatrix}$ (k_1,k_2 为任意常数)；

(2)方程组只有零解；

(3) $\begin{bmatrix} x_1 \\ x_2 \\ x_3 \\ x_4 \end{bmatrix}=k_1\begin{bmatrix} -1 \\ 1 \\ 0 \\ 0 \end{bmatrix}+k_2\begin{bmatrix} \frac{1}{2} \\ 0 \\ -\frac{1}{2} \\ 1 \end{bmatrix}+\begin{bmatrix} \frac{1}{2} \\ 0 \\ -\frac{1}{2} \\ 0 \end{bmatrix}$ (k_1,k_2 为任意常数)；

(4) $\begin{bmatrix} x_1 \\ x_2 \\ x_3 \\ x_4 \end{bmatrix}=\begin{bmatrix} 3 \\ -8 \\ 0 \\ 6 \end{bmatrix}+k\begin{bmatrix} -1 \\ 2 \\ 1 \\ 0 \end{bmatrix}$ (k 为任意常数).

6. $\lambda=2$.

7. (1)当 $a\neq1$ 且 $a\neq-2$ 时，方程组有唯一解；

(2)当 $a=-2$ 时，方程组无解；

(3)当 $a=1$ 时，方程组有无穷多解

$$\begin{bmatrix} x_1 \\ x_2 \\ x_3 \end{bmatrix}=k_1\begin{bmatrix} -1 \\ 1 \\ 0 \end{bmatrix}+k_2\begin{bmatrix} -1 \\ 0 \\ 1 \end{bmatrix}+\begin{bmatrix} -2 \\ 0 \\ 0 \end{bmatrix}\ (k_1,k_2\text{ 为任意常数}).$$

第2篇　概率论与数理统计

习　题 4.1

1. (1) $\Omega=\{2,3,4,\cdots,12\}$； (2) $\Omega=\{$白球，黑球，红球$\}$； *(3) $\Omega=\{k\mid k\leqslant-1$ 或 $k\geqslant2\}$.

2. (1)甲、乙、丙均通过； (2)甲未通过；

   (3)甲、乙、丙至少有两人通过； (4)甲、乙、丙均未通过；

   (5)甲、乙、丙中不多于两人通过； (6)乙通过,丙未通过.

3. (1)$\overline{A}_1\overline{A}_2A_3$； (2)$A_1\cup A_2\cup A_3$； (3)$A_1\cup A_2\cup A_3$；

   (4)$\overline{A}_1\overline{A}_2\cup\overline{A}_1\overline{A}_3\cup\overline{A}_2\overline{A}_3$； (5)$\overline{A}_1\cup\overline{A}_2\cup\overline{A}_3$； (6)$A_1A_2A_3$.

4. (1)$\subset,\subset$； (2)$=$； (3)$=$； (4)$=$； (5)$=$； (6)$=$.

习　题　4.2

1. (1)否； (2)是； (3)否.

2. (1)0.4,0.1； (2)0.2； (3)0.6.

3. (1)$C_{18}^2 C_{12}^1/C_{30}^3$； (2)$9A_9^5/9\cdot10^5$,$C_8^1A_5^1A_8^4/9\cdot10^5$； (3)$C_3^1C_4^1/C_{12}^1C_{11}^1,C_5^1C_4^1/C_{12}^1C_{11}^1$.

4. (1)C_{10}^2/C_{15}^3； (2)C_4^2/C_{15}^3.

5. (1)$C_{97}^4C_3^1/C_{100}^5$； (2)C_{97}^5/C_{100}^5； (3)$C_{97}^2C_3^3/C_{100}^5$； (4)$C_{99}^4C_3^1/C_{100}^5$.

习　题　4.3

1. (1)$\times$； (2)$\times$； (3)$\checkmark$； (4)$\checkmark$； (5)$\checkmark$.

2. (1)$\dfrac{a}{b}$； (2)0.75.

3. (1)0.18,0.12； (2)$\dfrac{1}{3}$.

*4. $C_3^2 p^2(1-p)$, $1-C_3^3 p^3(1-p)^0$.

*5. $\dfrac{23}{35}$.

6. $\dfrac{2}{3}$.

7. 0.074.

综合练习四

1. (1)$\dfrac{2}{5}$； (2)$\dfrac{1}{16},\dfrac{3}{8}$； (3)$P(A)$； (4)$p+q-pq,1-p+pq$； (5)$0,P(B)$.

2. (1)B； (2)C； *(3)D； (4)D； (5)B.

3. (1)①0.318,②0.637； (2)$\dfrac{5}{33}$； (3)0.42； (4)$\dfrac{3}{5}$； (5)$\dfrac{14}{144}$； (6)①0.612,

   ②0.997,③0.941.

习　题 5.1

1. (1) $\{X=4\},\{X>4\}$； (2) $\{X\leqslant 1\ 000\}$.

2. (1) $X=\begin{cases}0, & 红灯,\\ 1, & 黄灯,\\ 2, & 绿灯;\end{cases}$ (2) $X=\{3,4,\cdots,10\}$； (3) $\{X\geqslant 0\}$.

习　题 5.2

1.

X	3	4	5
P	$\frac{1}{10}$	$\frac{3}{10}$	$\frac{6}{10}$

.

2.

X	1	2	3	4	5	6
P	$\frac{11}{36}$	$\frac{9}{36}$	$\frac{7}{36}$	$\frac{5}{36}$	$\frac{3}{36}$	$\frac{1}{36}$

.

3. $\dfrac{2}{n(n+1)}$.

4. (1) $\dfrac{1}{5}$； (2) $\dfrac{1}{5}$； (3) $\dfrac{1}{5}$； (4) $\dfrac{3}{5}$.

5. 0.004 7.

6. (1) 0.298； (2) 0.002 8.

7. (1) $n=5, p=\dfrac{1}{3}$；(2) $\dfrac{10}{243}$.

习　题 5.3

1. (1) $\dfrac{k^3}{2}$； (2) $1-\dfrac{5}{2}e^{-1}$.

2. (1) ln2, 1； (2) $F(x)=\begin{cases}0, & x<1,\\ \ln x, & 1\leqslant x<e,\\ 1, & x\geqslant e.\end{cases}$

3. $\dfrac{2}{3}$.

4. (1) 0.241 7； (2) 0.107 5； (3) 0.841 3.

5. 0.682 6.

6. 0.290 2.

*7. 184 cm.

综合练习五

1. (1) $(1-p)^n+np(1-p)^{n-1}, 1-(1-p)^n$；

(2) $\dfrac{2^6 e^{-2}}{6!}$；

(3) 0.987 6.

2. (1)B； (2)C； (3)A； (4)D； (5)A.

3. (1)

X	1	2	3	4	5	6
P	$\frac{21}{56}$	$\frac{15}{56}$	$\frac{10}{56}$	$\frac{6}{56}$	$\frac{3}{56}$	$\frac{1}{56}$

；

(2) $(1-p)^{k-1}p\ (k=1,2,\cdots)$；

(3) ①0.378 5； ②0.226；

(4) ①0.298； ②0.0028；

(5) ① $\dfrac{1}{2}$； ② $F(x)=\begin{cases}\dfrac{e^x}{2}, & x<0,\\ 1-\dfrac{e^x}{2}, & x\geqslant 0.\end{cases}$

习　题 6.1

1. (1)1,25； (2)相等.
2. 0.6, 2.8, 13.4.
3. $1, \dfrac{2}{3}$.
4. 200.
5. −9.7.
6. $a=\dfrac{3}{5}, b=\dfrac{6}{5}$.
7. 60.8.

习　题 6.2

1. $E(X)=11, D(X)=33$.
2. $E(X)=\dfrac{a+b}{2}, D(X)=\dfrac{(b-a)^2}{12}$.
3. $E(X)=4.5, D(X)=0.45$.

4. $3-\frac{2}{\lambda},\frac{9}{\lambda^2}$.

5. 2,2.

6. $500e^{-\frac{1}{4}}-300$.

习　题 6.3

1. $3,2,\sqrt{2}$.
2. 8,8.
3. μ,σ^2.
4. $p,p(1-p),3,4$.
5. $\frac{a+b}{2},\frac{(b-a)^2}{12}$.
6. 9,0.4.
7. $N(0,1),0,1$.

习　题 6.4

1. 0.56.　　2. 68.　　3. 0.5.　　4. 643.　　5. 0,0.966.　　6. 15.

综合练习六

1. (1)1；　(2)$\frac{2}{3},\frac{1}{18}$；　(3)平均值,$[X-E(X)]^2$,离散程度.
2. (1)C；　(2)A；　(3)D；　(4)A；　(5)D.
3. (1)1.2；　(2)3.36；　(3)$a<bp$；　(4)$\frac{81}{64}$；　(5)0；　(6)$1,\frac{1}{6}$.

综合练习七

1. (1)总体；　(2)相互独立,与总体同分布；　(3)$N(100,10)$,0.09；
   (4)连续,不含有未知数；　(5)32,182.5.
2. (1)B；　(2)A；　(3)C；　(4)B.
3. (1)$\bar{x}=2\ 587.2,S^2=1\ 186\ 296.2$；　(2)0.285 8；　(3)0.1；
   (4)$D(\bar{X})=\frac{p(1-p)}{n},E(S^2)=p(1-p)$；　(5)0.270 94；　(6)0.983 6；
   (7)①33.196；　②26.509；　③1.943 2；　④2.602 5

习　题 8.1

1.（1）样本，总体；（2）$\overline{X}$，$\frac{1}{n}\sum_{i=1}^{n}(X_i-\overline{X})$；

（3）$2\overline{X}$，$\overline{X}$，$\frac{1}{n}\sum_{i=1}^{n}(X_i-\overline{X})^2$；（4）$S^2$，$B_2$；（5）$\overline{X}$.

2.（1）$\hat{\mu}=74.002$，$\hat{\sigma}^2=6\times10^{-6}$，$S^2=\frac{8}{7}\times6\times10^{-6}$；

（2）$\hat{\theta}=\frac{\overline{X}}{1-\overline{X}}$；

（3）$\hat{\lambda}=\overline{X}$.

习　题 8.2

1.（1）B；（2）D.

2.（1）(109.21,110.53)，(0.64,1.69)；（2）(100.5,126.7).

综合练习八

1.（1）$\frac{1}{2}$，$\frac{3}{10}$；（2）(35.5,45.5)，0.9.

2.（1）A；（2）C；（3）D；（4）C；（5）B.

3.（1）$2\overline{X}$；（2）$\overline{X}$；（3）$\overline{X}$；（4）$\hat{\mu}_2$.

4.（1）8.718×10^{-4}；

（2）(32.13,32.48)；

（3）①(2.121,2.129)，②(2.117,2.133)；

（4）①(47.1,49.7)，②(1.567,11.037).

综合练习九

1.（1）A；（2）D；（3）B.

2.（1）小概率事件；（2）β，α；（3）$\chi^2_{(n-1)}$.

3.（1）有显著差异；（2）符合标准；（3）不能认为；（4）工作正常；（5）有显著差异；（6）可以认为.

第3篇 积分变换

习　题 10.1

1. (1)$\frac{2}{4s^2+1}$； (2)$\frac{1}{s+2}$； (3)$\frac{2}{s^3}$； (4)$\frac{1}{s}(3-4e^{-2s}+e^{-4s})$；

(5)$\frac{3}{s}(1-e^{-\pi s/2})-\frac{1}{s^2+1}e^{-\pi s/2}$.

2. $\frac{1}{(1-e^{-\pi s})(s^2+1)}$.

习　题 10.2

1. (1)$\frac{1}{s^3}(2s^2+3s+2)$； (2)$\frac{10-3s}{s^2+4}$； (3)$\frac{1}{s}-\frac{1}{(s-1)^2}$； (4)$\frac{6}{(s+2)^2+36}$；

(5)$\frac{s+4}{(s+4)^2+16}$； (6)$\frac{1}{s}e^{-\frac{5}{3}s}$； (7)$\operatorname{arccot}\frac{s}{k}$； (8)$\frac{1}{s}\operatorname{arccot}\frac{s+3}{2}$.

2. (1)t； (2)$m!\ n!\ t^{m+n+1}/(m+n+1)!$； (3)$\frac{1}{2k}\sin kt-\frac{1}{2}t\cos kt$； (4)$\operatorname{sh}t-t$.

习　题 10.3

(1)$\frac{1}{a}\sin at$；

(2)$\frac{1}{a-b}(ae^{at}-be^{bt})$；

(3)$\frac{c-a}{(b-a)^2}e^{-at}+\left[\frac{c-b}{a-b}t+\frac{a-c}{(a-b)^2}\right]e^{-bt}$；

(4)$\frac{1}{3}(\cos t-\cos 2t)$；

(5)$\frac{1}{3}\sin t-\frac{1}{6}\sin 2t$；

(6)$\frac{1}{9}\left(\sin\frac{2}{3}t+\cos\frac{2}{3}t\right)e^{-\frac{1}{3}t}$；

(7)$f(t)=\begin{cases}t, & 0\leqslant t<2,\\ 2(t-1), & t\geqslant 2;\end{cases}$

(8)$\frac{2}{t}(1-\operatorname{ch}t)$.

习　题 10.4

1. (1) $y=e^t+1$；(2) $y=\sin t$；

(3) $y=e^{-t}-e^{-2t}+u(t-1)\left[\frac{1}{2}e^{-2(t-1)}-e^{-(t-1)}+\frac{1}{2}\right]$；

(4) $y=-1+t+\frac{1}{2}t^3+\frac{1}{2}e^{-t}+\frac{1}{2}(\cos t-\sin t)$.

2. (1) $\begin{cases}x(t)=-t+te^t,\\ y(t)=1+te^t-e^t;\end{cases}$ (2) $\begin{cases}x(t)=-\sin t,\\ y(t)=-\sin t;\end{cases}$ (3) $\begin{cases}x(t)=u(t-1),\\ y(t)=0.\end{cases}$

综合练习十

1. (1) $\frac{1}{s},\frac{1}{s-k},1$；(2) $\frac{k}{s^2+k^2},\frac{s}{s^2+k^2}$；(3) $F(s-a)$；(4) $sF(s)-f(0),\frac{1}{s}F(s)$.

2. (1) $\frac{s^2+2}{s(s^2+4)}$；(2) $\frac{s^2-1}{(s^2+1)^2}$；(3) $\frac{1}{s}(3-4e^{-2s}+e^{-4s})$；(4) $\frac{s^2}{s^2+1}$；

(5) $\frac{s+4}{(s+4)^2+16}$；(6) $\frac{4(s+3)}{[(s+3)^2+4]^2}$；(7) $\frac{2[3s^2+12]+13}{s^2[(s+3)+4]^2}$；(8) $\frac{4(s+3)}{s[(s+3)^2+4]^2}$；

(9) ① $\frac{1}{a}\sin at$，② $e^{-t}-e^t$，③ e^t-1，④ $2\cos 3t+\sin 3t$；(10) ① $y=\frac{1}{2}t^2e^t$，② $y=\sin t$.

习　题 11.1

1. (1) $-\frac{2j}{\omega}(1-\cos\omega)$；(2) $\frac{1}{1-j\omega}$；(3) $-\frac{4}{\omega^2}\left(\cos\omega-\frac{1}{\omega}\sin\omega\right)$.

2. $f(t)=\begin{cases}\frac{1}{2}[u(1+t)+u(1-t)-1], & |t|\neq 1,\\ \frac{1}{4}, & |t|=1.\end{cases}$

3. $f(t)=\cos\omega_0 t$.

习　题 11.2

1. (1) $\frac{j\pi}{2}[\delta(\omega+5)-\delta(\omega-5)]+\frac{\sqrt{3}\pi}{2}[\delta(\omega+5)+\delta(\omega-5)]$；

(2) $\frac{\pi}{2j}[\delta(\omega-\omega_0)-\delta(\omega+\omega_0)]+\frac{\omega_0}{\omega^2-\omega_0^2}$；

(3) $j\pi\delta'(\omega-\omega_0)-\frac{1}{(\omega-\omega_0)^2}$.

2. $f_1(t) * f_2(t)=\begin{cases}1-e^{-t}, & t>0, \\ 0, & t \leqslant 0.\end{cases}$

综合练习十一

1. (1) $\dfrac{4}{j\omega}(1-e^{-2j\omega})$;　(2) $\dfrac{-2j}{1-\omega^2}\sin\omega\pi$;　(3) $\dfrac{b\sin a\omega}{\omega\left(1-\left(\dfrac{a\omega}{\pi}\right)^2\right)}$.

2. (1) $\dfrac{n!}{(j\omega)^{n+1}}+j^n\pi\delta^{(n)}(\omega)$;　(2) $\dfrac{2}{(1+j\omega)^2+4}$;

(3) $\dfrac{1}{2}\left(\dfrac{1}{j\omega}+\pi\delta(\omega)-\dfrac{j\omega}{4-\omega^2}-\dfrac{\pi}{2}(\delta(\omega-2)+\delta(\omega+2))\right)$;

(4) $j\pi(\delta''(\omega+1)-\delta''(\omega-1))$.

3. $f_1(t) * f_2(t)=\begin{cases}0, & t<0, \\ \dfrac{\sin t-\cos t+e^{-t}}{2}, & 0 \leqslant t \leqslant \dfrac{\pi}{2}, \\ \dfrac{(e^{\pi/2}+1)e^{-t}}{2}, & t>\dfrac{\pi}{2}.\end{cases}$

参 考 文 献

［1］COMAP. 数学的原理与实践［M］. 申大维，等，译. 北京：高等教育出版社，施普林格出版社，1998.

［2］同济大学应用数学系. 工程数学概率统计简明教程［M］. 北京：高等教育出版社，2005.

［3］上海交通大学线性代数编写组. 工程数学线性代数［M］. 4 版. 北京：高等教育出版社，2005.

［4］林益. 工程数学［M］. 北京：高等教育出版社，2003.

［5］祝同江. 工程数学积分变换［M］. 2 版. 北京：高等教育出版社，2001.